网络工程专业“十二五”规划教材

广播电视网络规划与设计

金立标 帅千钧 苗 方 张乃谦 卢均乐 编著

李鉴增 主审

中国传媒大学出版社

·北京·

目　录

前　言

广播电视网络是我国重要的信息基础设施，是三网融合的基础网络之一。当前，我国的广播电视网络正处于从“模拟到数字”“单向到双向”“广播到交互”的演进过程之中，具备了向下一代以宽带视频为基础的网络过渡的基本要素和条件。随着通信技术的日趋复杂和更新加快，广播电视网络呈现出了一些新特点。

首先，广播电视网络所承载的业务从传统的单一业务向多业务方向发展。不仅要传输模拟电视和数字电视业务，还要传输数据、语音、视频等多媒体业务。业务结构的转型造成广播电视网络技术和结构的转型，如何进行多业务和高带宽的广播电视网络规划与设计已成为关键内容。

其次，业务的多样性造成了广播电视网络技术的复杂性，使其从传统的单一技术的网络，发展为多种技术共存的承载网络。骨干网从传统的 SDH 网络技术向 MSTP、OTN 网络技术过渡，接入网除了传统的 HFC 网络技术，又出现了无源光网络技术、EoC 接入技术、网络电视技术，等等。因此，广播电视网络的规划与设计也要紧跟这些多样化新技术的发展趋势，以适应广播电视网络的快速发展。

最后，下一代广播电视网络的提出是对网络技术体系的一次创新，结合广播电视有线和无线传输方式，扩展提升了相关技术的应用范围，同样也对广播电视网络的规划与设计提出了较高要求。因此要增强网络建设的弹性和适应性，以满足下一代广播电视网的承载需求。

本书以最新的广播电视网络传输技术为基础，借鉴了最新的国家标准和网络建设方案，系统全面地介绍了广播电视网络的规划与设计。全书共 7 章，第 1 章概述广播电视网络规划与设计的基本概念、方法和流程；第 2 章介绍计算机网络规划与设计，详细阐述了网络的分级设计、流量与带宽设计、IP 寻址和路由设计等内容；第 3 章介绍传统有线电视网络规划与设计，包括技术指标、分配网设计等内容；第 4 章介绍有线电视双向网络规划与设计，重点阐述基于 CMTS 的 HFC 网络、EoC 接入网络的设计方法；第 5 章介绍光接入网规划与设计，包括带宽规划与设计、系统结构设计、光分配网设计等内容；第 6 章介绍无线网络规划设计，重点阐述广播电视单频网、无线局域网和无线城域网的规划与设计；第7章介绍IPTV网络系统规划与设计。

本书第1、2、5章由金立标编写；第3、4章由帅千钧和卢军乐共同编写；第6章由张乃谦编写；第7章由苗方编写。全书由金立标负责统稿，李鉴增负责主审。

本书可作为网络工程、通信工程专业的主干课程教材，还可供其他相近专业的高年级本科生选用，也可供广播电视、通信、信息行业的技术人员进行继续教育和岗位培训时参考。

值本书正式出版之际，作者在此真诚感谢中国传媒大学对本书编写的资助和大力支持；感谢中国传媒大学出版社对本书出版的大力支持；感谢江苏省广电有线信息网络股份有限公司和苏州分公司，以及宁夏广播电视网络有限公司提供的参考资料和大力支持。

广播电视网络规划与设计涉及网络的各个方面，内容繁杂。尽管本书在编写过程中力争科学、全面、系统、完整地介绍先进、实用的广播电视网络规划与设计技术，但由于作者水平有限且时间仓促，书中错漏和不足之处在所难免，恳请读者和专家学者批评指正。

编者

2015年9月于中国传媒大学

第1章　概论

■ **本章要点：**

1.三网融合与广播电视网络

2.下一代广播电视网络

3.广播电视网络规划与设计的流程

4.广播电视网络规划与设计的内容体系

1.1　广播电视网络概述

1.1.1　三网融合与广播电视网络

三网融合是指电信网、互联网和广播电视网的融合，所谓融合并不是三大物理网络合并或合一，而是分别在向宽带通信网、下一代互联网和数字双向电视网络的演进过程中，通过技术改造实现高层业务应用的融合，使其都能够提供包括数据、语音和视频在内的多媒体通信业务，最终技术功能趋于一致，业务范围趋于相同。

我国首次提出“三网”的概念是国务院在1997年召开的全国信息化工作会议上，会议提出我国信息基础设施的基本结构是“一个平台，三个网”，即一个互联互通的平台，电信网、计算机网和广播电视网三个网。

三网融合的概念是在2001年3月通过的国家“十五”计划纲要中第一次明确提出，即“促进电信、电视和计算机三网融合”。2006年3月通过的国家“十一五”规划纲要中指出，要“加强宽带通信网、数字电视网和下一代互联网等信息基础设施建设，推进三网融合”。2010年国务院常务会议提出，要加快推进电信网、广播电视网和互联网三网融合，并提出了推进三网融合的阶段性目标：2010年至2012年重点开展广电和电信业务双向进入试点，探索形成保障三网融合规范有序开展的政策体系和体制机制；2013年至2015年，总结推广试点经验，全面实现三网融合发展，普及应用融合业务，基本形成适度竞争的网络产业格局。2011 年 3 月通过的国家“十二五”规划纲要中指出,“以广电和电信业务双向进入为重点,建立健全法律法规和标准,实现电信网、广电网、互联网三网融合,促进网络互联互通和业务融合”。

广播电视网络是国家重要的信息基础设施,是三网融合的基础网络之一。经过几十年的发展,中国广播电视综合覆盖率已经超过 96.95%,成为世界上覆盖人口最多,公众信息传送量最大,有线、无线和卫星等多种现代技术手段并用的广播电视网络。

我国有线广播电视网络已有 333 万千米光缆线路、1000 万千米同轴电缆线路,可以提供数据和音视频等多种业务,为全国 1.75 亿户用户提供服务,是全球用户规模最大的有线广播电视网络。目前有线数字电视用户已超过 6500 万,双向网络覆盖用户超过 3000 万,有线广播电视网络的技术水平和服务竞争实力大大提升,地位显著增强。

有线广播电视网络按照结构层次可以分为四级,分别是国家级广播电视干线网(简称国干网)、省级广播电视干线网(简称省干网)、地区级广播电视网(简称地市网)和县级广播电视网;而在物理结构上可以划分为骨干网、城域网和接入网三部分。

我国无线广播电视网络的覆盖率已达 91%。2008 年在包括奥运城市在内的 8 个城市开通了地面数字电视,播出标清和高清电视节目,在全国 100 个大中城市组织实施了地面数字电视工程。2008 年,我国发射了直播卫星,主要用于“村村通”工程建设,使边远“盲区”群众能够收听收看到 40 多套高质量的广播电视节目。2008 年还在全国 37 个城市开通了移动多媒体广播电视(CMMB)服务,采用自主创新技术,初步建立了 CMMB 网络。目前全国已有超过 310 个城市开通了 CMMB 信号。

我国广播电视网络正在从“单向广播网络”向“双向交互网络”演进,逐步实现网络数字化、光纤化和 IP 化。业务模式也在传统广播式服务基础上,逐步增加个性化服务,从而改变人们使用广播电视服务的形式,最终通过融合广播和交互服务,实现融合互动的目标;通过与电信网和互联网的互通,实现多网络业务融合以及跨屏幕服务。

1.1.2 下一代广播电视网络(NGB)

1. NGB 的基本概念

我国广播电视网络经过几十年的发展,成为全球用户聚集度最高、用户终端规模最大、业务内容丰富的有线电视网络,为下一代宽带网络打下了坚实的物质基础,具备了独立向下一代以宽带视频为基础业务的网络演进的要素和条件。

2008 年 12 月 4 日,科技部与国家新闻出版广电总局签署《国家高性能宽带信息网暨中国下一代广播电视网自主创新合作协议书》,确定了以自主创新的“高性能宽带信息网”核心技术为支撑,以有线电视网数字化整体转换和 CMMB 的成果为基础,通过技术升级以及网络改造,构建适合我国国情的、三网融合的、有线与无线相结合的、全程全网的下一代广播电视网络(Next Generation Broadcasting Network,NGB)。

NGB 支持三网融合基础业务和融合创新业务,融合广播电视网络和互联网的技术优势,具有独特的网络特征:可同时传输数字和模拟信号,具有双向交互、组播、推送播存和广播四种工作模式;可实现有线与无线相结合的覆盖;具有开放式业务支撑架构,具有能保证服务质量的大规模汇聚接入技术;单用户实际接入速率可达 100Mbps,家庭用户终端的网络延展形态是有线与无线相结合的智慧家庭网络系统,支持家用电器等受控终端的网络化。

2. NGB 的技术体系

NGB 的技术基础是高性能宽带信息网(3TNet),即以高性能宽带信息网(T 比特的路由、T 比特的交换和 T 比特的传输,3TNet)核心技术为支撑,其核心传输带宽超过每秒 1 千千兆比特(1Tbps),保证每户接入带宽超过每秒 40 兆比特,可以提供高清电视、数字视音频节目、高速数据接入和话音等三网融合业务。

NGB 网络在物理结构上包括骨干网、城域网和接入网三部分。骨干网物理结构上由光传输层和数据层组成,采用 DWDM 技术构建覆盖全国的骨干网络光传输层,其中在业务流量较大的北京到上海之间使用最大容量达到 6.4Tbps,80 个波长的 DWDM 系统,单波长带宽颗粒度最小为 40Gbps。全国其他范围内使用容量为 1.6Tbps,160 个波长的 DWDM 系统,单波长带宽颗粒度最小为 10Gbps。

NGB 城域网按照不同等级的城市,在每个城市采用 DWDM 技术构建城域光传输网络(OTN)。其中 120 万用户的城市配置容量为 1.6Tbps 的传输系统;60 万用户的城市配置 800G 的系统;30 万用户的城市配置 400G 的系统。

随着有线电视网络“光进铜退”的发展趋势,光节点越来越靠近用户,每个光节点覆盖的用户数越来越少。NGB 接入网主要结合 HFC 网络架构,采用 DOCSIS 3.0 或者 EoC 接入技术、无源光网络(PON)技术、无线网络技术等实现用户接入。

3. NGB 的业务体系

随着三网融合和 NGB 的推进,广播电视业务日益丰富,从业务内容和提供服务上划分,主要包括五大类业务类型:音视频类业务、信息类业务、娱乐类业务、应用类业务和消息类业务。

音视频类业务包括广播类和交互类业务。广播类业务包括模拟电视广播、数字电视广播、数据广播、数字音频广播、视频推送等业务;交互类业务主要提供音视频的直播、点播和时移/回看,以满足人们日常对视频类节目的需求。

信息类业务以全媒体的形式,对日常的海量信息进行整理和过滤,提供用户全方位的信息服务,包括公共信息服务、普通信息服务和媒体信息服务等。

娱乐类业务提供休闲、益智等游戏类以及娱乐类、信息服务类节目,以满足用户轻松娱乐的业务需求。

应用类业务提供用户日常生活类服务，包括教育、医疗、银行、商城等，以满足用户足不出户即能办事的日常生活需求。

消息类业务提供用户及时沟通的服务，如短信、即时通讯、邮件等。

1.2　广播电视网络规划与设计基础

1.2.1　广播电视网络规划的基本概念

广播电视网络规划是根据一定的方法和原则，在广播电视网络需求分析的基础上，进行网络的逻辑设计和物理设计，然后优化选择网络的软件和硬件设备，最后进行广播电视网络的组网调试和验收维护。其目的是确定广播电视网络未来的发展方向和目标，寻求最合理的网络结构、最小的投资风险和最优的性价比。

广播电视网络规划的目标是制订一个详细的最优方案，以满足在一定技术和经济条件下用户的需求。其基本任务包括三个方面：首先研究确定网络发展的方向和目标，然后探索网络发展的规律和趋势，最后提出规划期内的技术分析和实施方案。一个最优的广播电视网络规划方案应该包含网络的各种信息，包括在需求的实现和恢复中的逻辑层面的信息（网络结构、路由保护等）、网络设备的物理层面的信息等。

广播电视网络设计的目标是在考虑各种规划目标、限制、参数和需求的基础上，改善网络的灵活性和可用性，设计网络的拓扑结构和物理结构，保证网络资源最大化利用。

网络规划按照时间跨度划分，可分为长期规划、中期规划和近期规划等；按照业务范围划分，可分为全面业务规划、分类业务规划和单项业务规划；按照规划的范围划分，可分为网络总体规划、分类规划和单种业务网的专项规划等。下面主要介绍按照时间跨度的划分方法。

长期规划主要处理拓扑和技术上的关键问题，其目标是确定并划分出以使用期长和投资量大为特征的网络部分。在长期规划中，首先进行总体规划，通过比较不同的选项，确定应用于广播电视网络中的技术和结构体系，然后进行基础规划，根据总体规划选择的技术和结构体系，对网络节点进行功能定位、拓扑规划，确定最佳的广播电视网络结构，最终给出在物理传输基础结构上的传输系统图。

中期规划主要处理网络节点和链路的容量升级等关键问题，强调网络实体（节点、链路、子网等）之间的动作行为和关系，其目标遵循长期规划的部署策略。在中期规划中，每个业务需求关系都需要详细的网络路由和汇聚途径，确定要使用的传输系统和设备。

短期规划需要在使用已有网络容量和无附加投资的情况下，确定满足支持需求的路由和传输系统。

下面举例说明三种规划方式：对于一个采用 SDH 传输技术的广播电视骨干网络，如果网络需要具备数字交叉连接的功能，那么在长期规划中就需要进行 DXC 的总体规划和节点的功能定位；如果 SDH 网络产生新业务，需要进行网络升级，将 STM-4 升级为 STM-16，这就要在中期规划中进行考虑；如果是一个突然请求的新业务，需要在已有设备上增加新的端口，这就是短期规划。

1.2.2　广播电视网络规划与设计流程

一般广播电视网络规划的周期包括广播电视业务预测、网络结构设计、网络容量分配、规划结果分析等若干环节。其基本流程如下：首先要预测未来广播电视业务量的变化，给出未来的业务需求，例如电视节目数量和种类的需求、互联网带宽的需求等。然后构建一个网络传输这些业务，即进行网络设计（逻辑设计和物理设计），其中逻辑设计包括物理层设计、网络互联设计、逻辑网络设计、节点容量和传输流量估算、管理设计、安全设计等，其中物理设计包括结构化布线设计、网络物理结构、设备选型和配置等。

一般而言，网络分析的依据是网络生命周期，即网络系统从设计到运行，最后被淘汰的过程。通常情况下，网络生命周期包含项目计划、分析、设计和运行维护若干过程，由于软件更新、设备淘汰等因素，促使网络不断升级、调整以适应新的网络需求。

对于需求明确、规模不大的网络建设和规划，可以采用四阶段的网络生命周期模型，即构思与规划、分析与设计、实施与构建和运行维护。

对于用户需求变化较大的网络建设和规划，可以采用五阶段网络生命周期模型，即需求规范、通信规范、逻辑网络设计、物理网络设计和实施阶段。该模型流程清晰，且每一阶段均是下一个阶段的必经阶段，适用于较大规模的网络。

还有一种六阶段网络生命周期模型，它包括网络需求分析、逻辑网络设计、物理网络设计、设计优化、实施与测试、监测与性能优化。该模型可以随着用户需求的变化而不断实施网络工程，比较适合大中型网络工程。

我们在进行网络规划与设计时，可以将以上几种阶段模型简化合并为网络需求分析、逻辑网络设计和物理网络设计三部分来进行。

1. 网络需求分析

广播电视网络系统的需求是指用户对网络系统的功能、通信能力、网络性能、可靠性、安全性以及运行维护和管理方面的期望，通过对网络应用系统和用户需求的分析，最终形成网络需求分析报告。网络需求分析是网络设计的基础，良好的需求分析有助于提高网络性能，节约系统成本。

进行网络应用需求分析之前，首先要明确需求分析的基本任务和基本原则。基本任务是深入了解广播电视网络建设的目的和目标，然后进行需求分析和调研，在网络现状、地理布局、设备类型、网络服务、网络类型、网络容量、网络性能等方面形成分析报告。基本原则是对需求分析的目标和方法作出明确要求，即必须充分调研网络的实际需求和实际情况，了解网络用户的行业背景和项目背景。

在明确了基本任务和原则之后，进行网络需求的具体分析。除了要根据广播电视用户对网络需求确定的技术指标之外，还要结合广播电视网络系统本身的实际情况来确定相关技术指标。

首先是广播电视网络业务预测和分析，也就是用户的功能需求和业务需求，它是网络规划的基础和前提。现在广播电视网络发展迅速，业务量越来越大，业务种类日益繁多，并且各种业务具有不同的组网方式和发展规律。因此，必须针对不同业务分别进行预测，然后将所有的广播电视业务需求和带宽需求综合起来，统一规划。

按照预测期限可分为近期预测、中期预测和长期预测。近期预测一般为 2~5 年，用于指导日常运营和近期计划；中期预测一般为 10 年左右，兼有近期预测和长期预测两方面的作用；长期预测一般为 10~20 年，用于指导发展规划，这对于广播电视网络机房规划、网络容量以及管道路由容量设计是必不可少的。

其次是网络性能需求分析，例如广播电视节目数量、非线性失真、网络的容量（带宽）、利用率、吞吐量、响应时间和延时，等等。只有在掌握了这些网络性能因素之后，才能选择网络的类型及其配置，以便更好地满足用户需求。

再次是可靠性需求分析，例如平均无故障时间、平均修复时间、平均失效等待时间、可用性等方面的分析。可靠性是决定网络总体架构的重要因素，不同行业和企业，不同应用系统对于网络可靠性要求是不同的，要具体问题具体分析。

然后是安全需求分析，其指标包括可用性、完整性和保密性。可用性是指网络资源在需要时即可使用，系统故障或误操作导致的资源丢失不会影响网络资源的使用；完整性是指网络中信息的完整和有效，不因人为或非人为因素而改变信息内容；保密性是指网络中有保密需求的信息只能通过一定方式向有权知道其内容的人员透露。网络安全所保护的资源包括网络主机、服务器、用户系统、网络设备和应用数据等。

最后是网络运行和维护费用方面的需求分析，主要是对租用线路、网络设备等方面的运行维护所发生的费用进行预算。

2. 逻辑网络设计

逻辑网络设计是广播电视网络设计中非常重要的环节，它决定了网络性能，与网络工程质量息息相关，其主要内容有网络协议的确定、物理层和网络互联的设计、拓扑结构的设计等。

网络协议会从根本上影响网络的拓扑结构、网络的带宽、使用的设备甚至传输的距离，所以应首先确定使用哪种网络协议。例如数据链路层的协议决定了网络的类型，使用千兆以太网、万兆以太网，还是使用 SDH、ATM，等等。

物理层设计主要包括物理介质及其他物理设备的选择。例如，广播电视网络的骨干网和接入网是选择光缆还是电缆。网络互联设计主要考虑广播电视网络骨干网、城域网和接入网的互联，网络的分段、子网的划分，以及路由协议的选择，等等。

网络拓扑结构是标识网络分段、互联位置和用户群体的网络结构体,形象地描述了网络的安排和配置,包括各种节点和节点的相互关系。任何网络都包括物理拓扑和逻辑拓扑,其中物理拓扑用来表征网络节点的物理结构,逻辑拓扑则用来表征网络节点间业务的分布情况。广播电视网络的物理拓扑结构有树型、星型、环型、总线型、网孔型等,它与光缆线路的敷设路由直接相关,通常不可以随着业务改变而任意改变。逻辑拓扑则要根据物理拓扑结构、网络资源和网络业务的需求情况决定;在物理拓扑确定后仍可以根据业务需要,通过软件配置而随时改变。例如,一个物理拓扑为环型的网络,可以网络设备的 IP 地址为依据,设计出树型、星型等不同的逻辑拓扑。

3. 物理网络设计

广播电视物理网络设计内容包括网络综合布线系统设计、设备的选型、前端机房系统设计等,最终应确定和给出物理网络结构图和布线方案、网络设备和部件的清单、所需的软件清单等内容。

广播电视网络综合布线系统设计是物理网络设计中非常重要的、不可或缺的一个环节。综合布线主要是根据各个网络节点的地理分布情况、网络配置情况和广播电视传输要求,选择适当的传输介质和连接设备。在进行综合布线系统设计时,一是要符合国家或国际相关的强制性标准的规定,根据网络项目的性质、功能、环境条件等因素,进行综合布线系统设施和管线的设计;二是要尽量做到满足基本要求的同时适当考虑今后的扩展。

在网络设计中,设备的选型要按照一定的标准进行,这样才能保证网络设备在网络系统中正常运行。选择设备时要对设备进行必要的测试,测试其是否满足设计的性能。除了对单个设备进行测试外,还要对设备的互联进行确认,测试设备之间的兼容性。即使同一个制造商生产的设备,在不同的生产阶段,也可能采用不同的标准和协议,这就会导致新旧设备的质量有一定的差异,因此必须进行设备间的互联测试,且尽量用新的设备。

另外,前端机房是网络的心脏所在,各种重要的广播电视设备都放置在前端机房中。前端机房系统主要包括设备和机房环境,设计时还要考虑机房供电系统的供电能力、供电方式等。

1.2.3 广播电视网络规划与设计的内容体系

为了适应三网融合和下一代广播电视网络的发展进程,广播电视网络业务应在数字电视核心业务的基础上,发展融合型新业务,为用户提供全新的视听享受和方便快捷的综合服务。

广播电视网络的规划应先对网络所承载的业务类型、流量进行精确分析,主要业务包括广播电视节目、IP 视频、数据、语音以及专线等。这些业务的发展趋势为“IP 化”和

"宽带化",尤其是高清视频业务使得网络带宽需求不断增大,因此出现了多种广播电视网络传输技术,以适应三网融合的发展需求。

广播电视业务的传输可以采用传统的数字电视传输体系,也可采用计算机网络、无源光网络传输体系,甚至无线网络传输体系。因此,在进行广播电视网络的规划与设计时,除了传统的有线电视规划设计以外,还要考虑其他类型的规划设计方案,这些都是本书所要讨论的内容,主要如下:

(1)计算机网络规划与设计;

(2)有线电视网络规划设计;

(3)有线电视双向网络规划与设计;

(4)光接入网规划与设计;

(5)无线网络规划与设计;

(6)IPTV 网络规划与设计。

1.3　本章小结

广播电视网络是国家重要的信息基础设施,是三网融合的基础网络之一,具备向下一代以宽带视频为基础业务的网络演进的要素和条件。因此,了解和掌握广播电视网络规划与设计方面的知识非常重要。

本章介绍了广播电视网络规划与设计的基础理论。在三网融合和下一代广播电视网络的基础上,首先介绍了广播电视网络规划的基本概念,然后分析了网络规划与设计的流程和方法,最后简要介绍了广播电视网络规划的内容体系。

思考题

1. 简述三网融合的背景以及与 NGB 关系。
2. 什么是广播电视网络规划?其主要任务和目标是什么?
3. 简述广播电视网络规划的流程。

第 2 章　计算机网络规划与设计

■ **本章要点：**

1.计算机网络标准的选择

2.计算机网络分级设计

3.网络流量与带宽设计

4.IP 寻址与路由设计

5.计算机网络常用设备

2.1　计算机网络概述

2.1.1　计算机网络标准组织

计算机网络自 20 世纪 60 年代开始发展，利用通信设备和线路将分散在不同地点的有独立功能的多个计算机系统互相连接起来，并按照网络协议进行数据通信，实现资源共享。

计算机网络发展到今天，已经演变成一个复杂而庞大的系统，因此计算机网络的规划与设计需遵循一定的标准和规范。

计算机网络的标准制定组织主要包括 ITU（International Telecommunication Union，国际电信联盟）、ISO（International Organization for Standardization，国际标准化组织）、IEEE（Institute of Electrical and Electronics Engineers，电气和电子工程师协会）和 IETF（Internet Engineering Task Force，互联网工程任务组）。

ITU 有三个主要部门：ITU-R（无线通信部门）、ITU-T（电信标准化部门）和 ITU-D（电信发展部门），其中 ITU-R 负责全球范围内的无线电频率分配，ITU-T 负责电话、电报和数据通信接口方面的标准制定。

ISO 主要任务是制定和发布国际标准，协调世界范围内的标准化工作，与其他国际性组织合作研究有关标准化问题。成员包括 ANSI（美国国家标准学会）、BSI（英国标准协会)、AFNOR(法国标准化协会)、DIN(德国标准化协会),以及其他85个成员。

IEEE是世界上最大的专业组织,除了每年发行大量的杂志和召开会议以外,还设有IEEE标准协会,专门研究制定电气工程和计算机领域中的标准。如IEEE的802委员会就制定了一系列的关于局域网和城域网的标准,如表2-1所示。

表2-1　计算机网络常用IEEE 802系列标准

标准名称	标准内容
IEEE 802.1	局域网总体介绍和体系结构系列规范
IEEE 802.3	以太网介质访问控制协议及物理层技术规范
IEEE 802.4	令牌总线网介质访问控制协议及物理层技术规范
IEEE 802.5	令牌环网介质访问控制协议及物理层技术规范
IEEE 802.6	城域网介质访问控制协议及物理层技术规范
IEEE 802.7	宽带技术咨询组,提供有关宽带联网的技术咨询
IEEE 802.8	光纤技术咨询组,提供有关光纤联网的技术咨询
IEEE 802.9	综合语音数据的局域网介质访问控制协议及物理层技术规范
IEEE 802.10	网络安全技术咨询组,定义网络互操作的认证和加密方法
IEEE 802.11	无线局域网(WLAN)的介质访问控制协议及物理层技术规范
IEEE 802.15	无线个人区域网络规范

IETF是一个开放性国际学术组织,是全球互联网最具权威的技术标准化组织,主要任务是负责互联网相关技术规范的研发和制定。IETF标准制定,首先要发布Internet Draft(因特网草案),可以作为技术文章发表或者提出技术方案进行讨论,然后是建议标准和草案标准,最后经审核成为RFC(Request For Comments,征求修订意见书)标准。RFC是真正的标准文件,一旦被批准发布,其内容就不能再修改。计算机网络常用的RFC文档如表2-2所示。

表2-2　计算机网络常用RFC文档

RFC编号	标准内容
RFC 768	UDP用户数据报协议
RFC 791	IP网际协议规范
RFC 793	TCP传输控制协议
RFC 821	SMTP简单邮件传输协议
RFC 959	FTP文件传输协议
RFC 932	子网地址分配方案
RFC 1860	IPv4变长子网表
RFC 2373	IPv6寻址寻址体系结构
RFC 3022	NAT网络地址转换

续表

RFC 编号	标准内容
RFC 1131	OSPF 开放式最短路径优先规范
RFC 1661	距离向量路由协议
RFC 1771	边界网关协议
RFC 2401	因特网协议的安全体系结构
RFC 1157	SNMP 简单网络管理协议

2.1.2　计算机网络标准的选择

作为 IP 网络的一种极具吸引力的解决方案，以太网是目前全球使用最广泛的局域网技术，并且随着千兆和万兆技术的成熟，正逐步延伸至城域网和广域网。

最初的标准以太网只有 10Mbps 吞吐量，使用带有冲突检测的载波侦听多路访问技术（Carrier Sense Multiple Access/Collision Detection，CSMA/CD），即 10Base-T。

随着网络技术的发展，标准以太网已经难以满足日益增长的网络需求。1995 年 3 月，IEEE 发布了 IEEE 802.3u（100Base-T），即快速以太网标准，保留标准以太网的帧格式、接口和过程规则，将数据传输速率提高到 100Mbps。快速以太网的物理层标准如表 2-3所示。

表 2-3　快速以太网的物理层标准

名称	传输介质	最大的段距离	备注
100Base-T4	双绞线	100m	3 类 UTP
100Base-TX	双绞线	100m	全双工 100Mbps
100Base-FX	光纤	2000m（多模） 10km（单模）	全双工 100Mbps

千兆以太网的技术标准由 IEEE 802.3 和 IEEE 802.3ab 工作组制定，是目前使用最广泛的网络技术之一。千兆以太网规定在 MAC 层实现 1000Mbps 的传输速率，保留 IEEE 802.3 标准制定的帧格式以及最大帧和最小帧长度，并且在 1000Mbps 速率时可以进行全/半双工操作。千兆以太网的物理层标准如表 2-4 所示。

表 2-4　千兆以太网的物理层标准

名称	传输介质	最大的段距离	备注
1000Base-SX	光纤	550m	多模光纤
1000Base-LX	光纤	5000m	单模或多模光纤
1000Base-CX	2 对 STP	25m	屏蔽的双绞线
1000Base-T	4 对 UTP	100m	标准的 5 类 UTP

2002 年 IEEE 802. 3ae 工作组制定颁布 10GE(万兆以太网)的技术标准，只支持全双工操作模式，采用光纤或铜缆作为物理传输介质。万兆以太网的出现使得以太网的工作范围扩展到城域网甚至广域网，其物理层传输标准如表 2-5 所示。

表 2-5 万兆以太网的物理层标准

名称	传输介质	最大长度	备注
10GBase-SR	光纤	300m	多模光纤(0. 85μm)
10GBase-LR	光纤	10km	单模光纤(1. 3μm)
10GBase-ER	光纤	40km	单模光纤(1. 5μm)
10GBase-T	4 对 UTP	100m	6a 类 UTP

2006 年 IEEE 成立的 HSSG(Higher Speed Study Group，超高速以太网研究工作组)，专门研究制定 100G 以太网的标准。2007 年 12 月，HSSG 转变为 IEEE 802. 3ba 工作组，负责制定在光纤和铜缆上实现 40Gbps 和 100Gbps 数据传输速率的标准，并于 2010 年 6 月颁布。IEEE 802. 3ba 标准仅支持全双工通信，向下兼容 IEEE 802. 3 标准，采用密集波分复用技术，支持 100Gbps 的 MAC 层数据传输速率，其物理层传输标准如表 2-6 所示。

表 2-6 100Gbps 以太网物理层标准

名称	传输介质	传输距离	备注
100GBase-ER4	光纤	至少 40km	单模光纤(1. 5μm)
100GBase-LR4	光纤	至少 10km	单模光纤(1. 3μm)
100GBase-SR10	光纤	至少 100m	多模光纤(0. 85μm)
100Gbase-CR10	铜缆	至少 10m	10 对同轴铜缆

2.1.3 计算机网络设计的主要内容

计算机网络设计的主要内容包括网络拓扑结构及分级设计、网络需求分析、IP 地址规划设计、路由协议的选择、网络设备的选型等。

网络拓扑结构及分级设计是网络设计的核心内容。首先，明确网络覆盖的范围、网络互联的类型，确定网络中涉及的节点链路以及网络的大小和类型；然后，采用“分而治之”的设计思想，把较为复杂的网络分为几个层次，重点解决各个层次的问题。

网络需求分析包括带宽设计和流量分析。网络设计的目标是使网络系统能满足用户对网络功能的需求，尽可能避免出现网络的性能瓶颈，根据网络流量的特点，规划和设计网络的性能。

IP 地址规划设计主要是给网络以及网络节点进行 IP 地址规划，并划分网段，包括 VLAN(虚拟局域网)的划分、CIDR(无类域间路由)的子网划分、变长子网掩码的子网划分、网段互联等内容。

计算机网络之间通过路由器互联，路由器运行路由选择协议，通过查找路由表中的路由表项确定网络的路由。依据路由协议是否可以适应网络状态的变化,分为静态路由协议和动态路由协议。

网络设备的选型是实现网络设计工作的具体实现。网络性能的稳定性、可靠性等都受到网络设备的制约,选型不当可能会导致网络性能不能正常发挥,甚至无法到达预期目标。

计算机网络设计应本着总体规划、分步实施、注重实用的原则,充分体现技术先进性、安全可靠性、可扩展性和投资经济性。

2.2　网络分级设计

2.2.1　网络拓扑结构

网络拓扑结构的设计是设计复杂网络中非常重要的一步,也是网络设计工作的核心。计算机网络的拓扑结构设计不涉及具体的网络设备型号以及具体的传输介质,而是要明确网络的覆盖范围、网络大小、互联类型,以及带宽要求等。

计算机网络的拓扑结构由点和线(边)组合而成。点用来描述计算机网络中的节点,节点可以标识一个网络设备,或者一个连接地点;线用来描述计算机网络中的链路,链路可以标识一个传输介质构成的信道,或者一个传输网络。

按照信号传输方式,计算机网络可以分为点对点网络和点对多点网络两种类型。

点对点网络是将网络中的节点依次连接起来,节点之间通过链路进行数据传输,并且两个节点之间可能会有多条链路,常用于城域网和广域网。点对点网络的拓扑结构有点对点型、环型、网状型等。

点对多点网络常采用广播方式,因此也称为广播网络。点对多点网络常用于局域网,一个节点发送数据包,其他节点都可以接收到,常见的拓扑结构有星型、总线型、蜂窝型等。

1. 点对点型拓扑结构

点对点型拓扑结构中主机通过单独的一条链路进行数据传输。例如路由器之间、用户与 ISP 之间都是采用点对点连接,结构简单,易于操作,如图 2-1 所示。

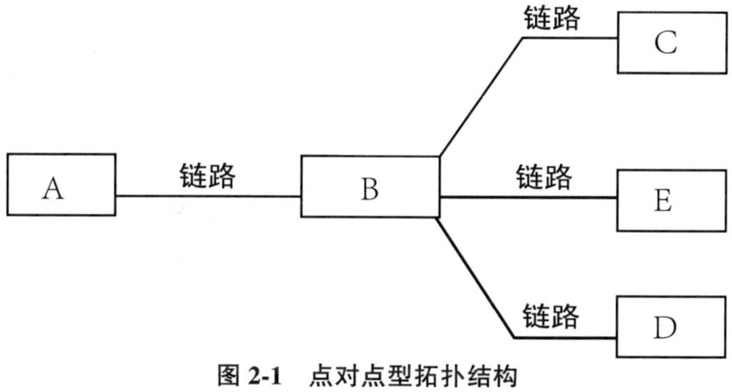

图 2-1　点对点型拓扑结构

点对点型拓扑结构中节点之间的链路是独立的,采用的网络协议不受其他链路的影响,并且两个节点之间的链路具有较好的安全性。由于每个节点都要对数据包进行存储转发,如果节点数量增加,产生的时延也会相应增加。

2. 环型拓扑结构

环型拓扑结构中各节点间按点到点形式连接起来构成环型,数据包在环中沿固定路径顺时针或逆时针传输,如图 2-2 所示。

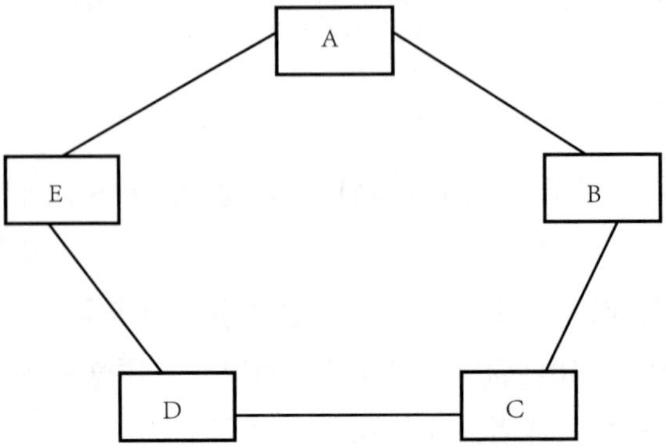

图 2-2 环型拓扑结构

环型拓扑结构的优点是传输速率高,故障容易排除。如果通过沿相反方向传送的两条线路把各个节点联系起来组成双环型网络,则具有很高的排除故障的自愈能力。但这种网络的灵活性较差,安装和再配置较困难。对可靠性要求很高的有线电视网、数据传输网一般采用这种网络。

3. 网状型拓扑结构

网状拓扑结构采用点对点通信方式,网络中各个节点之间都有线路直接相连,如图 2-3所示。

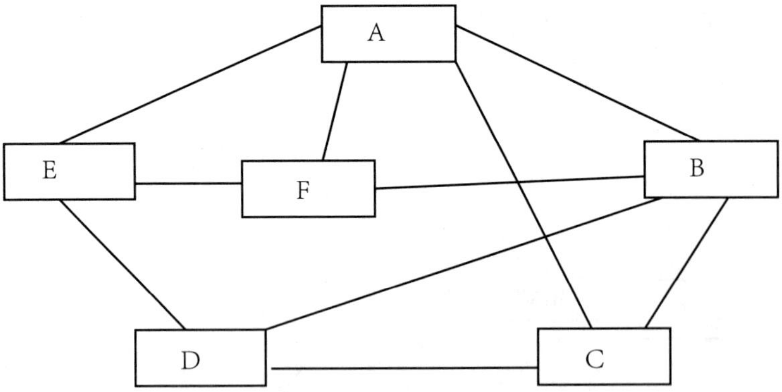

图 2-3 网状型拓扑结构

网状型拓扑结构的可靠性很高，易排除故障和隔离故障点，但结构复杂，线路浪费，再配置较困难。一般用于城域网和广域网，或大型局域网的核心层。

4. 星型拓扑结构

星型拓扑结构中有一个特殊的中心节点（如有线电视网的前端、电话网的中心局等），每个节点都与中心节点连接，节点之间的通信要通过中心节点来进行，如图 2-4 所示。

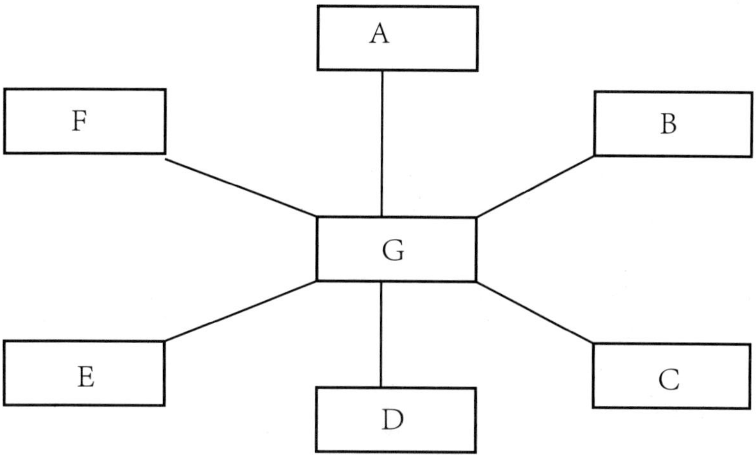

图 2-4　星型拓扑结构

星型拓扑结构的优点是结构简单，排除故障方便，建网和再配置容易，信息的平均时延量小；缺点是所需线路较长，安装稍微困难，成本也较高，中心站的通信速率会成为整个网络的瓶颈，特别是中心站出现故障后，可能造成整个网络的瘫痪。电话网、有线电视用户光纤网一般采用这种形式。

5. 总线型拓扑结构

总线型拓扑结构采用一条链路作为公共传输信道，网路上所有节点通过接口连接到总线上。总线网络采用广播方式进行通信，节点上的信号通过总线在两个方向传输，总线上的所有节点都可以接收到这个广播信号，如图 2-5 所示。

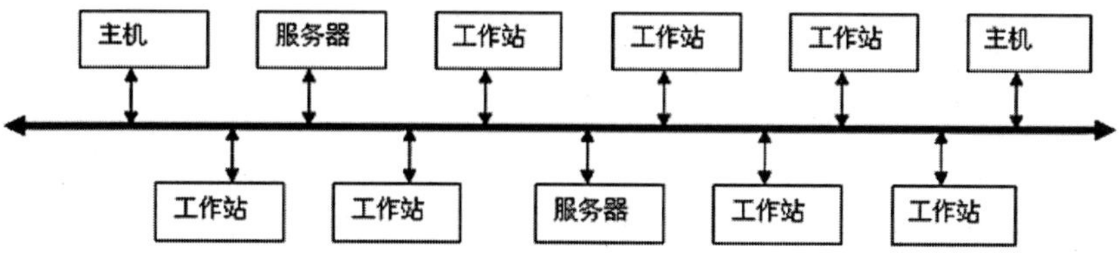

图 2-5　总线型拓扑结构

总线型网络的优点是结构简单，安装方便，所需线路较少；缺点是排除故障和再配置都比较困难，可靠性差，线路故障会造成网络瘫痪。

6. 蜂窝型拓扑结构

蜂窝型拓扑结构是一种无线连接的网络，适用于无线局域网和移动通信网络。该拓扑结构由圆形或六边形区域构成，每个区域称为一个蜂窝，每个区域中心均有一个基站或者无线接入点 AP，每个区域内部的节点必须通过中心站基站或者 AP 进行通信，中心站之间再互联，组成一个网络，如图 2-6 所示。这种网络安装和再配置比较容易，故障排除和隔离简单，但中心站的故障会使该区域的设备全部瘫痪。

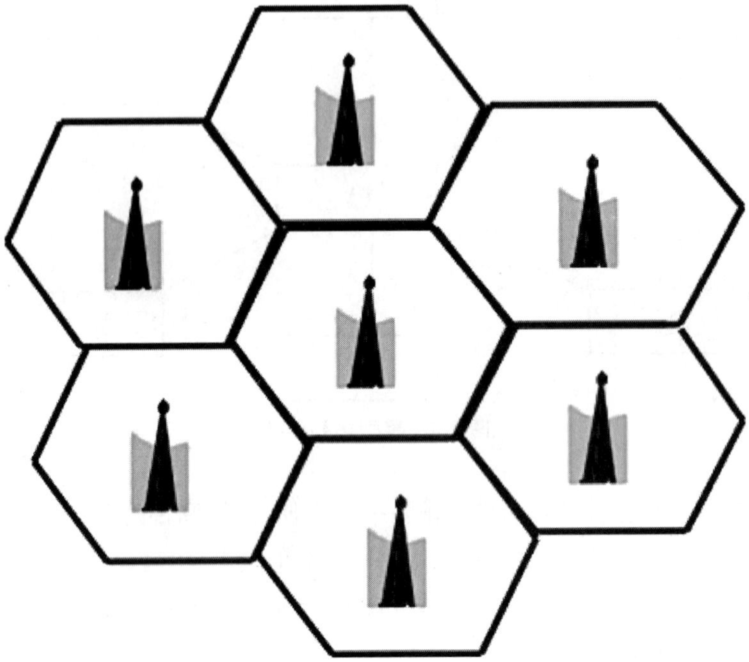

图 2-6　蜂窝型拓扑结构

2.2.2　网络分级设计

1. 分级模型

网络设计分级模型是由 Cisco 公司提出的互联网络设计方法，一般使用三层分级模型建立起整个网络的拓扑结构，也称结构化设计模型。

无论网络规模大小，整个网络都可以划分出核心层、汇聚层和接入层三个层次，如图 2-7所示。接入层负责将用户主机接入网络，为用户提供网络服务；汇聚层负责汇聚网络流量，并将网络服务连接到接入层；核心层是所有流量的最终汇聚点和处理点，实现数据包的高速交换。

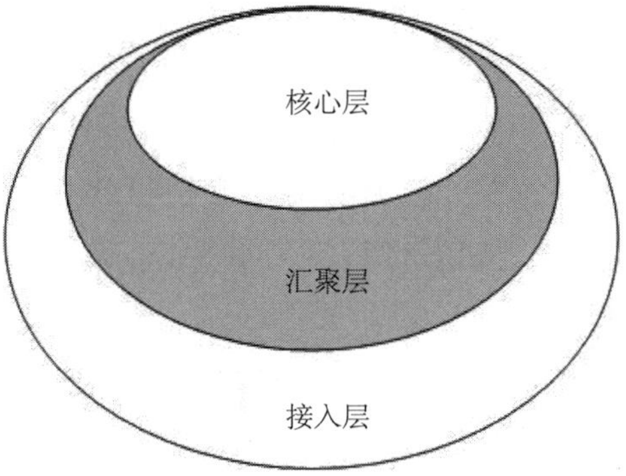

(a)分级模型基本结构

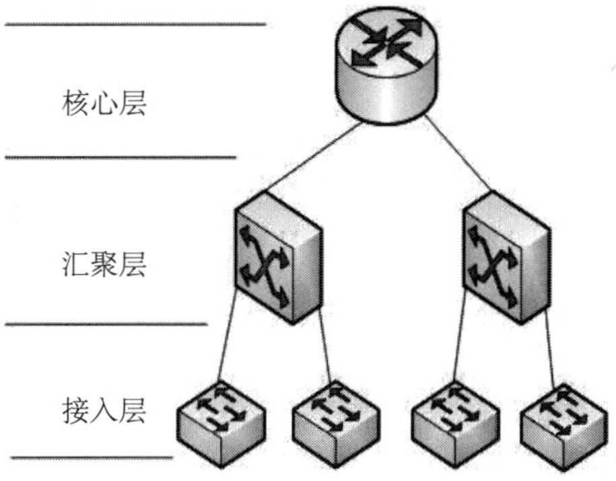

(b)分级网络拓扑结构

图 2-7　分级设计模型

网络流量是自下向上汇聚的,因此网络设计时需遵循自下向上的原则:先设计接入层,其次设计汇聚层,最后设计核心层。从接入层开始设计,可以为汇聚层和核心层提供更精确的性能和容量规划,并选择所需要的优化技术。

例如,要设计一个大型高校校园网,可以考虑采用三层结构设计:百兆以太网作为基本接入形式,形成校园网的接入层;千兆以太网作为各个校区的主干网络,形成校园网的汇聚层;万兆以太网作为连接大学各个校区的高速主干网络,形成校园网的核心层。

在核心层各个校区之间一般使用万兆交换机进行互联,而不选用高速路由器。这是因为首先,各个校区均采用了以太网技术体系,兼容性较好;其次,校园网上开展视频教学、远程教学等应用业务,需要一个高速的数据通道;最后,万兆交换机属于三层交换机,具有选路功能。

这种三层结构设计还具有较好的向后兼容性。因为大部分校园网最初的基本结构,是千兆到楼宇、百兆到桌面的二层结构,这种三层结构设计维持原来的结构不变,只是在上面增加了万兆以太网的核心层,使其具有更好的性能。

2. 接入层设计

接入层通常为一个局域网或者一组局域网(例如以太网),为终端用户提供本地访问网络,负责将用户主机接入网络,是网络的基础平台。由于接入层处于网络末端,用户业务需求变化较快,因此要求接入层具有良好的扩展能力,在设计接入层时应考虑预留余量。

为了简化网络设计和降低成本,接入层一般不提供路由选择功能,不进行路由信息交换,也很少采用冗余链路设计。

接入层主要有交换机等网络设备,进行网络设计时首先要考虑交换机的端口密度是否能够满足用户需求,例如选择 24 口或者 48 口的交换机。

交换机上行链路可以采用光端口(光纤模块)或电端口。接入层交换机与汇聚层交换机距离小于 100m 时,可以采用双绞线连接;如果距离较远,可以采用光电收发器进行信号转换和传输。

接入层交换机的端口速率要考虑是否满足 10/100/1000Mbps 自适应功能,是否支持链路聚合等问题。为了避免出现网络拥塞,接入层交换机连接汇聚层交换机的上行端口应该比连接用户计算机的下行端口高一个数量级,例如下行端口为 100Mbps 时,上行链路的端口应提供 1000Mbps 的带宽。

对于用户比较集中的地区,可采用交换机堆叠来提供数据传输速率。交换机堆叠后,可能会形成循环回路,因此应选择支持 IEEE 802. 1d 生成树协议的交换机,防止网络信号循环。

另外,考虑到成本问题,接入层设备往往采用二层交换机。但是二层交换机不能有效解决广播风暴以及异构网络互联等问题,因此在一些高性能、高成本的网络设计中,也可以考虑采用三层交换机。

3. 汇聚层设计

汇聚层是核心层和接入层之间的接口,包括将多个网络连接起来的主干网络和其所有连接的路由器,一般基于快速以太网或千兆以太网等技术。汇聚层的设计主要内容有流量汇聚、链路汇聚、路由汇聚和交换机设计。

汇聚层的主要功能是汇聚网络流量,将接入层大量的低速流量汇聚后发送到核心层,实现通信流量的聚合。除了聚合流量之外,还可以进行路由聚合,目的是为了减少核心层路由器中路由表的大小。

由于接入层的低速接入设备很多,造成与核心层之间有大量链路。因此可以在接入层与核心层之间加入汇聚层,利用链路聚合的功能减少接入层与核心层之间的链路数量,将大量低速接入层设备通过链路汇聚后实现链路收敛,提高网络传输效率,并且为汇聚层和核心层之间的多条链路提供负载均衡。

例如,接入层与核心层之间一般通过光纤连接,因为它们之间的距离往往超过 100m。如果接入层的接入点较多,那么可以通过汇聚层的交换机汇集接入层的信息,这样既减少了光纤链路的投资,也减少了核心层交换机的数量和负载,这就是链路聚合的作用。

如果接入层的拓扑结构发生变化,会增加或减少接入层的设备数量,那么通过汇聚层可以屏蔽接入层变化对核心层的影响。

网络的主干链路一般流量很大,汇聚层可以对其进行流量控制,防止快速发送方淹没慢速接收方,并提供 QoS 保证。如果划分 VLAN,汇聚层可以处理不同 VLAN 之间的路由。

汇聚层一般选用三层交换机,部分情况也可以选择二层交换机,这一般取决于用户的流量需求、核心层的交换能力以及网络工程的投资能力。

如果采用三层交换机，就可以减轻核心层交换机的路由压力，使路由流量有效均衡。预计未来 Internet 流量的 90% 将是各种各样的音视频或多媒体数据流，这就需要对 Internet QoS 提供良好支持。因此对于突发流量大、控制要求高的网络应用，应该选择高性能的三层交换机。对于一些没有特殊需求的网络（如办公网络），其主要的业务流量是数据传输，对汇聚层的设备要求不高，就可以考虑使用性能中等的二层交换机。

汇聚层交换机的下行端口连接至接入层交换机，其端口速率可以一致；上行端口连接至核心层交换机，为了避免网络拥塞，其端口速率应比下行端口高一个数量级，例如下行端口为 100Mbps 时，上行链路的端口应提供 1000Mbps 的带宽。如果考虑网络工程成本，可以选择电口的交换机，但是在城域网中，由于网络流量较大，应该选择全光口交换机。

4. 核心层设计

核心层是所有流量的最终汇聚点和处理点，因此要提供高速的数据传输通道，实现数据包的高速交换，使物理上远程站点之间能够进行广域传输。

核心层采用星型拓扑结构，包括单中心星型拓扑结构和双中心星型拓扑结构，如图 2-8所示。

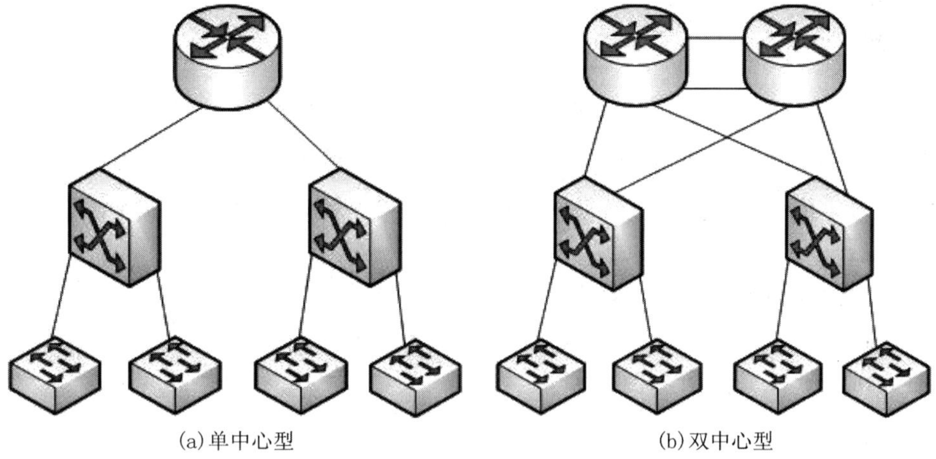

图 2-8　星型拓扑结构

单中心星型拓扑结构即核心层只有一个中心节点，结构比较简单，适用于网络流量较小，可靠性要求不高的小规模局域网。不过，由于整个网络服务集中在核心层，可能导致核心层负载较重，如果核心层发生故障，则整个网络可能瘫痪。

双中心星型拓扑结构即核心层有两个中心节点，可以实现链路冗余和设备冗余，这样就提高了网络的可靠性，并能提供网络的负载均衡。

如果有 3 个中心节点，则这 3 个中心节点可以连接成环型拓扑结构；如果有 4 个中心节点，两两相连，可以组成网状型拓扑结构，提供极好的网络可靠性。但是这样网络传输的开销和成本都会增加,一般只用于国家级大型网络的核心层。

核心层使用的路由器或交换机称为骨干路由器、主干交换机,可以为多个链路提供负载均衡,将流量在各个链路之间进行均衡传输,提高数据的转发效率。对于比较重要的网络(如银行、证券等),核心层一般采用设备冗余和链路冗余设计,以保证网络的 QoS 和可靠性。在配置核心层路由器时,到达外部网络的目的主机可选择默认路径,但是到达内部网络的目的主机不应选择默认路径,并应尽量使用路由聚合来减少核心层路由表的大小。

5. 服务子网设计

计算机网络主要有两类服务,一类是通用的网络服务,如 DNS 服务、Web 服务、FTP 服务、e-mail 服务等;另一类是企业内部应用服务,如办公自动化服务、管理信息系统服务等。如果网络服务较多,则需要设计一个服务器主机群,称为服务子网。服务子网有集中式服务设计和分布式服务设计两种类型。

集中式服务设计是指所有的服务子网被设计在核心层,服务器集群被集中放置在中心机房。该模型结构简单,便于管理,主要适用于数据流量不大的网络,但是由于核心层负荷增加,网络的链路流量增加,会影响网络的可靠性。

分布式服务设计是指网络服务集中,应用服务分散,通用网络服务设计在核心层,内部应用服务被分布到各个部门,可以将通用网络服务器集群放置在中心机房,内部应用服务器分别放置在汇聚层或接入层的机房。该模型的网络流量分担合理,核心层压力较小。而且由于应用服务在汇聚层,所以即使核心层发生故障,仍然可以正常工作,可靠性较高。但是其网络管理比较复杂,设备利用率低,主要适用于大型企业园区网络。

2.3 网络流量与带宽设计

2.3.1 网络流量特征分析

所谓流量可简单理解为单位时间内通过交换机或路由器的数据包,网络流量的分析可以通过大致测量或者粗略估算得出,是对现有网络流量的大概估计,以此确定数据传输的带宽。

网络设计开始前,需要对网络用户现有网络流量特征或需求进行了解和分析,判断用户的需求目标是否符合实际,网络中是否存在瓶颈,网络的接口数量以及链路容量是否满足需求等。

网络流量是由用户网络业务形成的,规律性不强,但是研究人员还是通过对网络流量大量的分析和研究,总结了网络流量的一些特征。

第一,网络流量一直处于动态变化之中,并且在不断地快速增长。原因一是每时每刻都有不同链路或者网络用户加入或退出网络;二是在某个网络区域收集的数据不能全面反映网络流量;三是网络上存在大量不同的网络应用、协议、接入技术和接入速率,会造成网络的异构性。

第二,网络流量属于非均匀分布。因特网一般采用客户/服务器模式,服务器承担流量较大。另外,由于地理位置原因造成某些发达地区或研究机构的信息资源丰富,其信息流量也就相应较大。因特网中的流量是双向的,但是一般情况下是不对称的,两个方向的数据流量往往相差较大。

第三,网络分组的长度呈双峰分布。因特网中的短分组约占网络中分组传输的 40%,主要是一些交互式的流量和确认分组,其长度在 40 字节左右;长分组约占网络中分组传输的 50%,主要是一些批量数据文件;中等长度的分组很少,约占网络中分组传输的 10%。

经典的排队论和网络设计是基于网络分组的到达时间遵循泊松分布,即分组以特定的平均速率随机独立出现。但是实际研究表明,分组达到时间不是独立或服从指数分布的,而是突发式到达,一群一群到达的,并不服从泊松分布,分组到达前后有关联。需要明确的是,网络会话的到达过程服从泊松分布,即因特网中用户发起访问某种网络资源的过程是独立的、随机的。

第四,因特网的流量中 TCP 占据主体,并且会话是简短的。尽管 IP 电话和多播技术仍利用 UDP,但是 TCP 还是占据主导地位。经研究证明,90%以上的 TCP 会话交换数据少于 10KB,并且其交互连接仅持续几秒钟,即 TCP 短暂连接具有普遍性。例如,80%的万维网文档传送小于 10KB,具有很大的突发性。

2.3.2　网络流量设计

网络流量与带宽有很大关系:带宽有很强的规律性,往往由工程师根据网络设备、传输链路进行分配,是固定值;而流量是由用户网络业务形成,规律性不强,是一个变化的量,取决于用户业务、传输协议、链路状态等因素。

1. 网络流量分层设计

网络流量设计可以采用分层网络流量模型。网络流量从接入层汇聚到核心层时,核心层设备汇聚的网络流量很大,需要强大的数据处理设备;网络流量从核心层分散到接入层时,接入层设备的流量相对较小,可以采用小型的交换机或路由器。

接入层和汇聚层的交换机或路由器采用小型网络设备,设计不当可能造成网络拥塞。例如,假设接入层有 3 台交换机,下行端口速率为 100Mbps,上行链路端口为 1000Mbps,那么汇聚层交换机的下行链路满载时其带宽就达到 3Gbps,其上行链路采用 1000Mbps 的端口,就会造成上行链路带宽不足,导致网络拥塞。

为了缓解网络拥塞,可以考虑将汇聚层交换机采用双上行链路,将带宽变为

2000Mbps，为下行链路满载带宽的70%，能在一定程度上满足用户需求。双上行链路可能会产生两个链路负载不均衡的现象，这时可以采用链路聚合技术，将两条物理链路聚合为一条聚合逻辑链路进行负载均衡，这是网络工程中常用的一种设计方法。

2. 简单网络流量设计

对于比较简单的网络，可以采用比较简单的设计规则，如80/20规则、20/80规则等，不需要进行复杂的流量分析。

所谓80/20规则是指仅仅根据用户和应用需求统计某个网段内网络流量的大小，并且网络流量的80%在本网段内部，只有20%的网络流量访问网段外部，如图2-9(a)所示。

80/20规则适用于内部流量较多、外部访问相对较少、网络较简单并且不存在特殊应用的网络或网段。例如分布式服务设计的局域网(校园网等)，网络流量主要在本网段的客户机和服务器之间进行。80/20规则可以减轻网络核心层的流量压力，优化使用骨干网络。例如，如果核心交换机容量为1000Mbps，那么局域网至外部网络的带宽可以限制在200Mbps以内。

所谓20/80规则是指网络流量的20%在本网段内部，80%的网络流量访问网段外部，如图2-9(b)所示。20/80规则适用于网段的内部用户之间相互访问较少，大多数是对网段外部资源进行访问的网络，例如小区内计算机用户形成的局域网、采用B/S(浏览器/服务器)工作模式的企业局域网等。

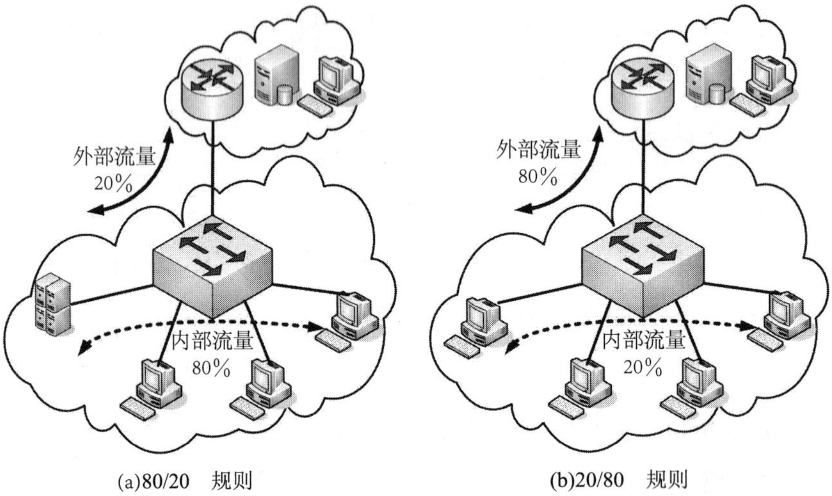

图2-9　简单网络流量的设计规则

为了避免网络拥塞和数据丢失，设计网络时还要考虑网络高峰期的数据流量。不同类型的用户有不同的高峰期，例如企业用户使用网络的高峰期一般在上午，住宅用户使用网络的高峰期一般在晚上，等等。在网络高峰期，网络达到了最大吞吐量，网络设计时要充分满足这些时段的流量要求。

3. 复杂网络流量设计

对于比较复杂的网络,则需要对复杂的流量分布进行分析。一般通过以下几步进行分析。

首先,根据需求分析将网络划分成若干物理或者逻辑网段,从估算每个网段的通信模式和容量开始,确定个人用户和网段的网络流量。

网段的划分要充分考虑用户需求,一般以工作组或者部门的方式划分网段,这种划分方法可以与企业网的管理等级结构一致,因为相同工作组或者部门中的用户通常使用相同的应用程序,具有相同的基本需求。但多数情况下,网络应用是跨部门使用的,此时应该组建虚拟工作组,即按照网络应用和网络协议使用的工作组来描述网络边界。

因此,网段的划分涉及物理边界和逻辑边界两个概念。物理边界通过逐个连接来确定一个物理工作组,逻辑边界通过一个或一组特定应用程序客户或者虚拟局域网确定的工作组来区分。如果网段的通信边界是物理边界,则这个网段需要独立进行流量分析。如果多个网段的通信边界是逻辑边界,则不用进行独立流量分析,而是作为一个整体网段来进行流量分析。

无论是物理边界划分的网段,还是逻辑边界划分的多个虚拟网段,都可以采用局部分析的方法,即只关注一个网段,并将该网段边界外的其他部分内容都等同于一个外部网络来进行分析。图 2-10 为网络划分示意图。

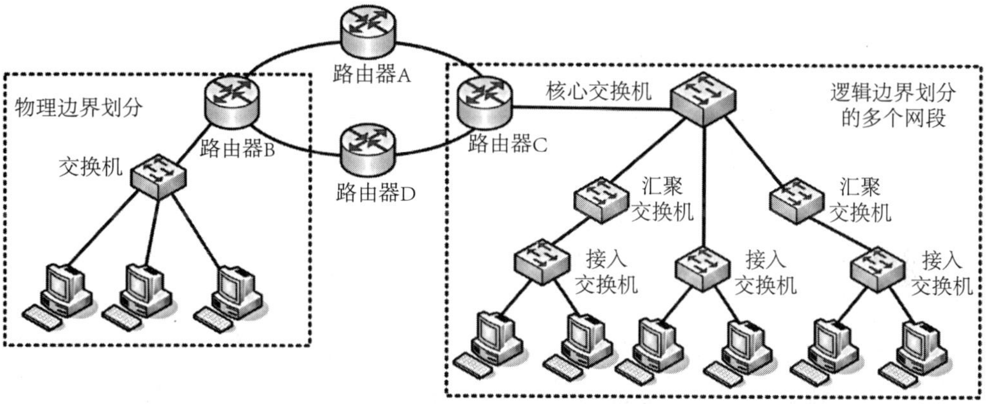

图 2-10　网络划分

进行局部分析时,首先要对整个网络进行抽象划分:路由器 B 所在网段是物理边界划分的网段,路由器 C 所在网段是逻辑边界划分的网段,而其他路由器为网络的其他部分。

然后,确定本地和远程网段上的网络流量分布:第一步,根据业务需求、应用需求、用户需求确定个人用户和网段的通信量;第二步,明确多少网络流量存在于网络内部,多少网络流量是访问其他网段的。

最后,通过对每个网段的分析,形成各网段自身以及与本网段有关的广域网和骨干网的网络要求。

2.3.3 网络带宽设计

网络设计要使网络系统满足网络用户对网络功能的需求,尽可能避免出现网络性能瓶颈,应根据网络应用流量特点规划和设计网络。

计算机网络中常用带宽来衡量数据的传输速率,带宽是影响网络性能的一个主要因素。网络带宽一般与网络设备、线路、网络类型及网络环境等因素有关,例如双绞线线路质量的好坏、环境温度的变化,等等。

网络带宽设计的基本思想是:根据业务占用带宽的大小和使用频率选择线路带宽,一般以带宽占用大的业务为依据来选择。为用户提供和分配网络带宽,还需要考虑用户的业务类型、访问速度以线路质量等因素。

网络带宽的设计有阻塞式设计和非阻塞式设计两种。如果上层链路带宽大于或等于下层链路带宽的总和,称为非阻塞式设计;如果上层链路带宽小于下层链路带宽的总和,称为阻塞式设计。假设汇聚层交换机的链路带宽为 1000Mbps,如果接入层 100Mbps 的交换机数量小于等于 10,则可实现非阻塞式设计;如果接入层 100Mbps 交换机的数量大于 10,则属于阻塞式设计。通过网络设计比较分析可知,非阻塞式网络汇聚点负载轻、扩展性好,但是投资成本偏高。

进行网络带宽的设计要用到集线比的概念,集线比是指通信系统中可用信道与接入用户线的比例。例如,在电话系统中某条线路有 30 个可用信道,如果集线比为 1∶1,则可同时接通 30 条用户线;如果集线比为 1∶3,则可同时接通 90 条用户线。

在计算机网络中,集线比可理解为网络系统有效接入与最大接入能力的比,一般根据经验进行估算,常用的经验值为 1∶8~1∶15。如果按照非阻塞式设计计算机网络,则网络服务的集线比为 1∶1;如果按照阻塞式设计,就需要根据用户需求和网络能力确定网络服务的集线比。

进行网络带宽设计时另外一个常用的概念是并发数,它是指多个用户同时访问某网站所发生的连接数量。从服务器的角度考虑,每打开一个页面或者窗口都会产生一个会话连接,服务器在同一时间内所能处理的最大会话数量,就是并发会话连接数。

根据 HTTP Archive 发布的统计报告,2012 年全球网站网页的平均容量首次超过 1MB(1024KB),打开网页平均等待 10 秒,如果有 100 个用户同时并发访问某 Web 网站,按照 1∶1 的集线比,该网站所需要的链路带宽为:网页大小×并发访问用户数/平均等待时间=1MB×8×100/10=80Mbps。如果按照 1∶10 的集线比设计,该网站可同时处理 1000 个用户的并发连接。

2.4　IP 寻址与路由设计

2.4.1　IP 寻址设计

1. IP 地址规划原则

计算机网络中每一台主机被分配一个唯一的 IP 地址，IP 地址用来标识网络中的一个连接。IP 地址的规划就是根据 IP 编址特点，为网络中的节点、网络设备分配合适的 IP 地址，来进行网络协议数据单元的路由和寻址。

IP 地址有静态分配和动态分配两种方式。静态分配是指由网络工程师为每台主机指定一个固定不变的 IP 地址，并在主机上手动配置，例如各种网络服务器主机、路由器等都需要固定的 IP 地址。动态分配是由网络工程师在服务器主机上配置动态主机控制协议（DHCP）来实现的，可以有效管理和使用网络用户的 IP 地址，例如以太网中的各个主机，可以通过 DHCP 方式进行动态 IP 地址的分配。

网络中 IP 地址的规划设计包括网络设备端口互联地址设计、网络设备管理地址设计、用户地址和业务地址设计等，在规划设计和分配时应遵循以下原则。

（1）按需分配，避免地址浪费。本着既能满足网络需求，又不造成浪费的原则进行 IP 地址分配。根据网络的规模、建设周期、业务发展等因素，合理预测 IP 地址需要的数量，并在满足网络近期扩容发展的前提下，尽可能节约使用 IP 地址。

（2）由上向下进行 IP 地址规划。IP 地址规划应尽可能和网络层次相对应：首先把整个网络根据地域、设备分布、用户数量等划分成几个区域，然后每个区域再划分成若干子区域，每个子区域从它的上一级区域获得 IP 地址段。

（3）充分利用各种 IP 地址技术，合理高效地划分。传统 A 类、B 类、C 类地址的规划方法会造成 IP 地址的巨大浪费。无类别域间路由（CIDR）或者可变长子网掩码（VLSM）技术可以使 IP 地址划分合理高效。

（4）IP 地址划分要保持连续性。为了保证运行效率，需要简化路由表，分配 IP 地址时可以按照地域或者部门分配连续的 IP 地址，尽量保证网络内部地址的连续性。

（5）内部网络应尽量使用私有地址。由于公用 IP 地址有限，设计网络时，应该考虑在内部网络中使用 RFC 规定的私有地址范围。一般情况下，可采用公用 IP 地址和私有地址混合的方式，内部网络的节点使用私有 IP 地址，在 NAT 位置配置一个公用 IP 地址，通过 NAT 技术实现两种地址的转换。

2. 分类寻址

IPv4 地址是一个 32 位地址，早期因特网工程小组（IETF）将 IP 地址分为 A、B、C、D、E 五类，称为分类寻址。

IP 地址有二进制标记法和点分十进制法两种标记方法，二进制标记法是把 32 位的二进制数分成 4 组，每组包括 8 个二进制数。我们一般使用点分十进制法，将分成 4 组的 8 个二进制数分别使用十进制数表示，并用点号使之分开。

分类寻址中，A 类、B 类和 C 类的每个 32 位 IP 地址由高位的可变长网络和低位的主机两部分数据组成，分别称为网络号和主机号。其中 A 类地址网络部分使用 IP 地址的第 1 个字节标识网络，其他 3 个字节作为主机标识；B 类地址使用 IP 地址的前 2 个字节标识网络，其他 2 个字节作为主机标识；C 类地址使用 IP 地址的前 3 个字节标识网络，最后 1 个字节作为主机标识；D 类和 E 类地址没有划分网络号和主机号，分别用于组播和保留使用。

IP 地址中一般使用子网掩码来区分网络号和主机号。子网掩码是一个 32 位的二进制数，子网掩码所对应 IP 地址网络号所在的位为 1，主机号所在的位均为 0，实质是将子网掩码与 IP 地址进行逻辑“与”运算，运算结果就是把网络号显示出来，而把主机号全部屏蔽。A 类、B 类和 C 类地址的缺省子网掩码是：

A 类：255. 0. 0. 0

B 类：255. 255. 0. 0

C 类：255. 255. 255. 0

随着网络规模的发展，虽然一个网络能够拥有大量的 IP 地址（例如 B 类，可以包含 65534 台主机），但通常一个网络内没有那么多主机，这就造成 IP 地址的巨大浪费。为了更好地利用 IP 地址资源，IETF 提出了子网化的解决办法，即在内部将地址块分成几个部分供多个内部使用，每一部分称为子网，而对外仍然是一个网络。

子网划分时采取的方法是：从主机号中从左向右取出几位作为子网号，具体位数由子网掩码注明，即将子网掩码的相应位置 1。

例如，一个 B 类地址，默认的子网掩码是 255. 255. 0，如果划分子网，从主机号中取出 6 位作为子网部分，则子网掩码变成 255. 255. 252. 0，即原来默认的子网掩码网络部分由 16 个 1 变成 22 个 1，这样的子网掩码称为可变长度子网掩码（Variable Length Subnet Mask，VLSM）。

VLSM 其实是一种网络地址划分技术，可以对一个分类寻址的网络划分不同的子网掩码，该子网掩码中二进制的前缀中，连续 1 的长度是可变的，可以高效分配 IP 地址，将一个网络可用的地址数量最大化，并简化路由表。

例如，某一个机构网络地址为 192. 168. 1. 0，共有 5 个部门，部门 A 有 80 台主机，部门 B~E 的主机数量少于 80 台，每个部门不多于 20 台，下面我们用 VLSM 技术进行子网划分。

该机构网络地址的默认子网掩码是 255. 255. 255. 0。部门 A 有 80 台主机，在 64(2^6)~128(2^7)之间，因此主机号应为 7 位，而将默认子网掩码增加 1 位，就变为 25 位，即 255. 255. 255. 128。

由此,可将网络划分为两个子网:

子网 1:192. 168. 1. 0/25(192. 168. 1. 0~192. 168. 1. 127),共有 128 个主机地址。

子网 2:192. 168. 1. 128/25(192. 168. 1. 128~192. 168. 1. 255),共有 128 个主机地址。

子网 1 分配给部门 A 使用,子网 2 分配给其他 4 个部门使用。

B~E 4 个部门的主机数量最多为 20 台,主机号为 32(2^5),子网掩码变为 27 位,即 255. 255. 255. 224,再细划分为 4 个子网:

子网 2-1:192. 168. 1. 128/27(192. 168. 1. 128~192. 168. 1. 159),共有 32 个主机地址。

子网 2-2:192. 168. 1. 160/27(192. 168. 1. 160~192. 168. 1. 191),共有 32 个主机地址。

子网 2-3:192. 168. 1. 192/27(192. 168. 1. 192~192. 168. 1. 223),共有 32 个主机地址。

子网 2-4:192. 168. 1. 224/27(192. 168. 1. 224~192. 168. 1. 255),共有 32 个主机地址。

3. 无类寻址

为了克服地址耗尽并使更多组织机构接入因特网,IETF 提出了无类寻址,即基于整个 32 位 IP 地址的掩码进行操作,不管 IP 地址是 A 类、B 类,还是 C 类。

无类寻址中,当某一个机构需要连接因特网时,就被分配一个地址块,为了简化对地址的处理,因特网管理机构对无类地址块加上了 3 个限制条件,该条件同样适用于无类寻址中的子网划分原则:

(1)块中的地址必须是连续的。

(2)块中的地址个数必须是 2 的整数次幂。

(3)块的起始地址必须能被块的地址个数整除。

既涉及地址的分配,又涉及路由汇聚技术的方法,称为 CIDR。CIDR 取消了地址的分类结构,使用了“网络前缀”的概念,允许以可变长分界的方式分配网络。CIDR 的地址表示方法是 x.y.z.t/n,其中 x.y.z.t 表示网络地址,n 为网络前缀的位数,即 IP 地址的前 n 位为网络号,也就是掩码位。

根据 x.y.z.t/n 可以完全定义整个地址块,包括起始地址、末地址和地址个数。起始地址可以通过设置最右边的 32−n 位都是 0,或者用给定地址与掩码进行运算求得;末地址可通过设置最右边的 32−n 位都是 1,或者用给定地址与掩码的反码进行或运算求得;块中的地址个数可简单用公式 $2^{(32-n)}$,或者将掩码求反,其十进制数加 1 求得。

例如,某组织机构分配一个地址块 14. 24. 74. 0/24,该组织机构需要用 3 个子网,3 个子地址块分别有120个地址、60个地址、10个地址，写出子网的划分方法。

该地址块一共有 $2^{(32-24)}=256$ 个地址，首地址为14.24.74.0/24，末地址为14.24.74.255/24。

第1个子网：需分配128个地址，前缀长度为 $n1=24+\log_2(256/128)=25$。首地址是14.24.74.0，末地址是14.24.74.127。

第2个子网：需分配64个地址，前缀长度为 $n2=24+\log_2(256/64)=26$。首地址是14.24.74.128，末地址是14.24.74.191。

第3个子网：需分配16个地址，前缀长度为 $n3=24+\log_2(256/16)=28$。首地址是14.24.74.192，末地址是14.24.74.207。

2.4.2　路由协议的选择

1. 路由协议概述

计算机网络之间是通过路由器互联的，路由器运行路由选择协议，利用数据包中IP地址的网络标识，查找路由表中的路由表项来确定数据包的路由。

路由发生在网络层，包含两个基本动作：路径选择和转发（也称交换）。路径选择是通过路由选择算法确定最佳的传输路径；转发是逐跳过程，根据目的地址将数据包按照确定的转发路径一次转发。

路径选择使用路由选择协议，根据路由协议是否可以自动适应网络状态的变化，又分为静态路由协议和动态路由协议。

静态路由协议按照网络管理人员预先设计好的路径进行路由选择，需要采用手工方法在路由器中进行配置，当网络拓扑发生变化时，需要手工修改相关的路由表信息。因此，静态路由协议主要适用于拓扑结构极少变化的网络。

动态路由协议可以在当网络结构或者网络流量负载发生变化时，根据网络状态的变化自动调整更新路由。采用动态路由协议，路由器可以自动建立并维护路由表，根据网络变化的情况适时进行调整。动态路由协议采用的路由选择算法主要有距离向量（DV）路由算法、链路状态（LS）路由算法。其中，DV算法是局部路由选择算法，LS算法是全局路由选择算法。

路由选择协议又分为内部网关协议（Interior Gateway Protocol，IGP）、外部网关协议（Exterior Gateway Protocol，EGP）等。IGP负责管理控制区域内部网络，使用因特网自治系统时则使用EGP协议。因特网中的内部路由协议包括开放最短路径优先（Open Shortest Path First，OSPF）和路由信息协议（Routing Information Protocol，RIP），外部路由协议为边界网关协议（Border Gateway Protocol，BGP）。

2. 路由协议的选择

在设计TCP/IP网络时，根据网络需求选择合适的路由选择协议是一个非常重要的环节,也是一项非常困难的工作。当网络拓扑结构发生变化时,路由选择协议应该支持快速收敛,同时尽量减少网络资源的消耗。另外,应加强寻址的灵活性:可使用若干协议进行内部和外部路由选择,或者将内部路由选择协议和外部路由选择协议结合起来使用。

选择路由协议时,不必在整个互联网中使用同一路由协议。互联网的不同部分可以使用不同的路由协议,两个以上的网络进行融合,也需要运行多个路由协议。计算机网络设计时,一般采用前面所说的分层模型,不同层次所采用的路由协议是不同的。

核心层是所有流量的最终汇聚点和处理点,如果链路失效,应该及时做出反应,并尽快进行改变。满足这些要求的路由协议包括 OSPF 和 IS-IS。OSPF 强制实现了严格层次化设计,而 IS-IS 的层次结构和 IP 地址设计更加灵活。一般来说,在核心层尽量不要使用 RIP 协议,因为它对变化的反应速度较慢,可能导致连接中断。

汇聚层是核心层和接入层的连接点,经常重新分配用于核心层和接入层的路由协议。用于汇聚层的路由协议包括 RIPv2、OSPF、IS-IS 等。

接入层为本地和远程用户提供网络资源服务,底层拓扑、IP 地址设计等因素决定了路由协议的选择。另外,该层设备在处理能力和内存上没有核心层和汇聚层设备强大,也影响了该层路由协议的选择。接入层可以使用静态路由协议,但常使用的路由协议 RIPv2、OSPF 和 IS-IS 一般不适用于接入层,因为这些协议的配置较为复杂。使用 OSPF 作为访问接入层路由协议有一定的限制,这与它的高内存、高处理能力需求和严格的层次化有关。

2.5　常用网络设备

2.5.1　交换机

1. 交换机工作原理

计算机网络主要使用以太网交换机,实质上是支持以太网接口的多端口网桥,是一种组网设备,通常使用硬件实现过滤、学习和转发数据包。

利用交换机组网时交换机分为 3 个层次:核心层、汇聚层和接入层。核心层交换机提供高速交换和数据传输,一般使用两个以上千兆或万兆交换机用作核心交换机;汇聚层交换机可以支持多个接入层交换机的连接,通过汇聚层接入因特网;接入层交换机提供网络节点的接入,支持到桌面 100Mbps 或者更高的数据连接。

(1)工作原理

以太网交换机有多个端口,每个端口连接一台计算机或者一个网段,每个端口具备桥接功能,在任意端口之间可以转发数据帧。

交换机通过处理帧的 MAC 地址,实现从一个输入端向一个或多个输出端转发分组。

交换机从源端口接收帧，根据帧中的目的 MAC 地址，使用 MAC 地址转发表，将帧交换到目的端口。

由此可知，交换机在交换过程中，首先要建立一个 MAC 地址表，该地址表中存放着每个端口所连接的计算机的 MAC 地址，是交换机采用"自学习"方式建立起来的。当交换机从一个端口接收到一个 MAC 帧数据后，读取源 MAC 地址字段，然后在 MAC 地址表中放入一个表项信息，即 MAC 地址和端口的对应关系。通过这样的自学习过程，交换机会得到所连接的所有节点的 MAC 地址，逐渐建立对应的 MAC 地址表项，该表项为"交换机端口、计算机 MAC 地址"的对应表。

交换机从某个端口接收到一个 MAC 帧数据后，从中读取目的 MAC 地址，然后从建立的 MAC 地址表中进行检索。当检索到一个匹配的表项时，就会将这个 MAC 帧转发到匹配表项指定的端口。

(2)数据交换方式

交换机对数据包的交换方式有直通式和存储转发式两种。

直通式交换机在输入端口检测到一个数据帧，不需要先对整个数据帧接收缓存，只需检查该数据帧的帧头，在接收到帧的目的地址字段的 6 个字节后，立即根据交换机内部的 MAC 地址表查找，获得输出端口号，即可将整个数据帧发送到相应的端口。直通式的优点是时延小，交换速度快；缺点是由于不对帧进行差错处理，如果有差错只能由目的站点处理，通过反馈要求发送站点重发，可靠性较低。

存储转发式交换机将输入的数据帧先存储在交换机缓冲区，然后用 CRC 校验检测数据帧是否正确。如果数据帧正确，则从帧中提取目的地址，通过查找 MAC 地址表获得输出端口号，把帧从输出端口转发出去。如果数据帧错误，则丢弃该帧，处理下一个帧。存储转发方式的优点是可以进行差错处理，可靠性较高；缺点是数据处理时延较大。

2. 多层交换机

(1)二层交换机

二层交换机工作在数据链路层，对数据包的转发建立在 MAC 物理地址的基础上，不涉及网络层的功能，没有路由能力。二层交换机转发数据包时，无须知道源主机和目的主机的 IP 地址，每当收到一个 IP 数据包，就会检查该数据包的目的 MAC 地址，查找地址表，确认转发端口号。

二层交换机是基于硬件结构，对帧的转发处理非常简单，速度相当快，一般只需几十毫秒。如果接收到一个不认识的数据帧，即转发目的地址不明的帧，就只能广播该帧。如果是在多个 LAN 经由网桥和交换机连接成的网络中，就会造成广播风暴，出现拥塞现象。

由于二层交换机功能单一，价格便宜，在网络中往往用作接入层交换机。

(2) 三层交换机

三层交换机工作在数据链路层和网络层，是具有部分路由功能的交换机，根据第三层网络层的 IP 地址来完成端到端的数据交换，并且增加一个硬件设备路由处理器，来完成路由功能。

三层交换机具有路由记忆功能，会把以前使用三层交换机中路由处理器进行路由的信息存储在路由缓存中。当一个数据包发往三层交换机时，三层交换机首先看路由缓存中有没有记录，如果有记录则直接调取缓存记录进行路由，不再经过路由处理器进行处理。如果没有记录，就再将数据包发往路由器处理器进行处理，然后再转发数据包。

三层交换机可以通过标准的路由协议与广域网路由器通信，并且其速度远远高于路由器，还可以隔离广播数据包。

三层交换机适用于有多个子网且不同子网之间需要互通的网络，如大型企业局域网或校园网的汇聚层交换机。

(3) 四层交换机

四层交换机工作在数据链路层、网络层和传输层，进行数据包转发时，不仅依据二层的 MAC 地址或者三层的 IP 地址，还依据四层的 TCP/UDP 端口号，进一步确定数据包的转发目的地。

IP 网络中的服务类型(Web、FTP、e-mail 等)是由 TCP 或者 UDP 的端口号决定的，而端口号提供的附加信息可以为交换机所用。

四层交换机可以利用端口号定义的访问控制列表，使用 ASIC(专用集成电路)高速芯片实现数据包过滤，防止对服务器的非授权访问。在服务质量中，可以使用基于目的地址、目的端口号的组合来区分优先级。

四层交换机支持服务器负载均衡方式，为每个服务器组设立一个虚拟 IP 地址，该虚拟地址存储在 DNS 服务器中，并且每组服务器支持一种应用。四层交换机采用硬件芯片识别每一个数据包，判断它们属于哪一种服务类型或者应用程序。然后在服务器组中选择最合适的服务器，将虚拟 IP 地址用实际服务器的真实 IP 地址取代，并将数据包传输给服务器。

3. 交换机的级联和堆叠

(1) 交换机的级联

交换机的级联是指在两台交换机之间采用双绞线或光纤连接交换机的 RJ45 端口或光纤模块端口，实现交换机之间的连接，其目的是延长网络传输距离，并解决一台交换机端口数量不足的问题。

交换机的级联使用 RJ45 端口时，早期需要使用专门的交叉线进行级联，现在的交换机端口具有自动识别功能，既可以使用交叉线，也可以使用直通线。

交换机的级联使用光纤模块端口时，该模块通常有两个接口，分别为光信号的“发”

接口和“收”接口，级联时必须交叉连接，将光纤跳线的收发信号对调，即光纤跳线一端为“光收”时，另一端则为“光发”。

(2)交换机的堆叠

交换机的堆叠是指把交换机的背板带宽通过专用模块聚集在一起，使得堆叠交换机的总背板带宽是几台交换机的背板带宽之和，其目的是实现网络端口和容量的扩展，满足大容量数据交换的需要。不是所有的交换机都支持堆叠，只有可管理的、模块化的交换机才具有堆叠功能，而且交换机的堆叠不仅需要专门的堆叠电缆，还需要专门的堆叠模块，且一般最多只可堆叠至 8 层。交换机的堆叠有两种方式：菊花链堆叠模式和星型堆叠模式。

菊花链堆叠模式是一种基于级联的堆叠技术，通过堆叠端口或模块首尾相连，以环路方式串接起来，组成一个交换机堆叠组。在该模式中，数据包要经历所有的交换机，传输效率低，堆叠层数不宜太多，主要用于有大量计算机的机房。

星型堆叠模式需要有一个堆叠中心，即主交换机，所有的堆叠交换机通过专用的高速堆叠端口，上连到统一的主交换机。这种方式要求主交换机有足够的背板带宽，并且有多个堆叠模块。星型堆叠的优点是传输速度远远超过交换机的级联模式，可以显著提高堆叠交换机之间数据的转发速率；缺点是对主交换机的要求非常高，通常背板带宽在 10Gbps～30Gbps 之间。

4. 交换机的 VLAN 划分

VLAN 是建立在交换机之上的逻辑网络，逻辑工作组的划分不受物理位置限制，同一逻辑工作组的成员可以连接在同一个局域网的不同交换机上，也可以连接在不同局域网的不同交换机上，前提是只要这些交换机互相连接。

基于交换机端口进行 VLAN 划分是一种最常用的方法，其方法是将交换机上的物理端口分成若干组，每个组构成一个 VLAN，具有相同的 VLAN ID。VLAN 从逻辑上把一个 LAN 按照交换机的端口划分成多个 VLAN，交换机端口所连接的计算机端系统则被分割成独立的逻辑子网。

一个节点从一个 VLAN 转移到另一个 VLAN，可以通过交换机的软件完成，不需要改变主机在网络中的物理位置。在划分 VLAN 的交换机上，每个端口都被赋予一个 VLAN ID，只有相同的 VLAN ID 的用户才属于同一个独立的广播域，即广播域被限制在各自的 VLAN 之内。

如果多个 VLAN 需要跨越多台交换机时，需要将交换机端口配置成中继（Trunk）模式。配置成 Trunk 模式的交换机端口不再隶属于某个 VLAN，而是用于承载所有 VLAN 之间的数据帧。数据包进入交换机的 Trunk 端口，都要打上 VLAN 标签，离开交换机 Trunk 端口时则需要去掉 VLAN 标签。

Trunk 端口一般用于交换机之间的连接，或交换机与路由器之间的连接。Trunk 技术是 IEEE 802.1Q 标准提出来的一种数据封装技术，是一条点到点的链路，主要功能是仅仅通过一条链路，就可以连接多台交换机中的多个 VLAN 成员，相当于在交换机之间起 VLAN 管道的作用。

交换机端口除了 Trunk 模式之外，还有接入(Access)和多 VLAN(Multi)两种模式，在这两种模式下，交换机端口用于主机的连接。

5. 交换机的性能指标

交换机的技术参数包括端口数量(8、16、24 等)、端口类型(电口、光口)、端口带宽(10M、100M、1000M、10GE 等)、背板带宽、包转发速率等。

(1)背板带宽

背板带宽是指交换机将每个端口都挂在一条带宽很高的背板总线上，背板总线的传输速率就是背板带宽，它标志着交换机总的数据交换能力。一般交换机的背板带宽从几 Gbps 到上百 Gbps 不等，甚至有的交换机高达上千 Gbps。背板带宽越高，处理数据的能力越强。

背板带宽的计算还经常用到线速这个概念。所谓线速，是指线缆中理论上能通过的最大帧数，线速转发则是指网络设备无延迟地处理线速收到的帧，无阻塞交换。

考虑一个交换机上所有端口提供的总带宽，计算公式为：单个端口速率×端口数量×2(全双工)。如果交换机上所有端口能提供的总带宽≤标称背板带宽，则在背板带宽上的数据转发是线速的，可实现全双工无阻塞交换，这也是交换机发挥最大数据交换性能的条件。

(2)包转发率

包转发率是指交换机每秒转发数据包的数量，以数据包为单位体现了交换机的交换能力，单位为 pps(packet/s，包/秒)。包的线速转发是指以最小包长和最小包间隔进行转发而不引起丢包。

考虑一个千兆端口，以单位时间内发送 64byte 的数据包(最小包)的个数作为计算基准，再加上 8byte 的帧头和 12byte 帧间隙的固定开销，其包转发线速为：1000Mbps/8bit/(64+8+12)byte=1.488Mpps。

因此，对于百兆以太网，一个线速端口在转发 64byte 包时的包转发率为 0.1488Mpps；对于千兆以太网，一个线速端口的包转发率为 1.488Mpps，当交换机达到线速时包转发率的计算公式为：千兆端口数量×1.488Mpps+百兆端口数量×0.1488Mpps+其余类型端口数×相应计算方法。

如果一个千兆交换机为 24 端口，满配置时包转发率应达到 24×1.488=35.7Mpps，才能保证所有端口达到线速工作，实现无阻塞的包交换。

2.5.2　路由器

路由器是连接因特网中各个局域网和广域网的设备，根据信道的状况自动选择和设定路由,以最佳路径对数据进行存储转发,是互联网中必不可少的网络设备。

1. 路由器技术概述

路由器是实现异构网络互联的设备,通过路由器可以实现局域网和广域网之间的互联。大多数路由器使用 TCP/IP 协议,对应第三层的网络协议是 IP 协议。IP 协议将路由器互联的各个网络看作一条链路,各段链路仅提供物理层和数据链路层服务,IP 分组被封装在数据链路层的帧中,在各个链路中传输。

路由器工作在网络层,其主要功能首先是选路,确定 IP 分组的路径,以及下一跳的位置;其次是转发,当 IP 分组到达路由器的一条输入链路时,把 IP 分组转发到一条适当的输出链路;然后是提供网络接口,连接不同的物理网络;最后是配置管理,支持多种网络的配置和管理,包括路由器本身的配置、网络性能的监视。

路由器通过路由选择协议,查看 IP 分组中的目的地址,根据路由表中的表项进行选择,转发 IP 分组到下一跳位置。经过若干路由器的逐条转发,IP 分组到达最终的目的网络。

路由器通过 IP 地址和子网掩码的组合区分各个子网,有利于子网的划分和管理。路由器还有流量控制能力,可以采用优化的路由算法均衡网络负载,减少网络拥塞。路由器具有很好的隔离能力,可避免广播风暴,有利于提高网络的安全性和保密性。

路由器自带操作系统,本身就是一台计算机。对路由器进行配置时,常用的方法是通过路由器的控制端口(Console 口)与一台计算机相连,将该计算机设置为超级终端,与路由器通信。

2. 路由器的体系结构

路由器的基本结构包括硬件和软件两部分:硬件主要由中央处理器(CPU)、内存、接口、控制端口等物理硬件和电路组成;软件主要由路由器的 IOS 操作系统组成。

从体系结构上看,路由器分为第一代单 CPU 共享总线体系结构、第二代多 CPU 共享总线体系结构、第三代多 CPU 交换机体系结构、第四代多总线多 CPU 体系结构、第五代共享内存式体系结构、第六代交叉开关体系结构等。

单 CPU 共享总线体系结构的路由器由总线接收到报文,然后发送给 CPU,由 CPU 查找路由表决定下一步的地址,再把报文经过总线发送到接口转发出去。数据报文在转发的过程中,经过总线两次,成为整个系统的主要瓶颈。这是因为:首先,报文转发、路由协议和网络管理协议都由 CPU 完成,而 CPU 的处理能力非常有限;其次,路由查找和报文转发都涉及存储器的访问,CPU 芯片处理速度提高并不能线性地提高路由器的处理速度,因此存储器的访问时间也是一大问题;最后,总线式的交换结构无法满足大量报文的高速转发。

多 CPU 共享总线体系结构的主要思想是把报文处理分布到多个 CPU 中,并增加高速缓存、使多个报文转发引擎并行处理报文转发。该体系结构有两种:一种是分布式体系结构,分为主处理器和从处理器,其中主处理器和第一代相同,从处理器负责报文转发,设置在线卡上,一个CPU对应一个线卡,并处理一个线卡的报文转发;另一种是并行式体系结构,线卡和转发处理器独立,通过共享总线互联,即各个线卡之间共享转发引擎。

如果把该体系结构中的背板实现方式由共享总线替换为交换机构,就成为多CPU交换机构体系结构。多CPU交换机构体系结构采用交换机构作为背板传输方式,大大提高了背板传输的带宽,使之不再成为瓶颈。在这种体系结构中,通常用ASIC替代通用的CPU,在高速场合中使用,因为ASIC在查表、管理队列和仲裁方面要优于通用的CPU。

3. 路由器的性能指标

(1)背板能力

背板是指输入与输出端口之间的物理通路,背板能力则是指路由器背板容量或者总线带宽能力,该性能对保证整个网络之间的连接速度至关重要。

传统路由器采用共享背板,如果高性能路由器也采用共享背板,则不可避免地会遇到网络拥塞问题,所以现有的高速路由器一般采用交换机背板设计。背板能力可以体现在路由器的吞吐量上,但背板能力通常大于依据吞吐量和测试包长所计算的值,并且背板能力只能在设计中体现,一般无法测试。

如果连接两个较大的网络,网络流量较大时应注意路由器的背板容量。但是如果在小型网络之间,一般这个参数也不用特别在意,因为一般的路由器都能满足小型网络之间的通信带宽要求。

(2)吞吐量

吞吐量是指在不丢包的情况下单位时间内通过的数据包数量,是衡量路由器数据包转发能力的重要技术指标。吞吐量的大小与路由器的端口数量、端口速率、数据包长度、数据包类型等有关,一般高速路由器的包转发能力至少达到20Mpps以上。

如果路由器的吞吐量太小,容易成为网络瓶颈,影响整个网络的传输效率。吞吐量主要包括两个方面:

整机吞吐量,是指整机设备的包转发能力,是设备性能的重要指标。整机吞吐量通常小于路由器所有端口吞吐量之和。

端口吞吐量,是指端口的包转发能力,是路由器在某端口上的包转发能力。

(3)丢包率

丢包率是传输中丢失数据包的数量占发送数据包数量的比率,通常用作衡量路由器在超负荷工作时的性能,丢包率的大小与数据包长度以及数据包的发送频率有关。

丢包率高会影响路由器线路的实际工作速度,严重时会中断线路。路由器在轻负载(吞吐量10%时)条件下,丢包率一般小于0.1%;在重负载(吞吐量80%时)条件下,丢包率一般小于0.3%。

(4)转发时延

路由器的转发时延是指数据包第一个比特进入路由器,到最后一个比特从路由器输出所需的时间,该时间是以存储转发方式工作的路由器的处理时间。

路由器的转发时延不仅与数据包长度和链路速率有关,还取决于 CPU 的计算和处理能力。在最差情况下,高速路由器对 1518 字节及以下的 IP 时延应小于 1ms。

(5)其他指标

路由表容量是指路由器运行中可以容纳的路由数量,是路由器能力的重要体现。一般而言,高速路由器应该能够支持至少 25 万条路由,平均每个目的地址至少提供 2 条路径。

可扩展性、可靠性和可用性也是路由器产品性能的一个重要指标。如要满足网络规模扩大和用户数量增加的要求,则路由器应具有灵活的连接类型支持能力,以及高可靠性和高稳定性。

2.5.3 服务器

服务器是运行软件的服务主机,这里的软件是指 Web、e-mail、FTP 等应用程序。服务主机是指高性能的计算机,它采用一系列独特的硬件技术,例如多处理器技术、磁盘阵列技术、容错技术、热插拔技术等。

服务器主机采用的计算机同一般的计算机不同点在于它更加注重对数据的高性能处理,对 I/O 设备的吞吐量有更高的要求,一般运行 Windows Server、Linux 等操作系统。服务器有机箱式服务器、机架式服务器和刀片式服务器等几种类型。

机箱式服务器除了性能和可靠性要高于一般的计算机外,在外观和内部组网上同一般的计算机没有太大差别,主要用于小型企业组网。

机架式服务器的硬件组成同桌面计算机基本相同,但是外观更像交换机,同桌面计算机有很大区别,主要是为了便于在机架中与其他网络设备一起连接安装。机架式服务器一般不带显示器、键盘和鼠标,而是采用专用的 KVM(键盘显示鼠标)设备进行管理。

刀片式服务器中的“刀片”单元实际上类似一个独立的服务器,包含独立的 CPU、硬盘、内存和网络接口等器件,机箱只是为多个刀片单元提供共享的基础设施,例如背板、电源等。刀片式服务器中,每个刀片运行自己的系统,服务于不同的用户群,相互之间没有关联,不过可以采用集群技术将这些刀片单元集合成一个服务器集群系统。

服务器集群技术是指将多台相互独立的计算机,通过高速网络组成一个完整的服务器系统,并以单一系统模式加以管理,使多台服务器像一台机器那样工作。

1. 服务器的分类

服务器先后经历了文件服务器、数据库服务器、Internet/Intranet 通用服务器、专用功能服务器等多种类型的并存与演进。

文件服务器强调计算机网络中的资源共享，利用服务器的大容量外存和快速的吞吐能力，为网络中的客户机提供文件资源共享服务，包括文档库、程序库、图形库以及文件型数据库等，拥有比较完备的磁盘设备管理和用户安全管理体系。但是，该模式已经基本被淘汰，只有在小型规模应用中还会采用。

目前的服务器模式主要有客户/服务器（C/S）模式和浏览器/服务器（B/S）模式。

数据库服务器强调分布式协同信息处理，一般采用 C/S 模式，即将事务处理分解在服务端和客户端协同处理，数据库软件需要大中型数据库系统，例如 Oracle、SQL server 等。

Internet/Intranet 通用服务器强调异构网络环境下统一简化的客户端平台和在广域网互联互通基础上的信息发布、采集和资源共享，一般采用 B/S 模式，即客户端使用浏览器访问服务器，主要包括 Web 服务器、DNS 服务器、e-mail 服务器、FTP 服务器等。Web 服务器又称 3W（World Wide Web，WWW）服务器，是指驻留于因特网上某种类型计算机的程序，使用 HTTP 协议可以向发出请求的浏览器提供文档；DNS 服务器即域名服务器，是一种组织成域层次结构的计算机和网络服务命名系统；e-mail 服务器提供电子邮件服务，是处理邮件交换的软硬件设施的总称；FTP 服务器是在互联网上提供存储空间的计算机，依照 FTP 协议提供服务。

专用功能服务器按照所提供的主要功能分为视频点播服务器、电视会议服务器、打印服务器、游戏服务器等。

2. 服务器的 CPU

服务器按照 CPU 所采用的指令系统划分为 CISC 架构服务器、RISC 架构服务器和 VLIW 架构服务器三种。

CISC（Complex Instruction Set Computer，复杂指令集计算机）是指 Intel 生产的 x86 系列 CPU 及其兼容的其他 CPU，一般都是 32 位结构。目前主要有 Intel 的服务器 CPU 和 ADM 的服务器 CPU 两类。

RISC（Reduced Instruction Set Computer，精简指令集计算机）是在 CISC 指令系统基础上发展起来的，不仅精简了指令系统，还采用了超标量和超流水线结构，大大增加了服务器的并行处理能力（即一台服务器有多个 CPU 同时处理）。

VLIW（Very Long Instruction Word，超长指令集架构）是 64 位处理器架构，每个时钟周期可运行 20 多条指令，而 CISC 通常只能运行 1～3 条指令，RISC 一般也只能运行 4 条指令。目前基于这种指令架构的微处理器主要有 Intel 的 IA064 和 ADM 的 x86-64 两种。

CPU 主频是指 CPU 内核工作时的时钟频率，表示在 CPU 内部数字脉冲信号振荡的速度，并不直接代表运算速度，因为运算能力还与 CPU 的流水线性能指标（缓存、指令集、位数等）有关。虽然主频随着技术进步在不断提高，但外部设备所能承受的频率极限与 CPU 核心无法相提并论，于是产生了外频的概念。

CPU 主频包括两部分:外频和倍频,两者的乘积就是主频。现在常见的标准外频有 100MHz、133MHz、166MHz,甚至 200MHz 高外频。倍频的全称为倍频系数,是主频与外频之间的一个比值,其值从 1.5 到 23 甚至更高,以 0.5 为一个间隔单位。

核心(Die)又称内核,是 CPU 最重要的组成部分。多核是指一枚处理器中集成两个或多个完整的内核(计算机引擎),可在特定的时钟周期内执行更多的任务,通过在两个或多个执行内核之间划分任务。

缓存(Cache)是 CPU 的重要指标之一,常用来存储一些常用或即将使用的数据或指令,从而提升 CPU 的处理速度。片内缓存称为一级缓存,容量不大,但是非常灵活方便,极大地提高了微处理器的性能。处理器缓存通常指的是二级高速缓存,或外部高速缓存。二级缓存的容量比一级缓存大一个数量级以上,一般为 128KB、256KB 或 512KB。

服务器中的 CPU 数量可以有 1、2、4 颗,甚至更多。入门级服务器通常只有 1~2 颗 CPU,主要是针对基于 Windows NT、Net Ware 等网络操作系统的用户,满足办公室型的中小型网络用户。工作组级服务器一般支持 1~2 颗 CPU,为中小企业提供 Web、e-mail 服务。部门级服务器通常可以支持 2~4 颗 CPU,具有较高的可靠性、可用性和扩展性,适合中型企业作为数据中心、Web 站点等应用。企业级服务器属于高档服务器,通常支持 4~8 颗 CPU,具有高内存带宽、超强的数据处理能力,适合大型企业和重要行业使用。

3. 服务器的内存与硬盘

服务器的内存与普通计算机的内存在外观和结构上没有实质性的区别,主要引入了一些特有技术,使之具有极高的稳定性和纠错性能。一般来讲,服务器出厂时都配置了一定容量的内存,例如 1GB、2GB 等,具体大小取决于工作的需要。大多数服务器的主板都留有空闲的内存插槽以备扩展使用。最大内存容量是服务器主板最大能够支持的内存容量,取决于主板芯片组和内存扩展槽等因素,有的芯片组可以支持高达 16GB 的内存,有的甚至高达 64GB。

内存主频表示内存的速度,代表内存能达到的最高工作频率。目前较为普遍的内存主频为 333MHz、400MHz 的 DDR 内存,以及 667MHz、800MHz 的 DDR2 内存。

服务器的硬盘比普通计算机的硬盘速度更快,可靠性更高。服务器使用的硬盘每分钟可达 7200~10000 转,甚至更高。外部传输率比内部传输率更高,如果采用 SCSI 硬盘,每秒的数据传输率可达 40MB、80MB、160MB、320MB。

为了加强数据的安全性,服务器可使用磁盘镜射功能,将数据同时写入两台硬盘中。使用多台磁盘称为磁盘阵列(Redundant Arrays of Inexpensive Disks,RAID),磁盘阵列在提高存储容量的同时,还提高了并行数据传输速率。磁盘阵列有多种 RAID 类型,出于对系统的安全、稳定、快速和成本考虑,往往将系统软件、数据信息和镜像数据分别放在不同的磁盘阵列中,并根据服务器的应用环境,配置 2 种以上 RAID 类型。

4. 服务器的性能指标

服务器的系统性能很难用一种指标来简单衡量，其性能指标包括并发访问处理能力、响应速度、吞吐量、CPU 占用比例、可用内存数、磁盘读写时间等，这些指标与服务器的具体配置密切相关，如 CPU 的核数、主频、内存大小等。另外，用户操作也具有不确定性，如在线用户数量、并发会话数量、用户连接的突发性等，都会影响服务器的性能。下面我们来讨论如何考虑服务器的并发访问处理能力。

并发数是指多个用户同时访问某网站所发生的连接数量。从服务器的角度考虑，每打开一个页面或者窗口都会产生一个会话连接，服务器在同一时间内所能处理的最大会话数量，就是并发会话连接数，它是衡量服务器性能的一个重要指标。

服务器能够处理的并发连接数与服务器的配置、服务的类型有关。普通服务器的并发访问处理能力为 300~1000 个，高端服务器可支持 5000~10 万个并发访问。如果是大型网站，则采用集群服务器系统或者负载均衡技术。

一个用户在访问某 Web 网站时，可能会连续打开若干个网页，等网页下载之后再进行浏览。虽然用户打开若干个网页，发起若干会话连接，但一个用户在同一时间只能发起一个并发会话，所以一般一个在线用户只能产生一个并发会话连接。

如果有一万个用户同时在线，是否会产生一万个并发连接呢？答案是否定的，根据经验统计，并发访问数为在线用户的 20%~30%。假设并发连接比例为 25%，则一万个在线用户的并发数为 2500 个，如果单台普通服务器能处理 500 个并发连接，则至少需要 5 台服务器才能满足这一万个用户的需求。

以上考虑只是简单的估算，实际网络中还需要进行测试来评估系统压力和负载能力。

2.5.4　其他网络设备

1. 网卡

网络适配器（Network Interface Card，NIC）又称网卡。网卡是最基础的网络设备，负责提供网络中计算机主机与网络传输系统之间的网络接口，实现主机系统总线信号与网络环境的匹配和通信。

计算机发送数据时，首先把要传输的数据并行写入网卡的缓存，网卡对要传输的数据进行编码，发送到传输介质上。接收数据时则相反。每个网卡都有唯一的一个网络节点地址，称为 MAC 地址，且绝对不会重复。

网卡支持全双工模式，与主机之间通信采用总线控制方式，可以不占用 CPU 资源，也可以不依赖主机的 CPU 进行帧的接收或发送。

随着大规模集成电路和网络技术的发展，网卡的总线位数由 8 位逐渐提高到 16 位、

32 位和 64 位，其数据速率也由 10Mbps 提高到百兆、千兆甚至万兆。现在的以太网网卡均支持 100Mbps/1000Mbps 自适应速率，支持即插即用。

2. 防火墙

防火墙是设置在不同网络或网络安全域之间的一系列部件的组合，根据相关安全策略控制进出网络的访问行为。防火墙的硬件是一台专用计算机，一般采用机架式结构，并安装有网络操作系统和专业防火墙程序，主要的防火墙程序包括包过滤程序、代理服务器程序、路由程序等。

包过滤防火墙可以过滤用户定义的内容，如 IP 地址等。系统在网络层检查数据包，与应用层无关，由于其不理解通信的内容，所以可能被黑客攻破。

应用代理防火墙不检查 IP、TCP 头部，而是检查所有应用层的信息包，将检查的内容信息放入决策过程，从而提高网络的安全性。

第一代防火墙是基于路由器的防火墙，主要考虑使用了路由器的分组过滤功能，利用路由器本身对分组的解析，以访问控制表方式实现对分组的过滤。该方式只是网络安全的一种应急方式，无法应对黑客的攻击。

第二代防火墙是用户化的防火墙，将过滤功能从路由器中独立出来，针对用户需求提供模块化的软件包，软件通过网络发送，用户可自己构造防火墙。相比第一代，第二代防火墙的安全性得到很大提高。由于是纯软件实现，对用户的技术要求高，因此其安全性和处理速度有限。

第三代防火墙是建立在通用操作系统上的防火墙，既有分组过滤功能，还装有专用的代理系统，监控所有协议的数据和指令，保护用户编程空间和用户可配置内核参数的设置，其安全性和速度都大大提高。

第四代防火墙是具有安全操作系统的防火墙，是目前防火墙产品的主要趋势。该防火墙可通过许可证方式获得操作系统的源码，或者通过固化操作系统内核来提高可靠性，功能上包括分组过滤、应用网关、电路级网关等，并且具有加密和鉴别功能。

防火墙自身只是一个单独的产品，仅靠一个防火墙来维护网络安全是不现实的，还需要一个安全的策略，协同其他安全设备实现网络的安全。

2.6 本章小结

计算机网络已经成为信息社会的基础设施，了解和掌握计算机网络设计方面的知识非常重要。本章以网络设计为主线，介绍了计算机网络设计的原理、方法和技术，采用以核心层、汇聚层和接入层为主线的分级设计思想，讨论了网络流量和带宽的设计原理和方法，以及 IP 地址的规划与路由选择，最后介绍了计算机网络中常用的网络设备：交换机、路由器和服务器等。

思考题

1. 简要描述网络分级设计的基本思想。
2. 什么是集线比和并发比?
3. 交换机的级联和堆叠有什么区别?
4. 某 16 端口交换机,有 4 个千兆端口,12 个百兆端口,计算该交换机的背板带宽以及满配置时的包转发率。
5. 某 Web 网站设计最大接受一万个用户在线访问,如果其并发连接比例为 24%,一台服务器的最大并发处理能力为 300 个,那么最少需要多少台服务器才能满足需求?
6. 以你所在的校园为基础,试设计若干栋楼或整个校园的校园网方案。

第3章 有线电视网络规划与设计

本章要点：

1.有线电视网络的基本组成和性能指标

2.有线电视网络总体规划设计

3.有线电视前端的组成和类型

4.有线电视骨干传输系统的设计

5.光纤干线传输系统的设计

6.用户分配网的设计

3.1 有线电视网络概述

有线电视是由传统的开路电视发展而来,又称“闭路电视”。传统的开路电视采用甚高频(VHF)频段和超高频(UHF)频段以无线方式发射全电视信号播出电视节目,用户端需要采用专用的电视天线接收空中的开路电视广播电磁波信号。有线电视则是采用同轴电缆或光缆等线缆作为媒介,将电视广播的射频信号传送给用户,但有线电视保留了开路电视的广播制式。

传统有线电视只是单向的广播电视系统,最早采用模拟电视系统,信号传输采用同轴电缆网络,由于信号在电缆传输过程中衰减较大,因而限制了有线电视网络规模的扩大。随着光纤传输技术的发展,有线电视采用了光纤和同轴电缆(HFC,Hybrid Fiber COAX)混合传输技术,使得有线电视规模快速扩大,覆盖率急剧增长,已发展成为我国一项重要的用户网络基础设施。同时,随着数字通信技术的发展,模拟电视已经被边缘化,现在的有线电视一方面基本实现了数字化平移和高清晰度电视广播的传输;另一方面也由单向的模拟电视广播系统向双向的多功能综合业务网络方向发展。因此,现在的有线电视已经发展到数字有线电视网络阶段。

对于有线电视来说,目前系统大多是数字系统或者是模拟、数字混合系统。一般来说,数字电视对系统指标的要求比模拟电视系统低,因此,在进行有线电视系统设计时,仍然要按照模拟电视系统的指标要求进行规划设计。关于有线电视双向网的设计将放到下一章讲述,本章只介绍有线电视广播网络规划与设计。

3.1.1　有线电视网络的组成

按照功能划分,有线电视网络主要由信号源、前端、干线传输系统和用户分配网等四部分组成。如图 3-1 所示,信号源是提供给有线电视系统各类节目信号的各种设备;前端是有线电视网络的信号处理中心,它将信号源输出的各类节目信号进行处理,最终混合成一路复合射频信号输出给干线传输系统;干线传输系统要完成信号在前端至用户分配网之间的传输,其任务是将复合电视信号高质量、低损耗地进行长距离传输;用户分配网是把干线传来的一路复合射频电视信号合理地、均匀地分配给用户终端。

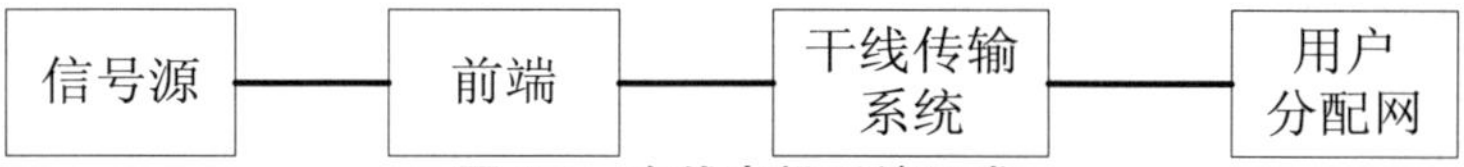

图 3-1　有线电视系统组成

1. 信号源

有线电视节目信号的来源通常有卫星转发的卫星电视信号,总前端或其他有线电视网通过某种方式传送的已调制射频电视信号,当地电视台传送的开路电视信号,本地自办电视节目,或转播、直播的各种视音频节目等。对于来源不同的电视节目信号需要有相应的接收或处理设备。

(1)卫星电视信号源

卫星电视信号是利用地球同步卫星传输的卫星电视广播信号。现在很多电视节目包括中央电视节目和各省级电视节目,以及音频广播节目都已经开通了数字卫星广播通信,国内节目主要集中在中星 6B 和中星 6A 两颗同步卫星上。接收卫星电视信号需要有直径为 3~7m 的金属抛物面卫星电视接收天线(俗称大锅)和对应的馈源、高频头(LNB)以及卫星接收机等设备。馈源位于抛物面天线的焦点处,其作用是将会聚到焦点的信号能量全部收集起来,馈送至高频头。高频头将馈源送来的卫星信号进行降频和信号放大处理,得到频率为 950~2150MHz 的 L 波段信号,然后传送至卫星接收机。

卫星电视信号的缺点是:受天气影响较大,因为电视信号的电磁波要经过大气层,途中遇到厚的云层、气流、金属飞行物体等障碍物时,电磁波信号容易受到干扰,影响信号接收;此外,每年的某些时节,卫星通信信号还会受到日凌现象的影响,导致电视信号短时间内出现时断时续,严重时甚至出现信号完全中断等现象。日凌现象的发生是因为,当地球运转到一定的位置,地面定向接收天线、同步通信卫星和太阳刚好处在一条直线上,此时地面定向接收天线对准通信卫星的同时也正对着太阳的位置,此时太阳发射出的各种长短不一的电磁波对卫星信号的干扰可达到最大,严重影响地面卫星信号的接收。

(2)其他有线电视网传送的电视信号源

其他有线电视网传送的电视信号根据传送方式的不同,需要有相应的接收设备。采用光纤同轴电缆混合网传送的射频电视信号,根据发送端信号处理的不同,可以是模拟电视信号,也可以是数字电视信号。因此,需要有相应的模拟或数字解调器接收并解调出信号源。

(3)当地电视台播出的开路电视信号源

开路电视信号是通过电视发射天线以无线电磁波的形式在空中传播的电视信号,虽然有线电视已经全面普及,但在我国某些偏远地区仍然需要采用开路电视信号进行覆盖。早期地面开路电视公共接收系统采用的是模拟信号,但由于模拟信号在经过建筑物阻挡以及各种反射、折射时容易受到较大干扰,导致信号严重失真,故现在地面开路电视也都已经采用数字化技术,称之为地面数字电视。接收这种地面开路的电视信号需要有地面数字电视接收机、机顶盒等设备。

(4)自办电视节目或转播、直播的视音频信号源

自办电视节目一般包括由摄像机、DVD 播放设备、硬盘读取播放设备、字幕机、切换矩阵、转播车等录制监控设备输出的视音频节目,这些节目信号一般是设备采集的原始基带信号或经简单编码处理的信号,通常有 SDI 信号、ASI 信号,以及音视频 AV 信号。

2. 前端系统

前端是把信号源传送过来的信号进行滤波、解调、放大、调制并混合成适合在干线系统中传输的一系列设备的组合。

根据前端所选用信号源的不同,系统的组成设备也有所不同。现在的电视信号大多已经数字化,前端的设备也多是数字设备。若采用卫星信号源,则前端要使用卫星接收机将卫星天线下变频的 L 波段信号解调并转换为视音频信号或 TS 流信号。传统的模拟卫星接收机只能输出视音频信号,现在使用的数字卫星接收机可以同时输出视音频信号和 TS 流信号。

若采用其他有线电视网传来的信号作信号源,则需要采用解调器。模拟调制的信号采用模拟解调器,数字信号则采用 QAM 解调器,解调器输出的信号通常也是视音频信号或 TS 流信号。

若是自办电视节目或直播、转播的电视节目,信号一般直接来自于摄像机、演播室或转播车等设备,对于视音频信号或 TS 流信号,与上述信号源相同;对于 SDI 数字基带信号,则可采用 MPEG 编码器转换成 TS 流信号。将信号源处理后得到的视音频信号或 TS 流信号就可以直接输入调制器变成高频电视信号。

由于有线电视系统规模不同,前端也可以不止一个。大型有线电视系统的前端一般有本地前端和分前端之分:本地前端是设置在有线电视系统区域内直接与干线传输系统相连的前端,本地前端又称为主前端;分前端是一种辅助前端,它通常设置在有线电视系

统服务的某一个小区中心,其输入主要来自本地前端,也可以增加其他可能的信号源。一般来说,有线电视系统只有一个本地前端,但可能有多个分前端。

3. 干线传输系统

干线传输系统要完成的任务是把前端输出的复合射频电视信号低损耗、高质量地传输给用户分配系统,它一般是处在室外的长距离传输线路。

传统的有线电视干线采用同轴电缆传输系统,但这种电缆传输距离越长信号衰减越大,且信号频率越高衰减越快,不仅如此,同轴电缆对信号的衰减还会随着环境温度的变化而改变,稳定性较差。因此,采用同轴电缆的干线系统,为了补偿信号在线路上的衰减,每隔几百米就要安装一台放大器,但这样会给系统引入较大的噪声和非线性干扰,不仅使信号质量受到严重影响,还增加了干线系统的安装维护成本。现在,只有小型的电视传输系统或近距离的干线传输才使用同轴电缆,距离超过 3km 时,一般都采用光纤传输。

有线电视光纤干线系统是通过光发射机把前端传送过来的高频复合电视信号变为光信号,通过光纤把信号传送到用户所在区域,在用户端节点通过光接收机把光信号转换为原来的高频复合电视信号。

4. 用户分配网

用户分配网是干线传输系统后至用户终端的网络部分,其任务就是把干线传送过来的高频复合电视信号分配到各个用户终端。用户分配网采用同轴电缆传输,所用设备和器件有分配放大器、延长放大器、分支器、分配器、用户终端盒等。

根据信号传输的距离,可选用-12、-9、-5 等不同粗细规格的同轴电缆,为了降低成本,入户线一般使用-5 的细缆。

分配放大器是用来补偿分配网中的信号损耗,提高信号电平以带动更多的用户,通常输出电平在 100dBμV 左右。

分支器、分配器是用户分配网中的主要无源器件,它们在分配网中起到将信号分流的作用。通过分配损耗、分支损耗的计算将它们搭配串接,从而实现信号的分配入户,并使之符合国家标准。

3.1.2　有线电视频道的划分和配置

1. 电视频道的射频带宽

世界上主要使用的电视广播制式有 PAL、NTSC、SECAM 三种,根据国家标准 GB3174-1995《PAL-D 制电视广播技术规范》的规定,我国大陆地区有线电视采用 PAL-D 制式,即逐行倒相正交平衡调幅制,调制方式采用的是残留边带调幅(VBS-AM)的方式。

所谓残留边带调幅,就是通过普通的双边带调幅方式,把带宽为 6MHz 的视频信号调制到图像载频f_V上,得到带宽为12MHz的双边带调幅信号后,再让该信号通过一个残留边带滤波器把下边带的大部分滤去,最后保留上边带的全部和下边带的少部分信号。图3-2为电视广播的射频频道带宽,视频带宽为6MHz,再加上下边带保留的1.25MHz,视频所占的总带宽为7.25MHz。伴音副载波的频率$f_A = f_V + 6.5\text{MHz}$,7.25MHz的视频带宽加上0.5MHz的音频保留带宽,因此,一个电视频道的带宽只需要8MHz,图3-2中的B'和B为一个频道的上、下端频率边界。

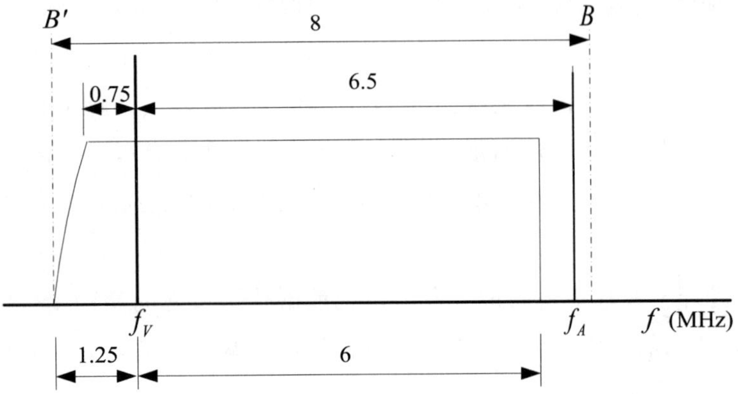

图3-2 电视广播射频频道带宽

2. 有线电视广播的频谱划分和频道配置

(1)频谱划分

有线电视系统所使用的频率范围为5MHz~1GHz。根据国家广播电视行业标准GY/T 106-1999《有线电视广播系统技术规范》中的规定,我国有线电视频段按照传输的业务内容划分为4个波段(表3-1)。为了适应有线电视网络双向传输,上、下行采用了65/87的频率分割方式。

表3-1 有线电视系统的频段划分

波段	频率范围(MHz)	业务内容
R	5~65	双向网上行业务
X	65~87	过渡带
FM	87~108	调频广播业务
A	110~1000	模拟电视、数字电视、数据业务

(2)频道配置

我国规定有线电视每个频道占用8MHz的带宽,所有电视频道通过频分复用(Frequency Division Multiplexing,FDM)的方式共享有线电视频带资源。

有线电视的频道配置最初沿用早期的模拟地面开路电视的频道配置方案,随着数字电视特别是数字双向业务的发展，国标 GY/T106-1999《有线电视广播系统技术规范》对有线电视频率的划分和频道配置进行了修订。

根据 65/87 的频率分割方式，5～65MHz 用于上行传输，65～87MHz 作为过渡带，原来用于下行广播电视业务的 DS1～DS5 频道就被取消了。

不考虑调频广播的频段，下行传输从增补 1 频道开始，每个频道占用 8MHz 带宽。值得注意的是，并不是所有相邻频道都是间隔 8MHz，国标规定的频道表中 Z37 的图像载频为 456. 25MHz，而与其相邻的下一频道 DS-13 的图像载频却为 471. 25MHz，这是一个特例。

国家广电行业根据未来广播电视网络数字化和双向化的需求，制定《有线数字电视频道配置指导性意见》，进一步规范了由模拟向数字电视广播过渡过程中的有线数字电视的频道配置（表 3-2）。根据该意见，模拟电视的图像载频比其频道带宽下端边界高 1. 25MHz，而数字电视的载频在其频道带宽的中点处。考虑到今后有线数字电视信号与其他无线电业务之间的电磁兼容以及双向传输业务发展的要求，该指导意见还公布了禁用频道、尽量避免使用频道、保护间隔和专用数据通道等数据。

表 3-2　有线电视广播的频道配置

频道号	频率范围（MHz）	图像载频（MHz）	中心频点（MHz）	说　明
DS1	48. 5～56. 5	49. 75	52. 0	划分为上行业务
DS2	56. 5～64. 5	57. 75	60. 0	划分为上行业务
DS3	64. 5～72. 5	65. 75	68. 0	划分为上行业务
DS4	76. 0～84. 0	77. 25	80. 0	过渡带
DS5	84. 0～92. 0	85. 25	88. 0	过渡带
Z-1	111. 0～119. 0	112. 25	115. 0	与航空业务频率重叠，禁止使用
Z-2	119. 0～127. 0	120. 25	123. 0	与航空业务频率重叠，尽量避免使用
Z-3	127. 0～135. 0	128. 25	131. 0	与航空业务频率重叠，尽量避免使用
Z-4	135. 0～143. 0	136. 25	139. 0	与航空业务频率重叠，尽量避免使用
Z-5	143. 0～151. 0	144. 25	147. 0	可能受固定通信业务干扰
Z-6	151. 0～159. 0	152. 25	155. 0	可能受固定通信业务干扰
Z-7	159. 0～167. 0	160. 25	163. 0	
DS-6	167. 0～175. 0	168. 25	171. 0	
DS-7	175. 0～183. 0	176. 25	179. 0	
DS-8	183. 0～191. 0	184. 25	187. 0	
DS-9	191. 0～199. 0	192. 25	195. 0	
DS-10	199. 0～207. 0	200. 25	203. 0	

续表

频道号	频率范围(MHz)	图像载频(MHz)	中心频点(MHz)	说　明
DS-11	207. 0~215. 0	208. 25	211. 0	
DS-12	215. 0~223. 0	216. 25	219. 0	
Z-8	223. 0~231. 0	224. 25	227. 0	
Z-9	231. 0~239. 0	232. 25	235. 0	
Z-10	239. 0~247. 0	240. 25	243. 0	
Z-11	247. 0~255. 0	248. 25	251. 0	
Z-12	255. 0~263. 0	256. 25	259. 0	
Z-13	263. 0~271. 0	264. 25	267. 0	
Z-14	271. 0~279. 0	272. 25	275. 0	
Z-15	279. 0~287. 0	280. 25	283. 0	可能受固定通信业务干扰
Z-16	287. 0~295. 0	288. 25	291. 0	
Z-17	295. 0~303. 0	296. 25	299. 0	
Z-18	303. 0~311. 0	304. 25	307. 0	
Z-19	311. 0~319. 0	312. 25	315. 0	
Z-20	319. 0~ 327. 0	320. 25	323. 0	
Z-21	327. 0~335. 0	328. 25	331. 0	
Z-22	335. 0~343. 0	336. 25	339. 0	可能受固定、移动通信业务干扰
Z-23	343. 0~351. 0	344. 25	347. 0	可能受固定、移动通信业务干扰
Z-24	351. 0~359. 0	352. 25	355. 0	可能受固定、移动通信业务干扰
Z-25	359. 0~367. 0	360. 25	363. 0	可能受固定、移动通信业务干扰
Z-26	367. 0~375. 0	368. 25	371. 0	可能受固定、移动通信业务干扰
Z-27	375. 0~383. 0	376. 25	379. 0	
Z-28	383. 0~391. 0	384. 25	387. 0	
Z-29	391. 0~399. 0	392. 25	395. 0	
Z-30	399. 0~407. 0	400. 25	403. 0	
Z-31	407. 0~415. 0	408. 25	411. 0	
Z-32	415. 0~423. 0	416. 25	419. 0	
Z-33	423. 0~431. 0	424. 25	427. 0	
Z-34	431. 0~439. 0	432. 25	435. 0	
Z-35	439. 0~447. 0	440. 25	443. 0	优先用于双向数据下行业务
Z-36	447. 0~455. 0	448. 25	451. 0	优先用于双向数据下行业务
Z-37	455. 0~463. 0	456. 25	459. 0	优先用于双向数据下行业务
DS-13	470. 0~478. 0	471. 25	474. 0	
DS-14	478. 0~486. 0	479. 25	482. 0	
DS-15	486. 0~494. 0	487. 25	490. 0	

续表

频道号	频率范围(MHz)	图像载频(MHz)	中心频点(MHz)	说　明
DS-16	494.0~502.0	495.25	498.0	
DS-17	502.0~510.0	503.25	506.0	
DS-18	510.0~518.0	511.25	514.0	
DS-19	518.0~526.0	519.25	522.0	
DS-20	526.0~534.0	527.25	530.0	
DS-21	534.0~542.0	535.25	538.0	
DS-22	542.0~550.0	543.25	546.0	
DS-23	550.0~558.0	551.25	554.0	
DS-24	558.0~566.0	559.25	562.0	
Z-38	566.0~574.0	567.25	570.0	
Z-39	574.0~582.0	575.25	578.0	
Z-40	582.0~590.0	583.25	586.0	
Z-41	590.0~598.0	591.25	594.0	
Z-42	598.0~606.0	599.25	602.0	
DS-25	606.0~614.0	607.25	610.0	
DS-26	614.0~622.0	615.25	618.0	
DS-27	622.0~630.0	623.25	626.0	
DS-28	630.0~638.0	631.25	634.0	
DS-29	638.0~646.0	639.25	642.0	
DS-30	646.0~654.0	647.25	650.0	
DS-31	654.0~662.0	655.25	658.0	
DS-32	662.0~670.0	663.25	666.0	
DS-33	670.0~678.0	671.25	674.0	
DS-34	678.0~686.0	679.25	682.0	
DS-35	686.0~694.0	687.25	690.0	
DS-36	694.0~702.0	695.25	698.0	
DS-37	702.0~710.0	703.25	706.0	
DS-38	710.0~718.0	711.25	714.0	优先用于双向数据下行业务
DS-39	718.0~726.0	719.25	722.0	优先用于双向数据下行业务
DS-40	726.0~734.0	727.25	730.0	优先用于双向数据下行业务
DS-41	734.0~742.0	735.25	738.0	优先用于双向数据下行业务
DS-42	742.0~750.0	743.25	746.0	优先用于双向数据下行业务
DS-43	750.0~758.0	751.25	754.0	
DS-44	758.0~766.0	759.25	762.0	
DS-45	766.0~774.0	767.25	770.0	

续表

频道号	频率范围(MHz)	图像载频(MHz)	中心频点(MHz)	说　明
DS-46	774.0~782.0	775.25	778.0	
DS-47	782.0~790.0	783.25	786.0	
DS-48	790.0~798.0	791.25	794.0	
DS-49	798.0~806.0	799.25	802.0	可能受到无线固定、移动业务的干扰
DS-50	806.0~814.0	807.25	810.0	可能受到无线固定、移动业务的干扰
DS-51	814.0~822.0	815.25	818.0	可能受到无线固定、移动业务的干扰
DS-52	822.0~830.0	823.25	826.0	可能受到无线固定、移动业务的干扰
DS-53	830.0~838.0	831.25	834.0	可能受到无线固定、移动业务的干扰
DS-54	838.0~846.0	839.25	842.0	可能受到无线固定、移动业务的干扰
DS-55	846.0~854.0	847.25	850.0	可能受到无线固定、移动业务的干扰
DS-56	854.0~862.0	855.25	858.0	可能受到无线固定、移动业务的干扰

3.1.3 有线电视网络的性能指标

1. 分贝比与电平

(1) 分贝比

分贝比是两个相同物理量数值比值的对比。例如,两个功率分别为 P_2 和 P_1 的分贝比为

$$(P_2/P_1)_{dB} = 10\lg(P_2/P_1) \tag{3-1}$$

其单位用分贝(dB)表示。分贝比可用来表示电视信号的功率或电压的变化,也可以表示有线电视系统的增益、衰减、交调比、互调比和载噪比等参数。例如,对于一个功率放大倍数为 10000 的放大器来说,其增益用分贝比表示为

$$10\lg(P_2/P_1) = 10\lg10000 = 40\text{dB}$$

对于一个将输入功率均分成两路输出的二分配器来说,每一路输出功率 $P_2 = P_1/2$,用分贝比来表示该二分配器的功率变化为

$$10\lg(P_2/P_1) = 10\lg1/2 = -3\text{dB}$$

即每路的衰减为 3dB。

有线电视系统的输入、输出阻抗都为 75Ω,根据公式

$$P = U^2/Z \tag{3-2}$$

则用电压来表示分贝比的换算公式为

$$10\lg(P_2/P_1) = 20\lg(U_2/U_1) \tag{3-3}$$

根据以上公式可知,用电压比来计算分贝比,前面要乘以系数 20;而用功率比来计算分贝比时,前面应乘以系数 10。

(2) 电平

电平是有线电视系统的一个重要性能指标。为了表示有线电视系统某一点信号的功率(或电压),通常用其功率(或电压)相对于某一基准功率(或电压)的比值计算分贝值,得出的结果就是该点的电平。也就是说,电平是指该处信号的功率(或电压)对某一基准功率(或基准电压)的分贝比

$$10\lg(P/P_0) = 20\lg(U/U_0) \tag{3-4}$$

根据所采用的基准功率(或电压)的不同,所得的电平数值和所对应的电平单位也不同。而基准功率(或电压)的电平总是为零。

若以1W为基准功率,对于功率为P的电视信号,其电平为$10\lg(P/1W)$,对应电平单位为分贝瓦(dBW)。例如,功率为1W的电视信号,其电平为0dBW;功率为10W的电视信号,其电平为$10\lg(P/P_0) = 10\lg10/1 = 10dBW$;而功率为100mW的电视信号,其电平为$10\lg(P/P_0) = 10\lg(100mW/1W) = 10\lg1/10 =- 10dBW$。

若以1mW为基准功率,则对于功率为P的电视信号,其电平为$10\lg(P/1mW)$,对应电平单位为分贝毫瓦(dBm)。例如,功率为1W的电视信号,其电平为$10\lg(P/P_0) = 10\lg(1W/1mW) = 30dBm$;功率为1mW的电视信号,其电平为0dBm;而功率为1μW的电视信号,其电平为$10\lg(P/P_0) = 10\lg(1\mu W/1mW) = 10\lg1/1000 =- 30dBm$。

若以1mV为基准电压,则对于电压为U的电视信号,其电平为$20\lg(U/1mV)$,对应的电平单位为分贝毫伏(dBmV)。例如,电压为1V的电视信号,其电平为$20\lg(U/U_0) = 20\lg(1V/1mV) = 60dBmV$;电压为1μV的电视信号,其电平为$20\lg(U/U_0) = 20\lg(1\mu V/1mV) =- 60dBmV$。

若以1μV为基准电压,则对于电压为U的电视信号,其电平为$20\lg(U/1\mu V)$,对应的电平单位为分贝微伏(dBμV)。例如,电压为1V的电视信号,其电平为$20\lg(U/U_0) = 20\lg(1V/1\mu V) = 120dB\mu V$;电压为1μV的电视信号,其电平为0dBμV。

当然,以功率为基准和以电压为基准的电平值是可以相互换算的。若已知某一电视信号的电压为1mV,换算成以dBW或dBm为单位的电平,根据公式3-2可得该信号的功率为

$$P = U^2/Z = (1 \times 10^{-3})^2/75 = 1.3 \times 10^{-8}W$$

其对应以dBW为单位的电平为

$$10\lg(1.3 \times 10^{-8}W/1W) = 2212/78.75dBW$$

其对应以dBm为单位的电平为

$$10\lg(1.3\times10^{-8}W/1mW) = -138.75dBW$$

而功率为1mW的电视信号,根据公式3-2,该信号的电压为

$$U = \sqrt{P \cdot Z} = \sqrt{1 \times 10^{-3} \times 75} = 274mV$$

其对应以dBmV为单位的电平为

$$20\lg(274\text{mV}/1\text{mV}) = 48.75\text{dBmV}$$

其对应以 dBμV 为单位的电平为

$$20\lg(274\text{mV}/1\mu\text{V}) = 108.75\text{dB}\mu\text{V}$$

由以上分析可知，电视信号的电平有如下四个单位：dBW、dBm、dBmV、dBμV，不同单位的电平值是可以相互换算的，其换算关系如表 3-3 所示。该表表示：原电平单位变换为新电平单位时，需要加上对应的数值。例如，把电平为 115 dBμV 换算成其他电平单位表示时，利用表 3-3 最后一行，变换为 dBW 表示为 115−138. 75，即−23. 75dBW；变换为 dBm 表示为 115−108. 75，即 6. 25dBW；变换为 dBmV 表示为 115−60，即得 55dBmV。

表 3-3　有线电视信号的电平单位换算表

原单位 \ 新单位	dBW	dBm	dBmV	dBμV
dBW	0	+30	+78.75	+138.75
dBm	−30	0	+48.75	+108.75
dBmV	−78.75	−48.75	0	+60
dBμV	−138.75	−108.75	−60	0

2. 信噪比与载噪比

(1) 信噪比(S/N)

信噪比为有用信号与系统噪声的比值，对于有线电视系统来说，就是射频信号解调后所得的视频信号功率与系统噪声功率之比。

$$S/N = P_s/P_n \tag{3-5}$$

用分贝比来表示信噪比，则为

$$(S/N)_{\text{dB}} = 10\lg(P_s/P_n) \tag{3-6}$$

由公式 3-6 可得

$$(S/N)_{\text{dB}} = 10\lg P_s/P_0 - 10\lg P_n/P_0$$

即信噪比的分贝值为视频信号电平与噪声电平之差。

信噪比指标对电视图像质量起着决定性的作用，是直接反映图像质量好坏的性能指标。国际上多采用五级计分法对电视图像进行主观评价，即分成 5 分(优)、4 分(良)、3 分(中)、2 分(差)、1 分(劣)五个等级。不同的图像等级对应不同的信噪比，根据大量的实验数据统计，得出信噪比和图像等级评分 Q 值的关系近似如下

$$(S/N)_{\text{dB}} = 23 - Q - 1.1Q^2 \tag{3-7}$$

通过式 3-7 可以进行图像等级 Q 值与信噪比 S/N 之间的换算。例如，要达到 4 级的图像质量，根据式 3-7 可得

$$(S/N)_{\text{dB}} = 23 - 4 - 1.1 \times 4^2 = 36.6\text{dB}$$

即要达到 4 级图像质量要求，相应的图像信噪比要达到 36. 6dB。

对于我国采用的 PAL-D 制式电视信号,实验测出的图像等级与信噪比之间的关系如表 3-4 所示,该结果与式 3-7 计算结果相差不大。

表 3-4　PAL-D 制式图像等级与信噪比

图像等级(分)	信噪比(dB)	图像等级(分)	信噪比(dB)
5	44.4	2	24.3
4	35.5	1	22
3	28.8		

(2) 载噪比(C/N)

有线电视系统中传输的是经过残留边带调幅后的射频电视信号,若直接用信噪比来评价系统的噪声性能,需要增加标准的解调器才能准确地测量每个频道电视信号的信噪比,这给实际测量工作带来很大麻烦:不仅增加了测量仪器的成本,也因增加信号处理过程影响了测量精度。因此,对于有线电视射频系统来说,用载噪比指标来描述系统的噪声特性更为方便。

载噪比为电视频道的高频载波功率与噪声功率之比。

$$C/N = P_c/P_n \tag{3-8}$$

用分贝比表示的载噪比为

$$(C/N)_{dB} = 10\lg(P_c/P_n) \tag{3-9}$$

同样,载噪比为载波电平与噪声电平之差。

信噪比和载噪比是相互关联的。信噪比是解调后的视频信号电平和噪声电平之差,载噪比是解调前高频载波电平和噪声电平之差。对于同一种调制方式而言,解调前高频载波的载噪比越高,解调后视频信号的信噪比也越高。而对于不同的调制方式,信噪比和载噪比的关系是不同的。有线电视采用的是残留边带调幅的方式,信噪比和载噪比之间满足如下关系

$$S/N = (C/N) \times 0.1924 \cdot \frac{\Delta f_1 + \Delta f_a}{\Delta f_a - \dfrac{\Delta f_1}{3}} \tag{3-10}$$

其中 Δf_1 是残留边带带宽, Δf_a 是视频带宽。对于我国有线电视采用的 PAL-D 制式,残留边带带宽为 0. 75MHz,视频带宽为 5. 75MHz,代入式 3-10 得

$$S/N = (C/N) \times 0.2309$$

取对数得

$$(S/N)_{dB} = (C/N)_{dB} - 6.4\text{dB} \tag{3-11}$$

即解调后的信噪比要比解调前的载噪比低 6. 4dB。

(3)频道等效噪声带宽

噪声是干扰电视信号、影响图像画面质量的主要因素。为了计算电视频道内的噪声

功率，通常采用其等效噪声带宽来进行统计。等效噪声带宽 Δf 的定义为：噪声功率分布曲线下的总面积除以其最大功率值。其物理意义是：实际分布下的噪声总功率可以等效折合为带宽在等效噪声带宽内的等幅噪声的总功率。

我国 PAL-D 制的视频信号转换成残留边带调幅信号后的视频部分带宽为 7.25MHz，这里真正的视频带宽只有 6MHz，该信号被电视机接收后，进入到图像通道进行处理。接收机图像通道的幅频特性为奈奎斯特滤波器幅频特性，如图 3-3 所示。

图 3-3　奈奎斯特滤波器幅频特性

因此，进入图像通道的噪声的电压分布特性与图 3-3 的幅频特性曲线一致。计算 PAL-D 制电视频道的等效噪声带宽为

$$\begin{aligned}\Delta f &= \frac{1}{K_{V\max}^2}\int_{-0.75}^{6} K_V^2(f)\,df = \int_0^{1.5} K_V^2(f)\,df + \int_{0.75}^{6} 1df \\ &= 1.5 \times \frac{1}{3} + 5.25 = 5.75\text{MHz}\end{aligned} \tag{3-12}$$

用同样的方法，我们也可以计算出 NTSC 制的等效噪声带宽 $\Delta f = 3.95\text{MHz}$。实际上，系统中的某些设备，例如光发射机、放大器等，在工程中经常需要计算等效噪声带宽。而标称的参数是按照某种制式给定的，需要通过不同制式的等效噪声带宽进行标称参数换算。

3. 非线性失真指标

有线电视系统由多种设备和器件组成，其中有源设备通常包含非线性器件和电路，信号经过该类设备的处理，往往使得各频率分量的幅度和相位发生不同程度的变化，甚至产生新的频率分量，从而在输出信号中产生各种不同的非线性产物。

为了便于描述，通常将输出信号中与原信号成正比的分量称为信号输出的一次产物，将输出信号中与原信号的二次方项成正比的分量称为输出的二次产物，将输出信号中与原信号的三次方项成正比的分量称为输出的三次产物。

例如，对于一个由 3 个频率分量组成的输入信号 U_i，图像载频分别为 ω_a、ω_b、ω_c 的 3 个频道，则 U_i 记为

$$U_i = A\cos \omega_a t + B\cos \omega_b t + C\cos \omega_c t$$

其中 A、B、C 分别为 3 个频率分量信号的幅度。则输出信号中的一次产物为 $K_1(A\cos \omega_a t$

$+B\cos\omega_b t+C\cos\omega_c t)$，一次产物与输入信号呈线性关系；二次产物由式 $K_2(A\cos\omega_a t+B\cos\omega_b t+C\cos\omega_c t)^2$ 展开得到，三次产物由式 $K_3(A\cos\omega_a t+B\cos\omega_b t+C\cos\omega_c t)^3$ 展开得到。其中，在二次产物和三次产物中，都因产生新的频率成分而出现非线性失真产物。

二次非线性失真产物中，频率为输入信号频率分量的倍频项，称为二次谐波项；频率为输入信号任意两个频率分量的和频或差频项，称为二次差拍项。当新生成的频率成分落入某在用频道时，很难通过滤波器把它们滤除，因而对在用频道会形成网纹干扰，这种干扰称为二次互调干扰。由展开式可知，二次差拍项比二次谐波项的振幅大一倍，而且，当系统中频道数越多时，二次差拍项比二次谐波项多更多。因此，二次非线性失真仅考虑差拍项，通常把所有二次差拍项的总和称为组合二次差拍（Composite Second Order，CSO）失真。

三次非线性失真产物中，频率与输入信号频率分量的频率相等，但幅度中包含其他频率分量信号，例如为 $K_3AB^2\cos\omega_a t$ 形式的项，这些项虽然没有产生新的频率成分，但是就某个频率分量而言，其信号中窜入了其他信号，从而产生窜像，这种现象称为交调干扰。输出信号中，新生成的频率为输入信号频率分量的三倍频项，称为三次谐波项；频率为任意两个频率分量的和差组合项，例如为 $\omega_a\pm2\omega_b$ 形式的项，称为三次互调项；频率为三个频率分量的和差组合项，例如为 $\omega_a\pm\omega_b\pm\omega_c$ 形式的项，称为三次差拍项。若三次产物中新生成的频率成分落入某在用频道内，会与该频道的图像载频产生斜纹干扰，称为三次互调干扰或三次差拍干扰。同样，系统频道数越多，产生的三次差拍项也越多。通常将落入某在用频道内的所有三次差拍项的总和称为组合三次差拍（Composite Triple Beat，CTB）失真。

有线电视系统的非线性失真性能指标主要有：载波互调比（IM）、载波组合二次差拍比（C/CSO）、载波组合三次差拍比（C/CTB）和交扰调制比（CM）。

（1）载波互调比（Inter-modulation，IM）

互调失真是指任意两个输入信号分量之间的频率和或差的组合，其产物包括和频、差频和倍频等新的频率成分。有线电视采用载波互调比来描述落入某在用电视频道内的互调产物对其有用信号的干扰程度。用分贝比表示为

$$IM=20\lg\left(\frac{\text{指定频道的图像载波电压}}{\text{落入该频道的互调产物电压}}\right)\tag{3-13}$$

互调失真有二次互调失真 IM_2 和三次互调失真 IM_3 之分，例如由频率为 ω_a 和 ω_b 两个输入信号产生的互调失真中，包含 $\omega_a\pm\omega_b$ 形式的产物为二次互调失真项，包含 $\omega_a\pm2\omega_b$ 形式的产物为三次互调失真项。

在频道数较少时，载波互调比指标能反映系统非线性失真的实际情况，并且此时也可采用避开受干扰频道而削弱干扰。但当频道数较多时，互调失真项也急剧增加，用载波互调比很难准确描述系统的非线性失真情况，此时，一般主要采用 CSO 和 CTB 的相关

指标来描述非线性失真。

(2)载波组合二次差拍比(C/CSO)

CSO是落在某一频道内所有二次差拍成分的总和。在光传输系统中,它是影响图像质量的最重要因素之一。载波组合二次差拍比(C/CSO)为系统某指定点的图像载波电压和落入该频道带宽内的二次差拍产物组合的复合电压之比。

$$C/CSO = 20\lg\left(\frac{\text{指定频道的图像载波电压}}{\text{落入该频道的组合二次差拍复合电压}}\right) \tag{3-14}$$

(3)载波组合三次差拍比(C/CTB)

CTB是落在某一频道内所有三次差拍成分的总和。当系统频道数较多时,它是影响图像质量的最主要因素之一。载波组合三次差拍比(C/CTB)为系统某指定点的图像载波电压和聚集在该频道图像载波中心附近的三次差拍产物的峰值电压之比。

$$C/CTB = 20\lg\left(\frac{\text{指定频道的图像载波电压}}{\text{落入该频道的组合三次差拍产物的加权叠加电压}}\right) \tag{3-15}$$

(4)交扰调制比(CM)

交调失真是指其他频道信号叠加到所测频道上引起的失真,交扰调制并没有产生新的频率成分。因此,交扰调制比采用有用信号和干扰信号的峰峰值进行比较,用分贝比表示为

$$CM = 20\lg\left(\frac{\text{指定频道的有用调制信号的峰峰值}}{\text{交扰调制信号成分的峰峰值}}\right) \tag{3-16}$$

其中,交扰调制信号成分的峰峰值在被测频道本身无调制信号,所测得的是由其他频道窜入的调制信号。一般要求交扰调制比(绝对值)越大越好。

4. 指标的叠加

我们通常将一个完整的有线电视系统划分为前端、传输系统、用户分配网等几个部分,各部分相互串接相连。每部分的设备通常都有标称指标,在设计前,可以根据各部分所选设备的指标计算或设计系统总体指标,这就需要将这些指标按照某种规律进行叠加计算。

两个或两个以上信号的叠加与它们的相位差有关。当它们的相位差为0时,合成信号的总电压为各分信号电压的算术和,这种叠加称为算术叠加;当它们的相位差为π/2时,各分信号彼此是相互独立、毫不相干的,此时,合成信号的总电压为各分信号电压的平方和,这种叠加称为均方根叠加或功率叠加;而当它们的相位差在0至π/2之间时,合成信号的总电压在各分信号电压的算术叠加和均方根叠加所得到结果之间,这种叠加称为减算的算术叠加。例如,k个信号相叠加,若各信号的电压大小都相等,都为 U_1 时,计算不同的叠加结果如下:

算术叠加的结果为

$$U_{dB} = 20\lg(kU_1) = 20\lg U_1 + 20\lg k \tag{3-17}$$

均方根叠加(功率叠加)时,有

$$U^2 = kU_1^2 \tag{3-18}$$

得到叠加的结果为

$$U_{dB} = 10\lg(U^2) = 10\lg(kU_1^2) = 20\lg U_1 + 10\lg k \tag{3-19}$$

减算的算术叠加时, $\lg k$ 前面的系数取 10 至 20 之间,一般取 15 即可。则叠加的结果为

$$U_{dB} = 20\lg U_1 + 15\lg k \tag{3-20}$$

下面分析有线电视系统各性能指标所符合的叠加规律。

(1)载噪比的叠加

载噪比是高频载波功率与系统噪声功率之比,就某个频道信号而言,其载波功率是一定的,为 P_c 。而系统各部分(或各设备)所产生的噪声符合功率叠加的规律,即

$$P_n = P_{n1} + P_{n2} \cdots\cdots + P_{nk}$$

则

$$\frac{P_n}{P_c} = \frac{P_{n1} + P_{n2} + \cdots\cdots + P_{nk}}{P_c} = \frac{P_{n1}}{P_c} + \frac{P_{n2}}{P_c} + \cdots\cdots + \frac{P_{nk}}{P_c}$$

可得

$$\frac{1}{(C/N)} = \frac{1}{(C/N)_1} + \frac{1}{(C/N)_2} + \cdots\cdots + \frac{1}{(C/N)_k} \tag{3-21}$$

由载噪比的公式 $(C/N)_{dB} = 10\lg(C/N)$,可得

$$(C/N) = 10^{\frac{(C/N)_{dB}}{10}} \tag{3-22}$$

将式 3-22 代入到式 3-21 可得

$$10^{-\frac{(C/N)_{dB}}{10}} = 10^{-\frac{(C/N)_{1dB}}{10}} + 10^{-\frac{(C/N)_{2dB}}{10}} + \cdots\cdots + 10^{-\frac{(C/N)_{kdB}}{10}} \tag{3-23}$$

由式 3-23 得到载噪比的叠加公式为

$$(C/N)_{dB} = -10\lg\left[10^{-\frac{(C/N)_{1dB}}{10}} + 10^{-\frac{(C/N)_{2dB}}{10}} + \cdots\cdots + 10^{-\frac{(C/N)_{kdB}}{10}}\right] \tag{3-24}$$

系统噪声通常是彼此完全不相关的,因此,载噪比指标的叠加遵循均方根叠加(功率叠加)的规律。例如,若系统中 k 各个部分(或设备)的载噪比指标都相等,都等于 $(C/N)_{1dB}$,则载噪比为

$$(C/N)_{dB} = -10\lg\left[k \cdot 10^{-\frac{(C/N)_{1dB}}{10}}\right] = (C/N)_{1dB} - 10\lg k \tag{3-25}$$

例:设计一个有线电视系统,前端的载噪比为 54dB,干线的载噪比为 52dB,用户分配网的载噪比为 55dB,该系统总的载噪比为多少?

解:由式 3-24 可得总的载噪比为

$$(C/N)_{dB} = -10\lg\left[10^{-\frac{54}{10}} + 10^{-\frac{52}{10}} + 10^{-\frac{55}{10}}\right] = 46.2\text{dB}$$

(2)非线性失真指标的叠加

非线性失真指标与噪声不同,非线性产物通常都是彼此相关的,一般情况下彼此之间总是具有确定的相位差。

二次非线性失真的叠加一般采用减算的算术叠加

$$(C/CSO)_{dB}=-15\lg[10^{-\frac{(C/CSO)_{1dB}}{15}}+10^{-\frac{(C/CSO)_{2dB}}{15}}+\cdots\cdots+10^{-\frac{(C/CSO)_{kdB}}{15}}] \quad (3\text{-}26)$$

当系统传输的频道数较多时

$$(C/CSO)_{dB}=-10\lg[10^{-\frac{(C/CSO)_{1dB}}{10}}+10^{-\frac{(C/CSO)_{2dB}}{10}}+\cdots\cdots+10^{-\frac{(C/CSO)_{kdB}}{10}}] \quad (3\text{-}27)$$

三次非线性失真分量通常具有相同的相位,因此,叠加是同相相加,服从算术叠加的规律。三次失真指标,包括载波组合三次差拍比(C/CTB)交调比、载波三次互调比(IM_3)、交扰调制比(CM)等,都要按算术叠加的公式来计算指标的叠加。

$$(C/CTB)_{dB}=-20\lg[10^{-\frac{(C/CTB)_{1dB}}{20}}+10^{-\frac{(C/CTB)_{2dB}}{20}}+\cdots\cdots+10^{-\frac{(C/CTB)_{kdB}}{20}}] \quad (3\text{-}28)$$

$$(IM_3)_{dB}=-20\lg[10^{-\frac{(IM_3)_{1dB}}{20}}+10^{-\frac{(IM_3)_{2dB}}{20}}+\cdots\cdots+10^{-\frac{(IM_3)_{kdB}}{20}}] \quad (3\text{-}29)$$

$$(CM)_{dB}=-20\lg[10^{-\frac{(CM)_{1dB}}{20}}+10^{-\frac{(CM)_{2dB}}{20}}+\cdots\cdots+10^{-\frac{(CM)_{kdB}}{20}}] \quad (3\text{-}30)$$

例如,设计一个有线电视系统,若前端的三次差拍比达到67dB,干线的三次差拍比达到56dB,用户分配网的三次差拍比达到65dB,该系统总的三次差拍比为多少?

解:根据式3-28,可得总的三次差拍比为

$$(C/CTB)_{dB}=-20\lg[10^{-\frac{67}{20}}+10^{-\frac{56}{20}}+10^{-\frac{65}{20}}]=51.7\text{dB}$$

3.2 有线电视网络的总体规划设计

有线电视网络在建设前,需要进行严谨、周密的规划设计,要依据当地的客观条件、实际环境、未来的发展规划等来进行全局统筹、确定系统设计方案。由于各地发展计划和环境条件等综合因素的不同,有线电视网络的工程规模、系统类型以及所采用的技术方案也是多种多样的。因此,有线电视网络的设计必须依据当地的实际情况来确定系统规模、功能和业务承受能力,并灵活运用有线电视网络各部分的设计原则来确定系统的结构和组成,完成初步规划设计方案。而且,系统设计必须符合国家标准的规定,使最终设计的系统指标达到国标的要求。

3.2.1 总体规划设计

1. 前期调研

有线电视网络在具体设计前,要充分掌握工程规划所需要的各方面材料和信息,这主要包括:(1)系统所覆盖区域的客观环境;(2)系统所覆盖区域的用户需求;(3)系统中

将要使用的相关设备资料和工作性能参数等。

(1)对客观环境的调研

系统覆盖范围的客观环境有很多方面,只要是与有线电视网络工程建设有关的因素都应在事先有充分的了解,才能结合这些实际情况规划、调整网络设计。一般来说,设计者需要对以下几个主要方面进行前期调研。

① 了解当地可接收的卫星信号源情况,包括卫星信号节目、节目类型,以及信号强度、信号质量等。

② 了解当地空中传播的电磁信号、信号强度,确定是否存在信号干扰和电磁干扰,如有,需确定它们的方位。设计时应尽量避开这些具有较强电磁干扰的区域,特别是信号源的接收和前端位置不能有信号干扰。

③ 了解系统所覆盖的范围、距离大小、建筑物分布、用户分布、用户密度和入网的总户数等情况。

④ 了解覆盖区域的地理环境,包括地下管道的路由,原本存在的地下或地上的线缆,如高压线、电话线、通信光缆等线缆的拓扑与布局。并了解未来几年的市政规划和可能的城区楼宇建设改造情况。

⑤ 了解用户楼宇的建筑类型,包括单元分布、楼道内的建设情况,是否可架线槽或穿线打孔,了解原有楼内线缆网络的可利用情况等。一般要求拿到楼宇建筑群的平面图、立体图、管线分布图等设计施工图纸。

(2)对用户需求的调研

用户的需求是有线电视网络规划设计的一个重要依据,因此,在设计前应对用户的情况和他们对有线电视网络服务和业务需求有充分的了解。

①了解用户对节目种类、节目套数的需求,也就是调研用户一般收看哪些电视节目、需要收看的节目总套数。节目套数是有线电视网络设计的基础参数,它是决定网络传输频带宽度,选择干线传输方式等技术问题的依据。

②了解用户对系统功能的需求,包括用户需要传输模拟电视还是数字电视,用户使用数字标清电视还是高清电视,以及用户对宽带数据业务、视频点播、公共信息等综合功能的需求情况。

③了解用户的经济承受能力和投资意愿,系统工程的成本和功能规模应符合用户的期望和支付水平。

(3)对设备选型的调研

有线电视网络中要用到多种类型的设备,相同功能的设备又有多个厂家、多个品牌和多种型号,因此,对设备的选型应事先进行详细严谨的调研,必要时还应该对入选设备进行功能测试。这部分的调研主要应了解以下几个方面的情况。

①多方了解不同品牌、不同型号设备的功能特点,了解设备的使用说明、性能参数、

关键指标、输入输出接口类型、尺寸大小、电源电压等，还应从多方面了解这些设备的实际运行情况、在业界的口碑等。

②咨询设备的价格、集成安装方法、技术支持和售后服务等。

根据以上调研的实际情况进行综合比较，在设备性能和价格之间多方面仔细对比，为设备选型和方案制订做好准备。

2. 基本设计原则

在进行网络系统设计时，要全面考虑各方面的因素，一个设计规范优良的有线电视网络，不仅能保证指标质量高、系统运行稳定，还应能适应用户需求的变化，并在必要时能够平滑地升级更新。为了统筹整个网络系统的建设，使之达到更高的质量、更稳定的性能、更优的性价比，设计应该遵循以下基本原则。

(1)标准化

有线电视网络的设计要完全符合国家相关标准的要求，国内没有标准的则应参照相应的国际标准。对当前正在制定和即将制定的国内标准，在标准出台后应能够平稳接轨；若不能平稳接轨，则提供免费更换系统设备直至符合新标准。

(2)安全可靠性

网络的安全可靠性是系统设计时需要重点考虑的技术指标，系统首选可靠性高的、在国内应用广泛、口碑较好的设备产品与技术，对关键的设备要采用 1∶1 冗余备份，以便出现故障时能及时排除、恢复播出。建立智能完善的网管监控平台和远程管理措施，确保整个系统的安全可靠。干线和分配网络设备，要求提供设备备份。还要考虑设备和电缆的老化问题，设计应留有余地。此外，还要充分考虑安全供电、避雷、防雨、防潮、防盗、防破坏和攻击等问题。

(3)可升级扩展性

信息技术在不断地发展，有线电视网络规划设计不仅要满足当前的实际需求，还要考虑未来升级的可能。因此，系统设计时不仅要考虑系统规模、频道资源、业务功能等，还要考虑未来用户数量的增加、覆盖范围的扩展、节目内容和增值业务等资源的增进，以及双向接入网的改造等。在系统扩展升级时，应确保在原有业务不间断的情况下平滑升级，尽可能利用原有资源，减少重复投资。

(4)先进性、开放性

设计方案在制订时要采用先进的技术体系，在投资成本允许的前提下，尽量采用成熟的新技术、选用先进的专业设备。网络系统从组成结构、业务构成、功能实现等各方面都要采用开放式设计方案，保证系统在架构体系和接口配置上与其他网络体系具有互联互通性，并在一定程度上保证与其他各大厂商的标准设备具有良好兼容性。

(5)管控性

系统要具有完善的网络监测管理功能。在系统设计时，一方面要考虑系统设备和性能指标的远程管控功能,实现对系统实时、全面的监测和远程管理,对传输内容前端实时监测等;另一方面还要考虑对用户信息和用户行为的监测管理,管理平台软件系统应该可以对系统指标、业务状态、用户信息等进行方便快捷的查询和管理。

3. 系统模式的确定

(1)确定系统规模和功能

根据前期调研和系统规划的目标,初步确定系统规模和功能,包括确定覆盖的用户数、覆盖范围、最近和最远端距离大小;确定系统传输的业务类型,是模拟电视还是数字电视,如果是模数混合则确定各需传输多少套节目,还需传输哪些增值服务业务,是否需要建立双向网络以支持互联网数据业务等。

(2)信号源的选择

保证信号源的质量是实现高质量有线电视网络建设的基础。如果信号源本身的质量就不好,那么无论前端怎样处理或者整个有线电视系统的设计标准多么高,最终得到的电视信号质量都无法提高。

选择信号源首先要确定有线电视系统前端所处的地方可以接收哪些类型的信号源。现在,中央和各省市的重要电视台都已开通数字卫星电视广播。一般来说,卫星电视广播信号比开路电视信号质量要高,故凡在卫星电视可以覆盖的地方,应该尽量选择卫星信号而不要采用空中的开路信号作为有线电视的源信号。同样,若本地其他有线电视网络可提供高质量的电视信号,其信号稳定性较卫星信号也更好,则还应该优先选择这种有线方式传送的信号源。若要传输本地电视台的电视节目,则应该考虑从本地电视台的播出机房直接将节目信号(视音频信号或SDI、TS流数字信号)送入有线电视系统的前端,当传输距离超过1km时,则应该采用光纤传输系统进行长距离传输,以确保信号源的质量。

当有多种信号源可选时,还可以根据信号质量、信号稳定性以及经费预算等因素,考虑采用多种信号源作为备份或对节目来源进行互补。

(3)前端系统的确定

前端是整个有线电视网络的核心,前端的性质和质量对整个网络系统有决定性的作用。在总体规划阶段需要确定前端的位置,前端系统类型,传输的模拟、数字节目数量,频道的规划和配置,是否支持双向网络等,以便制订初步的系统结构图。前端的设计要保证设计指标高、性能稳定,同时还要考虑系统供电电源的稳定性,保证系统设备和供电都有冗余备份。

(4)干线传输方式的确定

干线需要根据用户的分布情况、干线的传输距离等来确定光发射机与光站的分配比、确定干线路由,计算所需的光发射机和光接收机的数量和功率大小。光链路的路由根据实际的地理环境,最好走地下管道而不是架空线缆,选路以就近原则选最短路径,同时还要考虑施工的便利性。光发射机的功率要根据光链路的损耗和分光比来计算，光接收机的个数根据所覆盖的用户数来确定，通常光接收机置于一个居民社区的中心，一台光接收机覆盖用户数不超过 2000 户。

(5)用户分配网结构的确定

用户分配网的结构主要依据用户分布和楼内户型图，按照最短路径和电平均衡等原则来确定。通常分配网采用对称的星型拓扑结构，要保证终端输出的性能指标符合国家标准的要求。

3.2.2 系统性能指标的分配

有线电视作为一个完整统一的整体，国家标准(GY/T 106-99)规定的指标是对系统终端输出端口信号的总体要求。而在系统设计时，一般按照前端系统、干线传输系统、用户分配网 3 个部分来分别考虑，因而需要将国家标准要求的指标合理分配到以上 3 个部分进行设计。设计时主要考虑的指标为载噪比和非线性失真等，其中，频道数较少时，主要以载噪比和交扰调制比来进行设计；频道数较多时(>20 个)，主要以载噪比和载波组合三次差拍比来设计；而在光传输系统设计时，还要考虑载波组合二次差拍比。

系统设计时，可依据前端系统的设备数量和设备质量、干线传输系统的结构和设备类型、用户分配网的放大器个数等因素来确定各部分的指标分配比例，整个系统的总体指标由上述各部分指标组合而成。但分配比例不是绝对的，一般来说可大体按照表 3-5 来分配设计指标。

表 3-5 设计指标的分配比例

指标参数 \ 网络部分	前端	传输干线	用户分配网
C/N	20%~50%	70%~40%	10%
C/CSO	10%	30%~50%	60%~40%
C/CTB	10%	30%~50%	60%~40%
CM	10%	30%~50%	60%~40%

根据一定的分配比例和总体设计要达到的指标要求可以换算出各部分应达到的指标，而通过各部分的指标要求又可以再换算出其组成的各个设备和器件应该达到怎样的性能参数，这可以为系统方案的确定和设备的选型提供合理的依据。

反之，若确定了各部分的设计方案和设备选型，也可以根据设备的指标参数、系统规模和频道数等算出各部分可达到的指标要求，根据指标的叠加算出系统的总体指标，按照国标的要求验算设计是否符合标准，通常设计的指标应在国标的要求上留有一定的余量。若设计指标达不到要求，还应重新调整设计方案，例如，更换性能更好的专业设备、修改系统传输方式等，反复修改设计方案并验算，直至达到国标要求。

下面分析确定了性能指标的分配比例后，如何通过总体性能指标换算出各部分应达到的性能指标。

1. 载噪比的分配

若系统载噪比指标在各部分或各设备中的分配比例为 q_1、q_2、q_3、……，其中 $q_1 + q_2 + q_3 + \cdots\cdots q_k = 1$，设系统噪声为 P_n，由噪声的独立不相关性可知，各部分或各设备的噪声贡献分别为 q_1P_n、q_2P_n、q_3P_n、……，因此，各部分相应的载噪比分别为

$$(C/N)_1 = \frac{P_c}{q_1p_n}$$

$$(C/N)_2 = \frac{P_c}{q_2p_n}$$

……

用分贝比来表示的载噪比为

$$(C/N)_{1dB} = 10\lg(\frac{P_c}{q_1p_n}) = 10\lg\frac{P_c}{p_n} - 10\lg q_1 = (C/N)_{dB} - 10\lg q_1 \quad (3\text{-}31)$$

其中 $(C/N)_{dB}$ 为整个系统的载噪比。根据式 3-31，可将总体载噪比指标按比例分配，得到各部分的载噪比指标。

例：将国标要求的有线电视系统载噪比 43dB 按照前端 20%、干线 70%、分配网 10% 的比例进行分配设计，求各部分应达到的载噪比指标。

解：已知前端的分配的载噪比比例为 $q_1 = 0.2$，代入式 3-31 算出前端要达到的载噪比指标为

$$(C/N)_{1dB} = 43 - 10\lg q_1 = 50dB$$

干线部分的分配比例 $q_2 = 0.7$，代入式 3-31 算出干线部分要达到的载噪比指标为

$$(C/N)_{2dB} = 43 - 10\lg 0.7 = 44.6dB$$

用户分配系统的分配比例 $q_3 = 0.1$，代入式 3-31 算出用户分配系统要达到的载噪比指标为

$$(C/N)_{3dB} = 43 - 10\lg 0.1 = 53dB$$

2. 非线性失真指标的分配

非线性失真指标的分配与载噪比的分配类似，但是由于两者服从的叠加规律不同，因此，分配公式中对数前面的系数也应作相应调整。

由于系统二次非线性指标与系统的频道数是相关的，因此，其指标的分配应根据实际情况有所调整：

系统频道数较少时，载波组合二次差拍比的指标分配公式为

$$(C/CSO)_{kdB} = (C/CSO)_{dB} - 15\lg q_k \quad (3\text{-}32)$$

系统频道数较多时，载波组合二次差拍比的指标分配公式为

$$(C/CSO)_{kdB} = (C/CSO)_{dB} - 10\lg q_k \quad (3\text{-}33)$$

三次非线性指标的叠加服从算术叠加规律，因此，其指标的分配也服从相同的规律，即

$$(C/CTB)_{k\text{dB}} = (C/CSO)_{\text{dB}} - 20\lg q_k \tag{3-34}$$

$$(CM)_{k\text{dB}} = (CM)_{\text{dB}} - 20\lg q_k \tag{3-35}$$

$$(IM_3)_{k\text{dB}} = (IM_3)_{\text{dB}} - 20\lg q_k \tag{3-36}$$

3.3 有线电视前端设计

前端是有线电视系统设计中非常关键的部分，其信号质量的好坏和稳定性的高低关系到整个有线电视网络能否高质量地实现业务传输，前端系统若设计不好、达不到指标要求，则整个有线电视系统的质量就无从谈起。所以，前端系统的设计是有线电视网络设计的关键。

3.3.1 前端系统类型

前端系统可分为模拟系统和数字系统，模拟系统和数字系统对电视信号的处理过程是完全不同的，在用户接收端也是通过不同的方式接收。

模拟系统对电视信号的处理相对简单，一般对电视节目的模拟视音频信号进行残留边带调幅的调制处理，得到高频的 RF 信号，再经过混合或放大后使其适合在传输干线上传输，用户端直接通过电视机调谐播出电视节目。

数字系统处理的电视信号源是经过数字化和压缩编码的 TS 流信号，并采用数字化调制技术将数字电视信号调制到射频载波上，用户端需要采用数字电视机顶盒接收并解码输出电视节目。

数字电视系统便于实现双向业务和开展视频点播等丰富多彩的数字业务，可以与 IP 技术相结合，实现综合的数字电视 IP 前端。在模拟系统向数字系统转换的过渡时期，根据发展的进度需要，模数前端系统可以共存：模拟系统和数字系统分别占用不同的频道资源在同一系统中传输。当数字化进程达到整体转换后，可以撤销模拟前端部分，从而采用全数字化的有线数字电视综合前端。

1. 传统模拟电视前端

传统的有线电视是模拟电视，其前端将从信号源接收的视音频信号进行残留边带调幅的调制处理，每套电视节目调制到一个 8MHz 的电视频道上进行传输，有多少套节目就需要占用多少个电视频道。

一般来说，模拟电视前端由信号接收设备、信号处理设备和功分器、混合器等连接器件组成。图 3-4 为模拟电视前端结构的示意图，实际前端结构根据节目源选择的不同和前端设备功能的差异会有所不同。

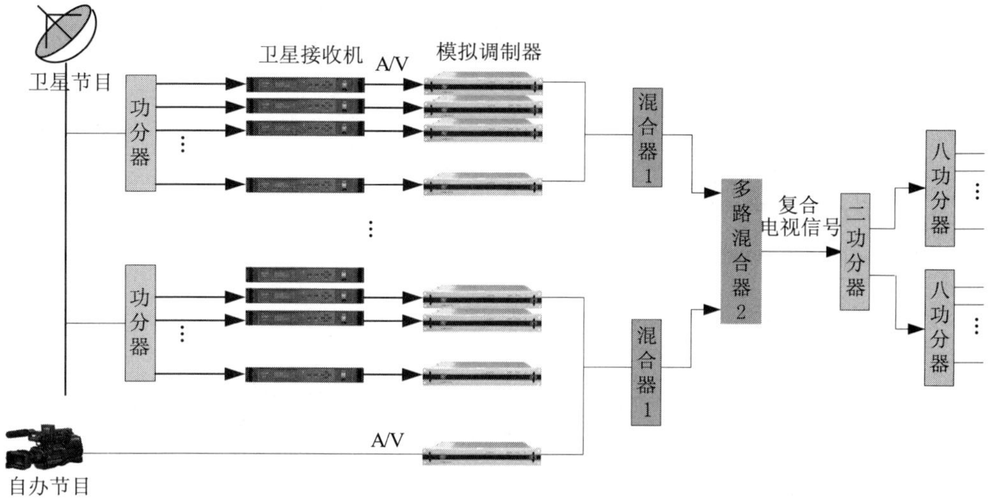

图 3-4　模拟电视前端结构

卫星电视信号是重要的电视信号源,由卫星接收机接收从高频头传送过来的卫星电视信号,并将其解调、解码输出模拟视音频信号(A/V 信号),或是本地电视台通过模拟摄像机传送视音频信号。模拟调制器则将视音频信号调制到射频载波上转换成电视射频信号输出,各个频道的电视射频信号经过混合,最后得到一路包含所有频道信号的复合射频电视信号。

将前端输出的复合射频电视信号传送给干线系统,还需要让混合后的射频电视信号经过功分器分成若干路,以便传送给干线系统(HFC 网络)的若干个光发射机,特别对于大规模的有线电视网络来说,覆盖区域广泛,功分的路数也会较多,图 3-4 是一个将前端信号分成 16 路输出的示例。

2. 有线数字电视综合前端

现在的有线数字电视系统已发展成为一个复杂而完整的多功能数字 IP 综合系统,其前端通常以数字电视前端系统为主,可能包含少数模拟电视系统和基于 IP 技术的综合业务前端系统。随着数字电视各种增值业务的开通和双向网络交互业务的拓展,有线数字电视综合前端系统会增加更多的设备和控制系统,前端系统也会越来越复杂。

我国数字电视广播采用的是 DVB-C 标准,对采样量化后的视音频信号采用符合 ISO/IEC 13818 标准的 MPEG-2 压缩编码处理,得到 TS 流。在数字电视系统中,一个模拟电视频道内通常可以传送多套数字电视节目,例如标清电视节目可以传送 6~8 套。因此,数字电视系统需要在调制前将多路数字电视节目进行 TS 流再复用,这是由复用器完成的工作。同时为了便于管理、有条件接收节目,还需要对节目源进行加扰(授权)处理。经复用和授权处理后的信号送到 QAM 调制器,完成数字电视信号的载波调制并输出适合干线传输的射频 RF 信号。

图 3-5 是一个有线数字电视综合前端的示意图，现在有线数字电视系统的前端一般包括数字电视信号源、复用(加扰)、调制及各种服务器和用户管理系统等几大部分。

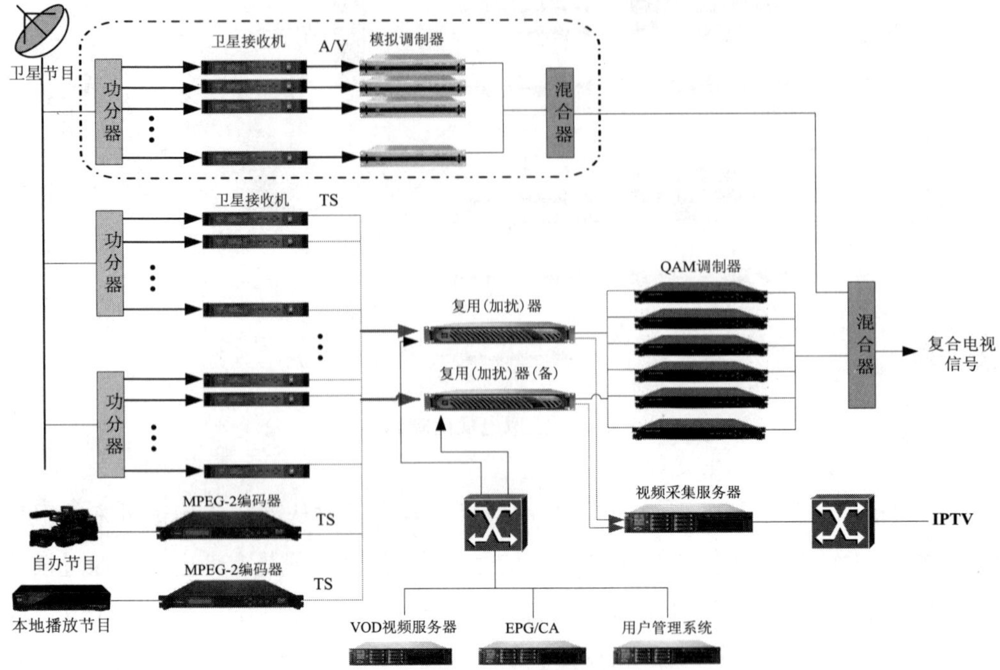

图 3-5 有线数字电视综合前端

数字电视信号源大多来自卫星接收机输出的 TS 流，或者是本地播放和制作的电视节目。模拟的 AV 信号或数字的 SDI 信号需要通过编码器进行压缩编码得到 TS 流信号。

复用器的作用是将多路单节目传送流(SPTS)或多节目传送流(MPTS)进行有选择的节目流再复用，形成一路多节目传送流。

授权是通过对前端数字信号进行人为的伪随机序列扰码的加密处理，它是在 CA 系统、节目管理系统和用户管理系统等服务器的控制下进行的。经过这样处理的数字电视节目接收是有条件的接收，只有经过授权才能收看。

此外，图 3-5 中虚线框内的部分是传统的模拟电视前端系统，在模数混合前端中，模拟电视的射频输出信号是与数字电视的射频输出信号一起混合传送下去的。当有线数字电视完全过渡到数字电视阶段后，可以直接将这部分的模拟前端拆除。

在三网融合的信息时代，数字电视节目也可以转换成 IP 数据流在计算机网络中通过 IPTV 传输，图 3-5 复用后的数字电视 MPTS 流除了输出到 QAM 调制器变换成射频信号外，还有一路输出到视频采集服务器转换成 IP 数据流，并通过组播的方式经路由器下发到 IP 网络中，网络终端用户通过 IP 终端设备即可收看。此过程可通过有线电视双向网实现，有关双向网的内容请参阅第 4 章。

3.3.2 前端的主要技术指标和设备选型

通常模拟电视系统的指标要求比数字电视系统要高，按照模拟电视系统的指标要求设计的有线电视网络，其性能指标也能满足数字电视系统的指标要求。因此，在进行有线电视网络设计时，我们仍然以模拟电视系统的指标要求来进行设计。

1. 前端的主要技术指标

(1)载噪比

载噪比是前端最重要的技术指标之一，在系统设计时可根据有线电视网络的系统规模将系统总的载噪比指标按一定比例分配给前端，国标规定有线电视总的载噪比 $C/N \geq$ 43dB。对于小型系统，一般可按 $q_1 = 0.5$ 分配载噪比指标给前端，根据公式3-31得到前端的载噪比设计指标 $(C/N)_{1dB} \geq 46dB$；而对于大型系统，一般可按 $q_1 = 0.2$ 分配载噪比指标给前端，从而得到 $(C/N)_{1dB} \geq 50dB$。在实际前端系统结构设计和设备选型时，应选择性能指标较高的设备，使前端整体载噪比指标达到上述设计指标要求。

(2)电平

前端的主要任务是对从信号源接收到的信号进行适当的处理，完成信号由低频到高频的转换，以使其适合在干线系统中传输。现在，干线系统基本都是光纤同轴电缆混合网络，前端输出的复合电视信号通常需要经过功分器分成若干路提供给不同的光发射机。而光接收机对输入信号的电平有一定要求，一般最佳输入电平大小为75~80 dBμV，具体电平指标还与系统所传的频道数有关，因此，前端输出的电平大小应符合光发射机的电平输入要求，也就是说，前端调制器的输出电平应尽可能高，一般最高能达到120 dBμV较好，并应具备20dB的可调范围。

(3)非线性失真指标

对于较大规模的有线电视系统，前端输出信号往往需要分成较多的路数提供给面向不同覆盖区域的光发射机，当提供给光发射机的输入电平较低时，则需要在前端使用前置放大器，此时，前端的非线性失真指标不可忽略。一般系统分配给前端的 C/CTB 和 C/CSO 指标比例为 $q_1 = 0.1$，根据公式3-32和3-34，可计算前端的非线性失真设计指标应达到 $(C/CTB)_{1dB} \geq 74dB$ 和 $(C/CSO)_{1dB} \geq 69dB$。

2. 前端主要设备

(1)卫星接收机

有线电视信号源主要来自卫星信号、本地摄像机和播放机输出的节目等。卫星信号被卫星天线接收下来后下变频的频率范围为950~2150MHz，该信号在前端要采用卫星接收机接收。卫星接收机分为模拟卫星接收机和数字卫星接收机两种。模拟卫星接收机接收模拟卫星电视信号并将信号转换为视音频信号输出，但是现在通信卫星转发的大多是数字化的卫星电视信号，模拟卫星接收机现在都很少用了。在选择数字卫星接收机设备时，要选择性能指标符合国家标准 GY/T 148-2000《卫星数字电视接收机技术要求》中规定的专业型数字卫星接收机，根据规定，数字卫星接收机要具备一定的误码纠错能力，即要求 Eb/No 门限值≤5. 5dB(FEC=3/4)，同时，为了便于向数字化过渡，数字卫星接收机应该选择可同时输出视音频信号和数字电视 TS 流信号的设备。

(2)调制器

无论是模拟前端系统的 AV 电视信号还是数字前端系统的 TS 流数字电视信号，都要采用调制器将其调制成适合在有线电视网络中传输的射频信号。

电视调制器根据调制方式的不同，可以分为直接调制和中频调制两种。直接调制又叫高频调制，它是将视频信号经过同步倒相处理、音频信号经过 6. 5MHz 的调频处理后，再对两路信号分别进行本振为射频载波频率的调制、变频，最后进行混合并经过带通滤波、放大等处理，即可输出一个标准的射频全电视信号；中频调制是先将视音频信号调制到一个较低的中频载波上，一般是固定的 38MHz，然后再进行上变频将图像载波频率搬移到射频载频上。

调制器设备根据工作频率范围的不同，又可分成固定频道调制器和捷变频调制器两种。固定频道调制器有频道滤波器，带外噪声小；而捷变频调制器只有频段滤波器，带外噪声较大。在进行多频道混合时，前者一般不会造成载噪比指标的变化，而后者由于噪声的叠加会使各频道载噪比指标恶化。国家标准 GB/T11318. 3 对电视调制器设备性能指标作了详细规定，在设备选型时要依据频道配置规划、设计指标要求来选择各项性能指标都符合国标的专业型设备。

例如在图 3-4 中，假如系统总共传输的频道数为 60 套，光发射机的输入电平为 78 dBμV，此时，混合器 1 和混合器 2 都应采用八混合器，那么调制器的理论输出电平至少为 78 + 9 + 3 + 9 + 9 = 108dBμV，其中 9 和 3 是八功分器(或八混合器)和二功分器的理论分配损失，实际分配损失应该为 12. 5dB 和 4dB 左右，所以，实际的调制器输出电平应达到 78 + 12.5 + 4 + 12.5 + 12.5 = 119.5dBμV，即此时调制器的输出电平应达到 120 dBμV。这样的电平指标一般专业级的调制器都能达到，但如果选用的调制器最大输出电平低于该设计指标要求，例如，射频输出电平最高只能达到 115dBμV，在这种情况下，就需要在前端增加前置放大器。

(3)QAM 调制器

国家标准 GY/T 170-2001《有线数字电视广播信道编码和调制规范》详细描述了前端对数字电视信号的处理步骤，该标准规定数字电视系统采用正交调幅调制(QAM)方式，数字电视 QAM 调制器必须要支持 64QAM 调制方式。

QAM 调制是利用正交载波对 I、Q 两路信号分别进行双边带抑制载波调幅而形成，它实际上是同时利用载波的幅度和相位来传送数字信号。在 QAM 调制前，I、Q 信号需经滚降系数 $\alpha = 0.15$ 的升余弦平方根滚降滤波，如图 3-6，这样就将带宽为无限的方形脉冲变为适合在带宽有限的频道内(8MHz)传输的圆滑曲线波形。符号率 R_B 与传输带宽 BW 之间的关系为 $BW = R_B \cdot (1+\alpha)$,在数字电视系统中,一个频道的传输带宽 $BW = 8\text{MHz}$, $\alpha = 0.15$,那么符号率 $R_B = BW/(1+\alpha) = 8/(1+0.15) = 6.956\text{Mbaud/s}$ 。

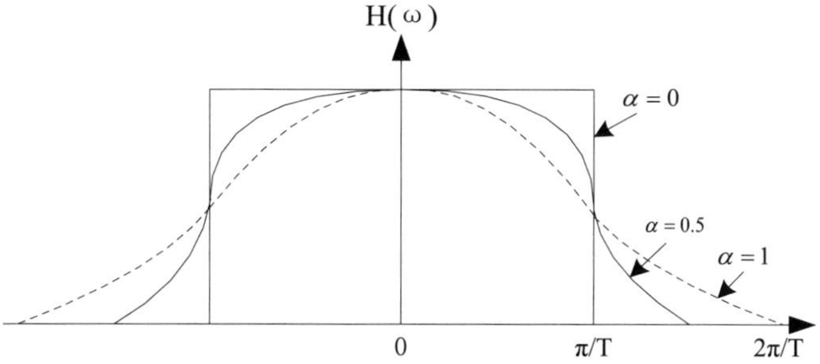

图 3-6　升余弦滚降幅频特性

不同频带利用率的 QAM 调制方式有不同的数据传输比特率,例如,对于 64QAM 调制方式来说,其对应的理论数据传输比特率 $R_b = R_B \cdot \log_2 64 = 6.956 \times 6 = 41.736\text{M bit/s}$ 。在实际数字电视系统中,设备的符号率为 6.875Mbaud/s。由于信道编码采用的是 RS(204,188)编码,一般可得调制器的有效输出比特率 R_b^e 与符号率 R_B 的换算关系为

$$R_b^e = R_B \cdot \log_2 M \cdot \frac{188}{204} \tag{3-37}$$

例如,对于 64QAM 调制来说, $M = 64$,那么其有效输出比特率 $R_b^e = 6.875 \times \log_2 64 \times 188/204 = 38.01\text{Mbit/s}$。因此,输入给 64QAM 调制器的再复用 TS 流总的码率不能超过其有效输出比特率,否则会因数据溢出造成设备工作异常。通常一个 64QAM 调制的数字电视频道传输标清数字电视节目不宜超过 8 套,传输高清数字电视节目以 1 套为宜。

QAM 调制与模拟电视残留边带调幅调制的频谱结构不同,模拟调制的图像载频与伴音载频相差 6.5MHz,而 QAM 调制具有对称的双边带特征,其频谱对称、能量均匀,数字电视频道的载频在 8MHz 频道的中心频率处。

在模数混合的前端系统中,模拟调制信号和数字调制信号是混合在同一系统中传输的,数字电视前端的设计指标可参考模拟系统指标进行,但由于它们本质上是不同的技术体系,并采用了不同的调制方式,因此射频输出电平的指标要求不完全相同。根据国标 GY/T 170-2001 的规定,数字 QAM 信道的输出功率电平最好比模拟信道的电平低 10dB 以内为佳。

(4)MPEG-2 编码器

有线数字电视采用 MPEG-2 的压缩编码方式,在前端采用 MPEG-2 编码器完成模拟视音频信号的数字化和压缩编码处理。对电视视频信号的亮度信号 Y 和两个色差信号 R-Y 和 B-Y 采用 4∶2∶2 取样格式,通常是指对 Y、R-Y 和 B-Y 分别采用 13.5MHz、6.75 MHz和 6.75 MHz 的抽样频率进行采样,3 个分量的抽样点数比例为4∶2∶2。这样

经过抽样量化后的数字码率仍然很大，假如对上述每个抽样点采用 8bit 量化，则这个视频信号的码率为 $R_b = 8 \times (13.5 + 6.75 + 6.75) = 216\text{Mbit/s}$，这样高码率的信号无法在电视频道(8MHz)上传输，因此，还必须对抽样量化后的视音频信号进行压缩编码处理。

MPEG-2 编码利用图像空间相关性和时间相关性，将一些冗余信息去除，在不损伤图像主管画面质量的前提下压缩码率，一般压缩后的标清视频码率为 3～8Mbps，高清的则会达到 18Mbps 左右。

(5)复用器

视音频经过编码器压缩编码后得到基本码流(ES)，ES 是视音频连续码流的原始数据，不可直接传输，ES 经过分组打包后形成打包基本码流(PES)，PES 再经过复用器复用后，可形成节目码流(PS)或传输码流(TS)。PES 是长度可变的码流，PES 包头包含了当前 PES 包数据的标识、同步时间等重要信息。

TS 的包长度是固定的，总长 188 字节，它是由一个或几个 PES 组合而成的单一码流，复用就是将有共同时间基准的几个 PES 组合成一组，也可以将多个节目复用后再进行复用。TS 流的包头 4 个字节包含了识别该码流的重要信息，主要包括 8bit 的同步字节、13bit 的包识别(PID)等。数字电视终端解码通过 PID 可找到电视节目的业务信息(SI)所对应的表格，从而找到节目专用信息(PSI)。

复用器的作用就是将多路单节目传输码流(SPTS)或多节目传输码流(MPTS)经过系统层的复用成为一路 MPTS 流。经过复用后的 MPTS 流可以输送给 QAM 调制器调制到射频输出。

3.4 有线电视骨干传输系统设计

3.4.1 有线电视骨干网概述

我国有线广播电视网络在结构层次上可以分为四级：国家级广播电视干线网(简称国干网)、省级广播电视干线网(简称省干网)、地区级广播电视网(简称地市网)和县级广播电视网。

随着光纤传输技术的飞速发展，1996 年我国确定了以光缆为主的全国各省联网方案，目前已经建成光缆线路 40949km，连通了除西藏以外的 30 个省市自治区。

国家级广播电视干线网的拓扑结构如图 3-7 所示，网络结构大部分为环型结构，还有部分链型结构。环型结构包括华北五省环、北环、南环、西环、西南环、收集北环、收集南环；链型结构为北京线、东北线、浙赣湘线、粤桂线、石太线。

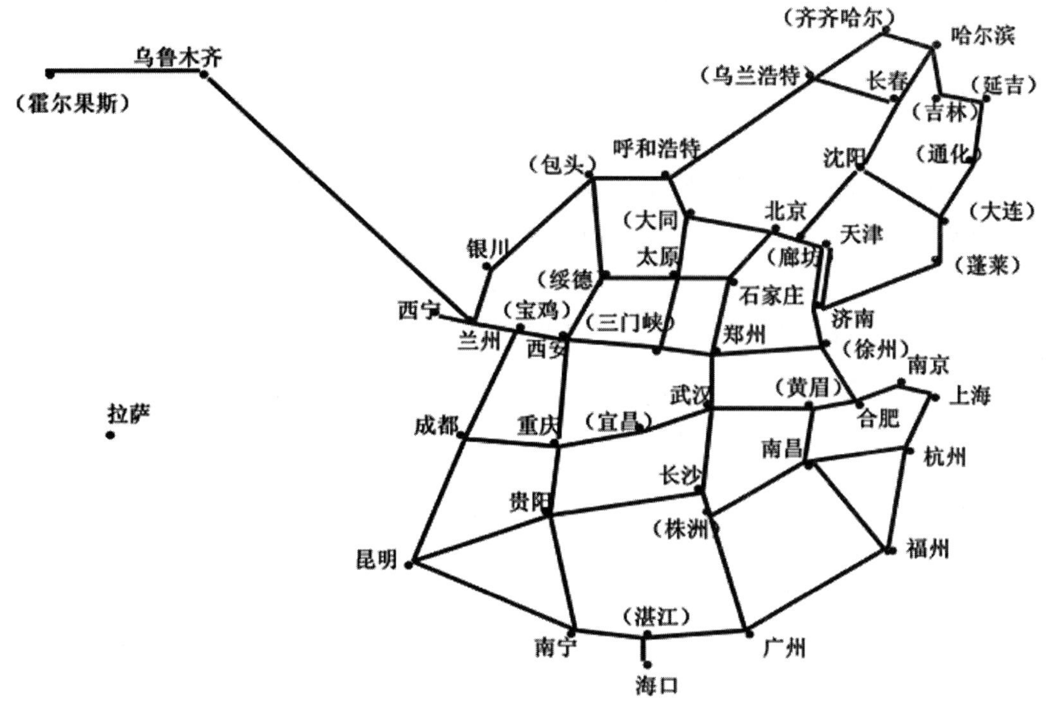

图3-7　国家级广播电视干线网拓扑结构

华北五省环为从总局首站出发,途经天津—济南—徐州—郑州—石家庄后回到总局首站;北环从总局首站出发,途经天津—济南—徐州—合肥—武汉—郑州—石家庄后回到总局首站;南环从武汉出发,途经广州—福州—杭州—上海—南京—合肥后回到武汉;西环从郑州出发,途经西安—成都—重庆—武汉后回到郑州。

西南环从成都出发,途经昆明—南宁—贵阳—重庆后回到成都;西北环从太原出发,途经呼和浩特—银川—兰州—西安—三门峡后回到太原;东北环从北京出发,途经沈阳—大连—济南后回到北京;收集北环为从总局首站出发,途经天津—济南—合肥—武汉—郑州—石家庄后回到总局首站;收集南环为从武汉出发,途经广州—福州—杭州—上海—南京—合肥后回到武汉。

省级广播电视干线网向上连接国家级广播电视干线网,向下连接市、县级广播电视网,形成从中央到地方、上下贯通的广播电视干线传输网络。省级广播电视干线网在省际之间一般采用环型与树型相结合的拓扑结构,省内干线网则需要依据各省的具体地理条件,采用环型网、星型网和树型网等多种拓扑结构形式或混合形式。省级广播电视干线网业务范围主要包括广播电视传输网络的建设和运营、广播电视传输网络的开发应用和广播电视节目传输服务等。

地区级广播电视网和县级广播电视网已经发展为城域宽带、多业务的有线广播电视网络,即全面提供基本、扩展和增值业务的宽带城域网。有线宽带城域网是国家和省级干线网在城域内部的延伸和扩展,主要实现用户业务的接入、传输与汇聚,起着上下网络互联和基础服务平台的作用。

国家级广播电视干线网分成两个平台:广播电视传输平台(A 平台)和数据传输平台(B 平台)。广播电视传输平台采用 DVB(HDTV、SDTV)over SDH 技术体制,首先采用 MPEG-2 标准将电视信号进行压缩编码,经过复用后适配到 SDH 网络中传输。

数据传输平台主要采用 IP over SDH、MSTP 和 IP over DWDM 等技术体制,以 SDH/DWDM 作为上下传输接口,实现全国省、市广播电视和数据平台高带宽、高冗余度、高可靠性以及高可扩展性的互联互通,为用户提供广播电视和数据交换业务以及其他各种增值业务。

全国的各省级广播电视传输网同样采用了 SDH/MSTP 和 DWDM 技术。例如,江苏省的省级广播电视干线网采用的 SDH 传输技术,利用双环型网络结构连接了全省 13 个省辖市,全长 1891km,传输速率为 2.5Gbit/s,传输容量为 STM-16,网络采用两纤复用段保护方式。

对下延伸到地市级广播电视传输网也有不少采用 SDH 技术。例如,山东省青岛市建成了连接所辖五市二区全长 430km 的 SDH 环型网;苏州有线网络建成了连接所辖 6 个县级市的广播电视传输专用网。

3.4.2 有线电视宽带城域网

有线电视宽带城域网是由广播、交互两个业务平台组成的,用光纤、微波、同轴电缆或其组合来传输、分配和交换视频、声音及数据信号的城域宽带、多业务有线广播电视网络,主要承载模拟电视、数字电视、模拟声音、数字声音等广播业务和交互数字电视业务,以及互联网接入服务、专线数据通信、IP 电话等数据通信业务。

有线电视宽带城域网在业务提供商和用户之间建立了两种信道:广播信道(Broadcasting Channel,BC)和交互信道(Interactive Channel,IC)。

广播信道是一个单方向传输宽带广播式信号(包括视频、音频及数据)的传输信道,利用广播信道构建的传输和分配平台称为广播平台,即 A 平台。

交互信道是一个双向传输交互式信号的传输信道,分为正向交互通道和反向交互通道。利用交互信道构建的传输、分配和交换平台称为交互平台,即 B 平台。有线电视城域网构建交互信道的目的在于发挥有线电视城域网传输介质的宽带优势,开展双向交互扩展和增值业务。

1. 广播业务平台

广播业务平台是以广播方式在广播信道上单向传输广播电视信号的多节目业务平台,主要用于开展模拟和数字电视、音频广播及数据广播等广播业务。

模拟电视信号在广播平台中的信号传输采用残留边带调幅(VSB-AM)方式,将视音频信号调制到射频载波上，然后以频分复用方式将多个射频载波合成宽带射频信号，再调制到光载波发射端在光纤中传输；数字电视信号在广播平台中的信号传输则采用正交幅度调制（QAM）方式，将数字电视信号调制到射频载波上，然后以频分复用方式与 VSB-AM 射频载波合成宽带射频信号，最后调制到光载波发射端在光纤中传输。

城域网广播信道是一个点到多点的网络，由前端和若干分前端、一级和二级光链路、用户分配网等几大部分组成，如图 3-8 所示。

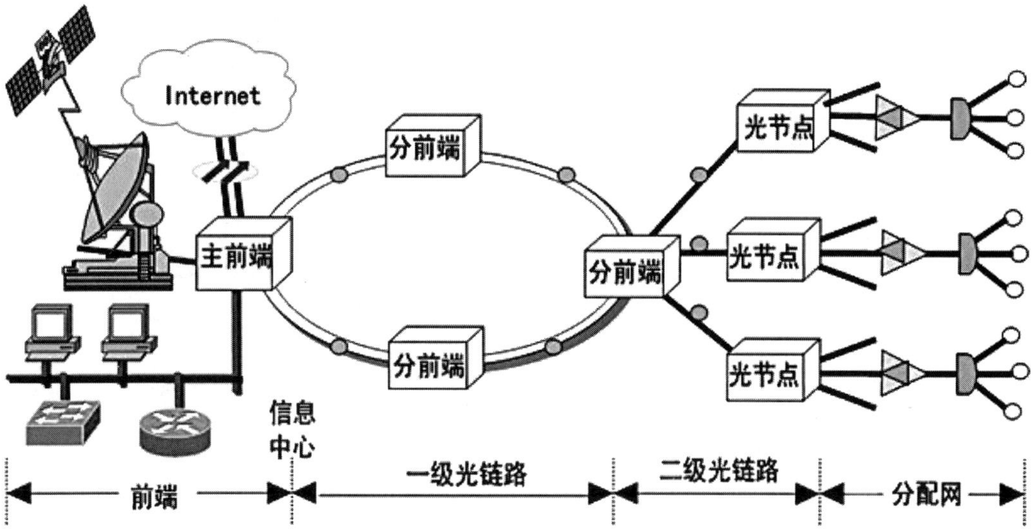

图 3-8　城域网广播信道结构模型

总前端收集来自卫星和国家级干线/省级干线的信号，以模拟或数字方式分发到各个分前端。总前端和分前端之间连接的光传输链路通常称为“一级光链路”，从分前端至光节点的光传输链路通常称为“二级光链路”。

一级光链路采用“路由走向环型、物理连接星型”的拓扑结构，一般采用 1550nm 传输技术，如果是较小的城域网也可采用 1310nm 传输技术。二级光链路一般采用星型拓扑结构，也可以根据需要组成环型拓扑，大型有线电视网中也可以存在三级光链路，通常采用 1310nm 传输技术进行传输。用户分配网通常采用树型拓扑结构，通过同轴电缆进行传输。

2. 交互业务平台

交互业务平台是以 IP 方式在交互信道上双向传输数据和视音频数据业务的平台，主要用于开展互联网接入等宽带接入业务和 HDTV、DVR、VOD 等交互式电视业务。

城域网交互信道与广播信道相对应，通常由一个主中心和若干分中心、光链路干线，以及接入网等几部分组成，如图 3-9 所示。

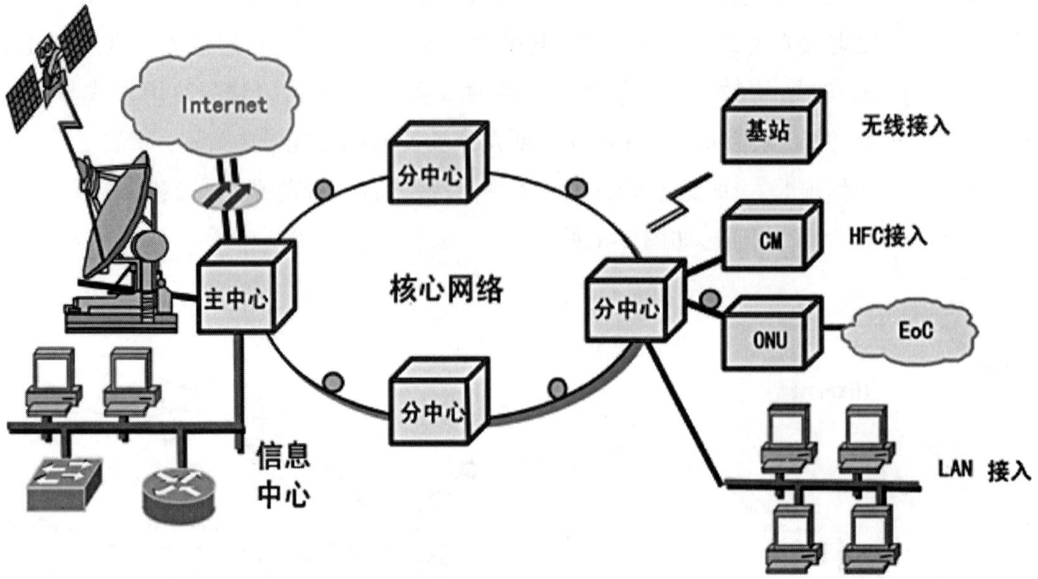

图 3-9 城域网交互信道结构模型

随着 IP 网络技术的迅速发展,IP 业务成为交互信道的核心业务。宽带 IP 网由核心层网络、汇聚层网络和接入层网络组成:核心层网络具备线速交换能力;汇聚层网络具备高性能、高容量的传输能力;接入层网络具备高端口密度、高安全性和多业务支持能力。

宽带城域网的骨干网是核心层网络加汇聚层网络,对于一个中等规模城市,城域网交互信道结构可以省略汇聚层网络,由核心层的交换机兼容汇聚层交换机的功能。因此我们把图 3-9 中由主中心和多个分中心组成的完成核心层加汇聚层功能构件的集合称为城域骨干网,把从分中心至用户数据终端之间完成接入层功能构件的集合称为城域接入网。

交互信道骨干网通常采用空间分割方式建立上/下行信道,大中型城市一般采用环型拓扑结构,也可采用双星型、网状拓扑结构;交互信道接入网通常采用频谱分割方式建立上/下行信道,一般采用星型拓扑结构。

小型城市可利用 HFC 传输特性采用广播、交互两个信道合一结构,即只设立一个广播信道前端和一个交互信道主中心,以下部分采用星型辐射拓扑结构,并可根据数据业务量设置相应的分中心。

广播信道和交互信道同时存在于有线电视宽带城域网中,这两个信道的各组成部分相互对应,即总前端与主中心、分前端与分中心。

广播信道和交互信道是一种有机的统一和分隔方式,广播信道的一级光链路和交互信道骨干网光纤可以通过“同缆不同纤”的空间分隔方式组合在一起;广播信道的二级光链路和同轴电缆用户分配部分与交互信道接入网可通过“各自占用不同的频段”的频分复用/时分复用方式加以区分。城域网中的两个信道应尽量做到同一路由,同一光缆分纤，分前端和分中心原则上应使用同一机房。

3.4.3　DVB over SDH 传输系统

DVB 标准中数字电视主要采用 MPEG-2 压缩编码技术，它可以将电视节目信号压缩到 1.5～15Mbps，压缩比较高时信号质量较差，特别是压缩到 2Mbps 以下时图像的马赛克效应非常明显，因而一般压缩到 4.5Mbps 以上。

数字电视信号在有线电视骨干网上传输主要是基于 DVB over SHD 技术，可以将6～8 套节目信号进行复用，然后适配成一个 DS-3（44.736Mbps）进入 SDH 的标准容器 C-3 来实现传输，具体流程如图 3-10 所示。

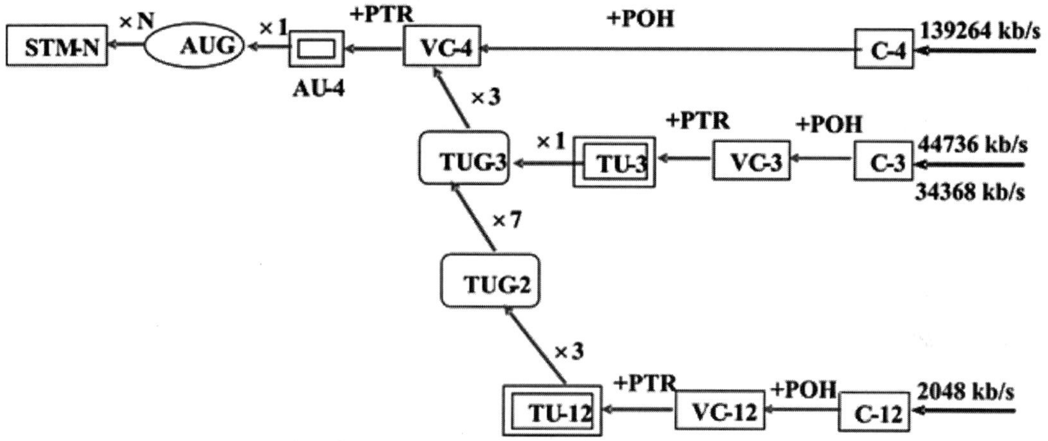

图 3-10　我国 SDH 信号复用映射结构

44.736Mbit/s 的数字电视信号首先经过码速调整，适配到相应的标准容器 C-3 中，然后加上相应的通道开销（POH）打包成 VC-3。为了便于接收端定位 VC-3，使它从高速信号中直接拆离出来，需在 VC-3 的帧中加上 1 列 3 个字节的支路单元指针（TU-PTR），打包成支路单元 TU-3。由于 SDH 帧结构每列有 9 个字节，因此再加上 6 个字节的填充比特，生成支路单元组（TUG-3），然后 3 个 TUG-3 复用成一个 VC-4 信号，最后加入管理单元指针（AU-PTU）生成 AU-4，经过复用并加入段开销生成 STM-1。

由以上复用过程可知，一个 STM-1 可复用 3 个 C-3，即 3 个 DS-3 码流。如果 SDH 网络采用 STM-16 体系，其 2.5Gbps 的信道容量可传输 300 多套 MPEG-2 压缩的数字电视信号。

DVB over SDH 技术在 DS-3 适配速率上开展 MPEG-2 信号传输业务，主要是通过 DS-3 网络适配器将 MPEG-2-TS 数据包封装成 PDH 帧结构，再通过 PDH 接口映射到 SDH 的 STM-N 信号上。

DS-3 网络适配器可以是单独的设备，也可以作为一个功能部件集成到其他设备中，主要完成数据格式和接口的转换。网络适配器与 SDH 网之间使用 DS-3 接口上传或下载数据信号,与广电网络的前端设备之间则采用 ASI 接口完成数据信号与 TS 流的转换。

3.4.4 NGB 骨干传输系统

下一代广播电视网(Next Generation Broadcasting,NGB)以高性能宽带信息网(T 比特的路由、T 比特的交换和 T 比特的传输,3TNet)核心技术为支撑,可以提供高清电视、数字视音频节目、高速数据接入和话音服务等三网融合业务。其核心传输带宽超过每秒 1 千千兆比特(1Tbps),保证每户接入带宽超过每秒 40 兆比特。

NGB 网络在物理结构上包括骨干网、城域网和接入网三部分,其中骨干网物理结构是由光传输层和数据层组成的,如图 3-11 所示。

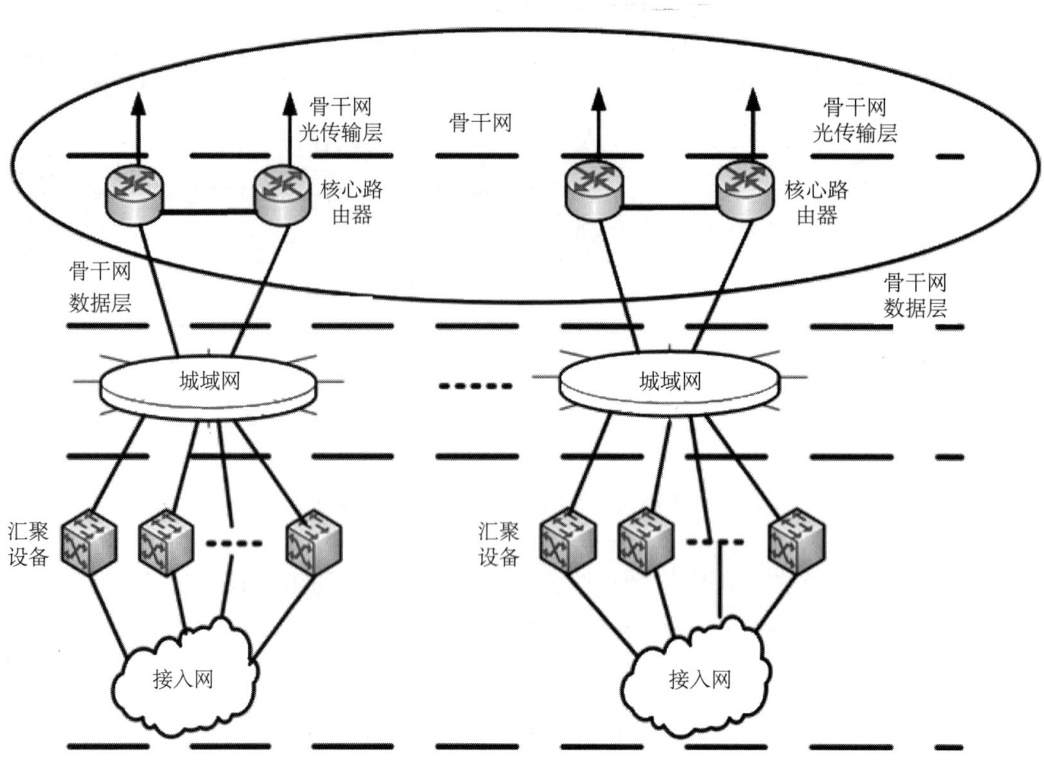

图 3-11 NGB 总体网络结构

1. NGB 骨干网

国家广播电视光缆干线网,即国家级骨干网,自 1996 年启动以来,已建光缆线路 40949 公里,连通全国 30 个省、自治区、直辖市。目前所有长途光缆均采用 G.652 型 24 芯光缆,利用其中的 2 芯进行 NGB 网络建设,构建了一个全国性的有线数字电视运营广域示范网络。

根据数据层对光传输层的带宽需求,NGB 采用 DWDM 技术构建覆盖全国的骨干网络光传输层,其中在业务流量较大的北京到上海之间使用最大容量达到 6.4Tbps,80 个波长的 DWDM 系统,单波长带宽颗粒度最小为 40Gbps。全国其他范围内使用容量为 1.6Tbps,160 个波长的 DWDM 系统,单波长带宽颗粒度最小为 10Gbps。

骨干网络数据层总体结构是分层体系结构,分为核心层和骨干层。核心层节点主要负责各大区之间的流量转发及本节点覆盖区域的业务接入和流量汇集;骨干层节点则主要负责本节点覆盖区域的业务接入和流量汇集。其中一类城市北京和上海,二类城市广州、武汉、西安、成都、杭州、南京作为核心层的 8 个节点,采用点对点互联,构成 3 个环网;其他二类、三类城市作为骨干节点,每个节点采用双归路由方式连接到最近的两个核心节点上。

节点设备配置上,核心层的 8 个节点又分为大区节点和核心节点。大区节点为北京和上海,采用 10Gbps 的 POS 接口点对点互联,连接带宽为 240Gbps;核心节点为广州、武汉、西安、成都、杭州和南京,采用 10Gbps 的 POS 接口点对点互联,连接带宽为 120Gbps。其余骨干层的每个节点采用 10Gbps 的 POS 接口连接到最近的两个核心节点上,其中二类城市连接带宽为 120Gbps,三类城市连接带宽为 40Gbps。

每个汇聚设备利用 8 个 10Gbps 的 POS 接口接入本城市的城域 OTN; 每个城市的城域 OTN 通过 10Gbps 的 POS 接口与服务平台连接;服务平台通过 10Gbps 的 POS 接口与本城市的核心路由器互联。

2. NGB 城域网

NGB 城域网按照不同等级的城市,在每个城市采用 DWDM 技术构建城域 OTN,其中 120 万用户的城市配置容量为 1.6T 的传输系统,60 万用户的城市配置 800G 的传输系统,30 万用户的城市配置 400G 的传输系统。

网络结构上,OTN 按照环网设计,与每个汇聚设备互联的节点分布在环网上,作为 OTN 节点进行波长的上路和下路(add/drop),与核心路由器相连的节点作为城域网络的核心节点。

容量配置上,与汇聚设备互联的节点至核心节点配置 8 个 10Gbps DWDM 波长,即为每个用户数据汇聚点提供 80Gbps 的接入带宽,用于城市间数据的交换。可以根据不同级别城市的城域网络的汇聚设备的个数进行城域网络容量配置设计,一般配置如表 3-6 所示。

表 3-6 各类城市网络节点及容量配置

城市级别	每个城市节点数(含核心节点)	容量配置	设计容量
一级	21	160×10G	1.6T 系统
二级	11	80×10G	800G 系统
三级	6	40×10G	400G 系统

随着有线电视网络“光进铜退”的发展趋势,光节点越来越靠近用户,每个光节点覆盖的用户数越来越少。NGB 接入网主要结合 HFC 网络架构,采用 DOCSIS 3.0 或者无源光网络(PON)技术实现用户接入,具体细节将在第四、五章介绍。

3.4.5 光纤干线传输系统设计

光纤同轴电缆混合网是由光纤传输网和同轴电缆传输网组合而成的传输系统。图 3-12 是有线电视 HFC 干线传输系统的组成框图,HFC 网络主干线是光纤传输系统,支干线采用同轴电缆传输。

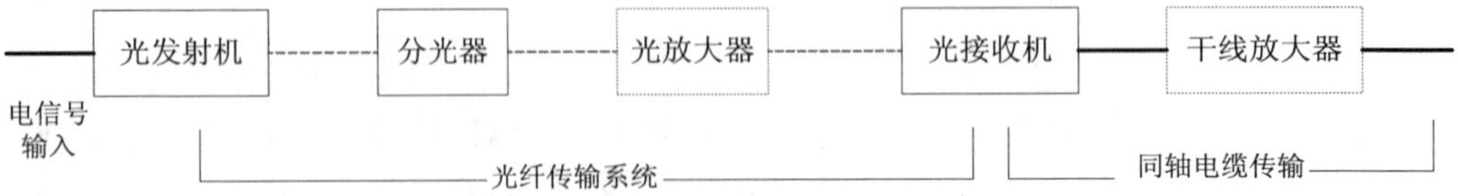

图 3-12 HFC 干线传输系统组成框

光纤传输系统靠近前端部分需要有光发射机设备,其任务是把前端送来的电信号调制到光信号上,调制后的光信号通过分光器分成若干路,分别耦合进不同的光纤线缆进行低损耗、高质量的长距离传输;靠近用户部分需要有光接收机(光工作站)设备,其任务是解调光信号,并转换成电平适当、噪声低、带内幅频特性平坦的电信号。

若传输距离太长,为了补偿光功率的损耗,中间还需要加光放大器。光发射机之前和光接收机之后都是电信号,采用射频同轴电缆传输。支干线将光接收机输出的高频复合电视信号直接传送给用户分配网,根据分配电平的需要,支干线一般可采用不超过 3 级的干线放大器对信号进行补偿。

光纤主干线的设计包括系统中主要设备的选择,如光发射机、光接收机的选择;确定光网络的结构,包括光纤路由的选择、光纤芯数和跳数的确定,光链路损耗的计算、分光器分光比和插入损耗的计算、设计指标的计算等相关内容。

1. 光纤传输系统的主要设备和器件

(1)光发射机

光发射机的功能是把前端传送的复合射频电视信号调制到光波上,得到已调光波信号注入光纤中进行传输。按照调制方式的不同,光发射机可分为调频、调幅、数字调制等不同类型。目前有线电视网络中应用最多的是多路调幅光发射机,多路调幅光发射机根据其强度调制的方式不同,又可分为直接调制光发射机和外调制光发射机两类。

直接调制光发射机是利用高频电视信号控制半导体激光器的偏流,从而达到控制激光器的输出光强的目的。直接调制光发射机一般选用 DFB 型的激光器,其性能稳定、结构简单、价格低廉。直接调制光发射机的性能指标主要有以下两个。

一是非线性失真指标,即 C/CTB 和 C/CSO,一般都要求达到 60dB 以上。光发射机通常都具有自动增益控制，启用该功能则其微处理器在系统传输的频道数发生改变时，会自动调整各频道的调制度 m，使总调制保持不变。此时，发生变化的只有光发射机的载噪比指标，而非线性失真指标仍然保持不变。

二是光调制度，一般控制在 3.8%~4.5%较为合适。有线电视系统中，调制度越大，载噪比越高，但非线性失真指标越差，因此，调制度应选一个合理的数值。前端输出的多路电视信号是频分复用的，它们只是在时域上重叠，属于算术叠加，若每个频道的调制度都是 m，且各频道信号的相位相同，则 N 个频道的总调制度为 mN，而实际上由于各频道信号的相位是随机的，信号分布符合正态分布，其组合正太均方差为

$$\mu = \sqrt{N} \cdot \mu_1 \tag{3-38}$$

其中，每个频道的均方差 $\mu_1 = \frac{m}{\sqrt{2}}$，因此得到

$$m = \sqrt{\frac{2}{N}} \cdot \mu \tag{3-39}$$

理论上证明，当 $\mu = 0.25$ 时，几乎不会发生过调制。故对于容纳 60 个 PAL-D 电视频道的系统来说，每个频道的调制度 $m = \sqrt{\frac{2}{N}} \cdot \mu = \frac{0.25}{\sqrt{30}} = 4.5\%$是合适的。

外调制光发射机是在激光器输出激光后，让其通过一个外调制器，使激光的强度随外加多路调制信号的电压变化而变化。外调制光发射机又分为采用 DFB 激光器的发射机和采用 YAG 激光器的发射机两类。

比较而言，DFB 直接调制光发射机输出 1310nm 波长光波，输出功率较小，有啁啾效应，C/CSO 可达 60dB，优点是价格低廉，是目前应用最为广泛的光发射机；YAG 外调制光发射机输出 1310nm 波长光波，输出功率大，无啁啾效应、失真小，C/CSO 可达 70dB，但价格昂贵，主要用于大型有线电视系统中远距离传输；DFB 外调制光发射机输出 1550nm 波长光，同样无啁啾效应、失真小，但缺点是输出功率较小，使用时要加接光纤放大器，这样会引入附加噪声，使其载噪比低于前两种光发射机。

(2)光接收机

光接收机的功能就是把光缆传输的光信号还原为电信号。光接收机一般是利用半导体的光电效应来检测调制在光信号上的电信号，由于光照射在金属或半导体上会产生光电流，光电流的强弱与输入光的能量成正比，从而把光强的变化转换成电流强度大小的变化，得到电信号输出。光接收机一般通过以下性能指标来衡量。

①灵敏度，光接收机的灵敏度定义为光接收机能够探测到的最小光功率电平。有线电视网络中常用的调幅光接收机的灵敏度可达到-9dBm，但由于光接收机输出的电信号功率与输入光功率成正比，若光功率输入太小，则输出信号的载噪比会很低。一般来说，光接收机理想的输入光功率范围为-3dBm~1dBm，输出电平在 108 dBμV 左右较为合适。

②幅频特性,光接收机的幅频特性定义为在工作带宽范围内增益的变化大小。要求光接收机的幅频特性要尽可能平坦,一般有线电视网络中的光接收机幅频特性应小于±0. 5dB。

③噪声,光接收机输出信号的载噪比受光发射机的相对强度噪声和光接收机自身噪声的共同影响。当接收光功率较低时,起主要作用的是来自光接收机自身的噪声;当接收光功率较高时,起主要作用的是光发射机的相对强度噪声。

④非线性失真,一般来说,光接收机的非线性失真相对于光发射机来说可忽略不计。

(3)光放大器

光放大器的作用是对光信号进行功率放大,为了使光信号传输的距离更远,它一般用在光传输链路中间对光信号进行增益补充。

光放大器分为间接放大和直接放大两种。间接放大是先将光信号解调成电信号,然后通过普通的电放大器把电信号放大后再调制到光信号上,也就是说,间接光放大器实际上是由光接收模块、电放大模块和光发射机模块组合而成的。这种方式对信号每放大一次,载噪比和 CSO 会降低 3dB,CTB 会降低 6dB,因此,一般对模拟信号只能放大一次。

直接放大是采用输入的光信号激励已经实现粒子反转的激活物质,从而得到光强增大的光信号。直接放大的光放大器有半导体光放大器和光纤放大器两类。半导体光放大器易于集成,但目前技术上难度较大,且耦合损耗较大。光纤放大器目前广泛应用的是掺铒光纤放大器(EDFA),性能稳定,技术成熟,但它只能放大 1550nm 波长的光,不能放大 1310nm 波长的光;目前,已研制出的掺镨氟化物光纤放大器(PDFA)可工作于 1310nm 波长,但它的泵浦效率不高,工作性能不稳定,增益对温度敏感,目前还没有进入实用阶段。

(4)光分路器

光分路器又叫作分光器,在有线电视光纤传输系统中的作用是将一路光信号按一定比例分成多路光信号输出,光分路器也称为光纤定向耦合器。

在光链路设计和测试时,常用到光分路器以下一些主要技术指标。

① 插入损耗,光分路器的插入损耗定义为每一路输出光功率相对于输入光功率损失的 dB 数。例如,光分路器输入端口的光功率为 P_i ,第一路输出端口的光功率为 P_1,则输出端口 1 的插入损耗为

$$A_1 = 10\lg\left(\frac{P_i}{P_1}\right) \tag{3-40}$$

② 附加损耗,是指由于光分路器的散热、吸收等原因造成的损耗,定义为各路输出光功率之和相对于输入光功率损失的 dB 数。例如,一个 K 路分光器,设第 k 端口输出光功率为 P_k ,则分光器的附加损耗为

$$A_f = 10\lg\left(\frac{P_i}{\sum P_k}\right) \tag{3-41}$$

③ 分光比，是指某一路输出端口光功率与各路输出端口光功率之和的比。例如，第1路端口的分光比为

$$\kappa_1 = \frac{P_1}{\sum P_k} \tag{3-42}$$

④ 隔离度，是指分光器各输出端口之间相互隔离的程度。例如，从第1输出端口输入光功率为 P_{1i}，在第2输出端口得到的光功率为 P_{2o}，则第2输出端口相对于第1输出端口的隔离度为

$$C_{12} = 10\lg\left(\frac{P_{1i}}{P_{2o}}\right) \tag{3-43}$$

分光器都有一定的工作波长，应用在其工作波长范围内，其损耗、分光比等指标基本能确保与设计制作时一致，但如果应用于不同的工作波长，则指标会有较大的改变。例如，工作于1310nm波长的50/50分光比的二分光器，在传输1550nm光波时，分光比可能会变成70/30。此外，分光器的相互隔离度应越大越好，一般分光器任意两输出端的隔离度应做到25dB以上。

(5)光纤

根据光纤适用的光信号波长的不同，光纤可分成工作波长为850nm、1310nm、1550nm等不同光纤。根据光纤中允许传输的电磁波模式多少的不同，光纤又可分成单模光纤(SM)和多模光纤(MM)。其中单模光纤只能传输一种电磁波，其芯径小、带宽高，可达10GHz，传播特性好；多模光纤芯径大，能同时传播多个电磁波信号，但传播特性差，只能用于传输调频信号或数字信号。

在链路设计和选择光纤时，主要考虑光纤的损耗和色散两个性能指标。

光纤的损耗是指光信号在光纤中传输一定距离后其信号功率的损失程度，通常用单位长度的光纤传输对信号功率损失的dB数来表示，常以dB/km为单位。光纤有3个损耗较小的波长区域，分别为850nm、1310nm、1550nm，其损耗大小如表3-7所示。

表3-7　光纤的损耗

工作波长	损耗 dB/km
850mm	3～4
1310mm	0.35
1550mm	0.19

光纤的色散是指由于输入信号中包含的不同频率的光信号在光纤中传播速度不同，因而到达输出端的时间不同，继而造成输出波形展宽变形，出现失真现象。光纤的色散主要分为模式色散、材料色散和结构色散。单模光纤的模式色散为零；材料色散随波长的增加而减小；结构色散随波长的增加而增加。在1310nm处，后两种色散几乎全部抵消，因此，一般把1310nm波长称为零色散波长。

色散会增加有线电视光纤干线中的非线性失真,使 CSO、CTB 等指标降低,因此,有线电视光纤干线系统要尽量减少光纤的色散。与 1550nm 相比,1310nm 损耗相对较大,但是在普通光纤中的色散为 0,失真较小。所以,在有线电视系统中广泛使用的是 1310nm 波长的单模光纤。

(6)光连接器

光连接器和光耦合器都是用来在光系统设备之间通过光纤进行链路连接的无源器件,对光连接器的要求是:插入损耗尽可能小,反射损耗尽可能大。

光连接器有多种不同的分类方式,根据外形规格划分主要有:SC 型,为直插卡接式方形接口,采用工程塑料材料,耐高温、不易氧化,插拔方便,但容易落灰;FC 型,为圆形带螺纹接口,采用金属接头,牢固、防尘、耐插拔次数高;ST 型,为卡接式圆形接口,采用金属接头,插入后旋转半周卡口固定,牢固,但卡接时光纤末端容易被折损;LC 型,形状与 SC 型完全相同,只是尺寸比 SC 型小,也是直插卡接式方形接口,主要用于网络路由设备。常用的几种光连接器接口形状如图 3-13 所示。

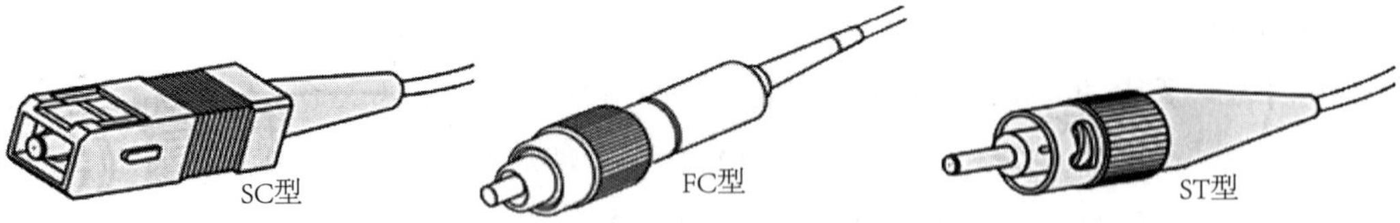

图 3-13 光连接器形状

根据光纤头端截面研磨加工的形状不同,光连接器可划分为以下几种:PC 型,采用微球面研磨抛光,截面是平的,反射损耗一般可达到 45dB,在电信网络设备中应用广泛;APC 型,采用带倾角的端面,反射损耗更大,一般可达到 60dB,主要应用于广电系统有线电视网络,能有效地将反射光反射出光纤,避免反射光沿原路径返回光发射机,从而有利于保证电视信号的质量。一般采用 SC/ACP 或 FC/PC 的表示方式来标注光纤尾纤的连接器,前面表示外形规格,后面表示截面工艺特征。

2. 光纤主干系统的性能指标

在有线电视光纤主干系统设计和设备选型时,需要注意以下一些性能指标。

(1) 射频输入电平

干线系统的射频输入电平由光发射机的 RF 驱动电平决定,该参数的大小对光发射机的调制度 m 有直接影响,从而也会影响 C/N、CTB、CSO 等性能参数。输入光发射机的 RF 电平过大会使光调制度 m 值增大,这将降低 CTB、CSO 非线性失真指标,还会造成激光器的过驱动导致光发射机输出功率下降;输入光发射机的 RF 电平过小会使光调制度 m 值降低,这将降低光发射机的载噪比指标。所以,光发射机的输入电平是保证光纤干线传输系统各项指标的关键。

表 3-8　光发射机的输入电平参数

光发射机	信号输入电平
模拟广播输入	+13.5dBmv,110 条 NTSC 信道,50~750MHz
	+15.0dBmv,77 条 NTSC 信道,50~550MHz
数字广播输入	−10dB 相对广播输入电平

通常,不同厂家的光发射机有不同的 RF 驱动电平。实际使用时,输入电平参数要根据光发射机说明书来计算指标,该指标可反过来推算前端调制器的输出电平指标要求。光发射机的输入电平参数要根据实际传输的频道数和采用的电视制式等实际情况来调整。例如,某台光发射机的使用说明书给出的信号输入电平参数如表 3-8 所示,给定的标称值 13. 5 dBmV(等于 73. 5dBμV)是在 750MHz 系统传输 110 个 NTSC 电视节目时的输入电平要求,那么应用于 550MHz 系统时,最多能传输的频道数只有 77 个,则指标要求要提高

$$10\lg\frac{110}{77}=1.5\text{dB}$$

所以,在 550MHz 系统传输 77 个 NTSC 电视节目时的输入电平要求为 15 dBmV。如果 PAL 电视信道实际传输的频道数为 N_P 个,那么实际输入的电平指标 L_P 可按公式3-44 计算

$$L_P = L_N + 10\lg\frac{3.95}{5.75} + 10\lg\frac{N_N}{N_P} \tag{3-44}$$

其中,3. 95 是 NTSC 电视频道的等效噪声带宽,5. 75 为 PAL 制式的等效噪声带宽。N_P 表示 PAL 电视频道数, N_N 表示 NTSC 电视频道数。

(2)载噪比

有线电视光纤主干系统的载噪比噪声主要由信号功率、光发射机的噪声、光纤放大器噪声和光接收机的噪声共同组成,为了提高系统的载噪比,应尽量减少光发射机的相对强度噪声,提高放大增益,提高输入信号功率。

例如,表 3-9 列出的是一般常用的摩托罗拉(原 GI)光发射机在 750MHz 系统传输 110 个 NTSC 电视频道时的载噪比性能指标,实际应用中的载噪比指标也是根据实际系统的电视制式、传输的频道数有所调整。假如,传输的是 PAL 制式电视,载噪比指标将降低 $10\lg\frac{5.75}{3.95}=1.6\text{dB}$;传输的频道数为 N 个,则载噪比指标将提高 $10\lg\frac{110}{N}$ dB。由表 3-9 也可知,在光发射机、光放大器和光接收机等设备都已经确定的情况下,有线电视光纤系统的载噪比指标主要取决于输入光接收机的光功率,即取决于光链路的信号损耗。

表 3-9 光发射机对应不同链路损耗的载噪比指标

光发射机型号	输出功率 dBm/mW	链路光功率损耗(dB)											
		3	4	5	6	7	8	9	10	11	12	13	14
ALM-4	4.6/2.89	55	54	53	52								
ALM-7	7.6/5.75				55	54	53	52					
ALM-10	10.6/11.5							54.5	53.5	52.5	54.5	53.5	52.5
ALM-12	12.6/18.20									54	53	52	51

(3) 非线性失真指标

光纤干线系统中的非线性失真主要来自于激光器的非线性失真和光纤色散产生的失真。激光器的非线性失真与调制度有关,调制电流提高 1dB,则 CSO 对应增加 1dB,CTB 增加 2dB。调制度越小,非线性失真指标越好,但载噪比指标会变差。一般来说,只要不产生过调制,激光器的非线性失真指标就可以满足光纤干线传输系统的要求。通常为了既满足非线性失真指标的要求,又同时满足载噪比指标的要求,根据式3-39可得系统传输的模拟频道数 N 与每个频道的调制度 m 的关系,即

$$N = 2 \cdot \frac{\mu^2}{m^2} \tag{3-45}$$

对于一般总调制度 $\mu = 0.25$ 的直接调制光发射机来说,为了满足系统的载噪比指标,每个频道调制度一般在 4%左右,由式 3-45 可计算得

$$N = 2 \times \frac{0.25^2}{0.04^2} = 78$$

也就是说,光纤有线电视系统最多能传输的模拟频道数不宜超过 78 个。

(4) 反射损耗

光纤传输系统中的反射光会严重影响系统指标,若反射光传回到激光器会使激光器的输出光功率产生波动,光谱变坏,噪声增加,同时会增加光纤中的色散,从而降低系统的载噪比指标和非线性指标。因此,光纤传输系统对反射损耗要求很高,应尽量减少反射波,提高链路的反射损耗。通常采用的方法有:采用高质量的光纤,减少因光纤折射不均匀造成的散射;尽量减少活动接头,在接续处采用熔接方式,必须采用活动连接器处,应采用 APC 连接器。

3. 光纤主干系统结构的确定

光纤主干系统的结构主要根据网络所覆盖的用户楼宇分布、用户数来设计,同时还要涉及地理环境,如地下管道分布、光纤路由的走线,以及工程施工的便利条件等。

首先是根据用户楼宇分布情况确定光接收机的位置和数量。一般来说,光接收机尽量设置在覆盖区域中心,一个社区至少有 1 个光接收机,某些密集型社区根据用户数和社区大小,可以在每 1km 范围内设置 1 个光接收机。每个光节点覆盖的用户数一般为

500~2000 户,但如果是有数据业务的双向网而没有光节点,覆盖的用户数则要更少,以保证用户的接入带宽达到设计要求。

确定了光接收机的位置和数量后,要根据它们到前端的距离和光纤路由来计算光链路的损耗,从而确定要使用的光发射机数量、发射功率大小、分光器路数等。计算光链路损耗主要包括光纤的损耗、光连接点耦合的损耗和光分路器的损耗。最终要求每台光接收机的输入光功率符合设备要求。光接收机的工作参数都给定了其接收光功率参数,一般为-2dBm~+2dBm,设计时取其中间值 0dBm 作为最佳接收功率。

根据表 3-7,1310nm 光纤每公里损耗约 0.35dB,考虑到两根光纤连接点处耦合的损耗,在设计时可以将这部分损耗包括在光纤损耗内,按照光纤 0.4dB/km 计算光功率损耗,或者可以按每个连接点耦合一次不超过 0.5dB 的损耗来设计;光分路器主要是计算其输出端口的插入损耗,各个分路输出端口的分光比可以是均分,也可以是自定义比例分配。考虑到一方面光发射机比光接收机昂贵得多,另一方面光分路器的分光比越大,附加损耗也越大,造成光功率利用率不高。因此,通常光链路中的光发射机与光接收机的配置比在 1∶4 左右比较合适。

例如,在图 3-14 所示的光线干线链路中,光接收机 A 的输入光功率要求为 P_0,若采用四分光器均分光功率,则每路分光的插入损耗相等,都为 A_1,分光器的附加损耗为 A_f ,对光接收机 A 来说,设光发射机到光接收机 A 的光纤长度为 L_A ,单位长度光纤损耗(包含了接头耦合损耗)为 σ ,由以上参数可计算光接收机 A 所在链路损耗为 $A_A = \sigma \cdot L_A + A_1 + A_f$,进一步反向计算光发射机的输出光功率 $P = P_0 + A_A = P_0 + \sigma \cdot L_A + A_1 + A_f$。

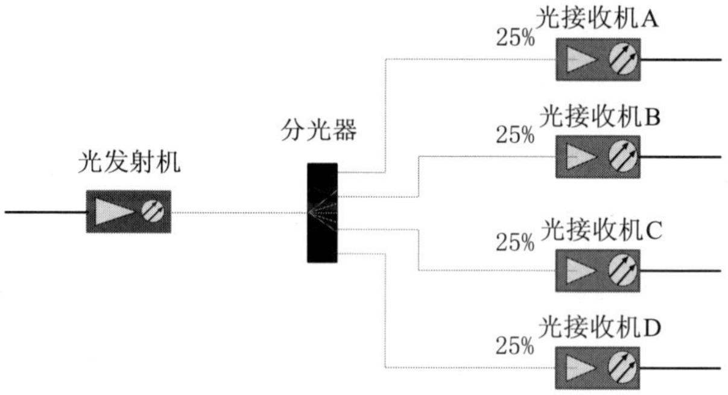

图 3-14　光纤主干系统

3.4.3　电缆支干线的设计

电缆支干线是将光接收机输出的复合射频电视信号传送到各楼内用户分配网,通常采用较粗(型号 75-12 或 75-9)的同轴电缆来传输信号,根据电平指标的要求,可以采用放大器来补偿支干线电缆传输的损耗,以保证输入用户分配网的信号功率符合设计要求。

在 HFC 系统中,支干线的传输距离一般不超过 2km,对从光接收机出来的信号加以延长传输需要采用放大器补偿信号,现在主要采用的是线路延长放大器(分支放大器)和楼栋放大器(分配放大器)。这类放大器一般不具有自动增益控制(AGC)功能,只具有手动增益控制(MGC)和手动斜率控制(MSC)功能,输出电平值可以根据用户分配网的输入电平要求反向计算来调节。

此外,在设计时还要考虑放大器的供电方式,一般有集中供电方式(内供电)60V 和交流供电方式(外供电)220V 两种,选用哪种供电方式要根据放大器工作环境来决定。放大器的内供电要采用供电器,是电流与信号共缆传送的方式,即把供电输出的 50Hz 交流电通过电源插入器插入电缆芯线中与传输的高频信号一起传送,到达下一级放大器后采用 LC 滤波器将高频信号与交流电分离,为该级放大器提供电源。

3.5 用户分配网设计

有线电视用户分配网就是将干线传送过来的一路电信号,分成多路信号传输到多个不同的用户终端,并保证用户能同时收看电视节目而不相互干扰。用户分配网通常是由同轴电缆与分配放大器以及各种无源分配器件(分配器/分支器)组成的网络,电视信号的分配任务主要采用射频功率分支分配器件来完成,用户终端输出的指标要符合国家广播电视行业标准 GY/T 106-1999《有线电视广播系统技术规范》的规定。

用户分配网的设计主要考虑信号电平指标,一般根据所覆盖的用户数、用户分布和传输距离等具体情况,以及支干线传送过来信号的电平大小来确定是采用有源分配还是无源分配。

有源分配就是在用户分配网中采用分配放大器,通常在分配网输入信号电平偏低、经过分配网后用户终端指标无法达到 GY/T 106-1999 的指标要求时,就需要采用放大器来补偿信号电平的损耗;无源分配则相对简单,当分配网输入信号电平指标较高时,则无须采用放大器,直接通过分配器、分支器进行无源分配即可。

3.5.1 同轴电缆与射频连接器

1. 同轴电缆

有线电视所使用的同轴电缆由内导体、介质绝缘层、外导体和护套四部分组成,组成结构如图 3-15 所示,a 表示内导体,是中间的轴芯;b 表示介质绝缘层,通常为白色物理电介质;c 表示外导体,通常由金属编织网组成;d 为最外层的绝缘护套。这四个部分轴心重合,按照由内到外的顺序层层嵌套,因而称之为同轴电缆。

图 3-15 同轴电缆结构

同轴电缆的内导体为单根粗芯导体，芯线直径有粗细之分，芯线的材料也有多种，如纯铜芯、铜包钢芯、钢包铝芯、铜包铝芯等。

介质绝缘层是处在内导体和外导体之间的支撑介质，通常采用损耗很小的介电材料。目前，绝缘层使用的材料主要是聚乙烯材料，型号为SYV，如实心聚乙烯(SYV)、物理发泡聚乙烯(SYWV)、纵孔聚乙烯(SYKV)等。此外，现在还有一种采用美国军用规范生产的同轴射频电缆，型号为RG系列，电性能和屏蔽性均优于SYV系列的同轴电缆，其用于有线电视系统的射频电缆型号为RG59系列。

外导体决定了同轴电缆的屏蔽特性，它的作用是防止电缆传导的射频信号外泄或者外部电磁窜入干扰，同时它也是信号和AC电源的"地"线，跟内导体一起构成完整的传输回路。外导体的构成一般有铜管或铝管，单层铜线编织网，双层多股铜线编织网，单层多股铜线编织网加铝箔、铜箔或铝箔纵包带等。外导体的编织网密度和材料层数(厚度)是决定同轴电缆屏蔽性能的关键因素，特别是对于有线电视双向网来说，线缆屏蔽性至关重要，一般要求使用三屏蔽线缆甚至四屏蔽线缆。

外层护套对同轴电缆仅起保护作用，它主要是增强电缆的耐磨性、抗机械损伤和化学腐蚀的能力。

同轴电缆的质量与其电气性能指标直接相关，电气性能特性主要包括以下几项。

(1)特性阻抗

同轴电缆的特性阻抗一般有50Ω和75Ω两种，有线电视网络中使用的射频同轴电缆标准特性阻抗统一为75Ω，因此要注意，在选择电缆或设备选型时，电缆和设备射频接头的特性阻抗都要统一为75Ω。

(2)衰减系数

衰减系数反映了信号在同轴电缆中传输时的损耗程度。它是在常温条件下，单位长度的电缆对信号电平的衰减值，通常以dB/km为单位。信号在电缆中的衰减值与信号频率有关，通常与其频率的平方根成正比，频率越高衰减越大，反之则越小。因此，通常所说的电缆衰减系数是以电缆在系统最高工作频率下的衰减值来计算的。

(3)屏蔽特性

屏蔽性能是衡量同轴电缆抗干扰能力的一项非常重要的指标。电缆的屏蔽性能差，则信号容易泄露，而且也很容易受到外来杂波的串扰。一般来说，采用金属管做外导体具有较好的屏蔽特性。除了线缆本身的屏蔽性以外，影响整个有线电视系统屏蔽性能的最大的因素还在于系统各类连接头是否接触良好，包括系统广泛使用的F头、用户终端接口等。

(4)温度系数

温度系数反映了同轴电缆的衰减值随温度变化而变化的程度，也就是电缆相对于环境温度的稳定性。一般同轴电缆的温度系数大约在0.2%dB/℃，即温度每升高1℃，电缆对信号的衰减量将增加0.2%。

(5)直流回路电阻

直流回路电阻是使电缆一端的内、外导体短路,另一端用万用表测得的回路电阻值。

由于环境条件的限制,有线电视系统中的光接收机和干线放大器等设备一般采用线缆集中供电方式,也就是通过同轴电缆的内、外导体对设备供电,把供电器输出的交流电通过电源插入器插入电缆芯线中与电缆传输的高频信号一起送入设备,同时为该设备提供电源。用这种方式供电,要求电缆不发生短路现象。如果接头质量不好或制作时接触不好,就会增加直流回路电阻,造成供电电压迅速下降,并在接头处出现发热打火的现象,严重时会对电视信号造成干扰。

2. 射频连接器

有线电视系统通常采用的射频连接器是F头,如图3-16(a)是F头的一般示意图,接口处为螺纹丝扣的形式;图3-16(b)是同轴电缆上制作好的F头接口,其中电缆的内导体从接头正中伸出F头截口平面3~6mm,F头的金属与电缆的外导体紧密接触,并通过中间的介质绝缘层将内、外导体隔离开来。F头根据螺口的尺寸又有公制和英制之分,公制F头螺口稍大,英制稍小。根据所连接同轴电缆的接口匹配性,又有二屏蔽F头、四屏蔽F头等。连接器的选择必须要与所连接设备的接头规格和所连接线缆的规格相匹配。

(a) (b)

图3-16 射频连接器F头

3.5.2 分支分配器

用户分配网把干线传过来的一路复合射频电视信号分成多路支路信号,并进一步将信号能量分流传送给不同的终端用户,就是靠分配器和分支器这些无源器件完成的。

用户分配网中用到的分配器、分支器等部件应选择符合国家标准GB/T 11318.10《分配器和用户分支器通用规范》技术要求的器件,工作频率范围符合电视射频信号的频率范围:5~1000MHz,并要具备优良的电气特性,应通过国家标准GY/T 137-1999《有线电视系统用分支器和分配器(5~1000MHz)入网技术条件和测量方法》的入网要求。

1. 分配器

分配器有一个信号输入端口、若干个信号输出端口,其任务是将输入信号按照功率近似均匀地分配给多个输出口。分配器一般按照分配的路数来区分命名。例如,分成两路的称为二分配器、分成三路的称为三分配器，以此类推。除此以外，分配器还有其他很多分类方法，按照使用的场所不同可分为室内型和室外防水型，按照传输的高频信号是否插入交流电分为普通型和馈电型等。常用的分配器有二分配器、三分配器和四分配器，实际分配网中较少使用更高路数的分配器，因为路数越多则分配损失就越大。

分配网一般根据实际条件和使用场所的需求来选择合适的分配器，但是判断一个分配器的性能优劣，还是要根据分配器的电气特性来衡量。下面分析分配器的几个主要电气特性指标。

(1)分配损失

分配损失是指在各路输出端都匹配良好的情况下，传输信号在输入端与输出端的信号电平之差。

在理想的情况下，不考虑因吸收、散热等产生的能量损失，可以根据信号在输入端到输出端的能量守恒来计算分配损失。例如，设输入信号功率为 P_i，即其输入电平为 $10\lg P_i/P_0$，其中 P_0 为基准功率，分配器的分配路数为 n，则每一路输出端口的输出功率为输入信号功率的 $1/n$，得到输出电平为

$$10\lg\frac{(\frac{P_i}{n})}{P_0}=10\lg\frac{P_i}{P_0}-10\lg n$$

分配损失为输入端口与输出端口的信号电平之差，从而得到分配损失为

$$L_s=10\lg\frac{P_i}{P_0}-(10\lg\frac{P_i}{P_0}-10\lg n)=10\lg n \tag{3-46}$$

也就是说，在理想的情况下，分配器的分配损失只与其分配路数有关，故一般将式3-46所得的结果称为分配器的理想分配损失。根据式3-46，二分配器的理想分配损失为3dB，三分配器的理想分配损失为4.8dB，四分配器的理想分配损失为6dB。

实际上，能量泄漏、热量散失总是存在，这使得分配器的实际分配损失总是大于其理想分配损失。一般来说，二分配器的实际分配损失在VHF频段为3.5dB，在UHF频段达到4dB；三分配器的实际分配损失在VHF频段为6dB，在UHF频段达到7dB；四分配器的实际分配损失在VHF频段为7.5dB，在UHF频段达到8dB。某些厂家的分配器从型号上也会体现端口的分配损失，例如，二分配器的型号标为204的，表示有2个输出端口，分配损失为4dB；三分配器型号是306的，表示有3个输出端口，分配损失为6dB；四分配器型号是408的，表示有4个输出端口，分配损失为8dB。

(2)频率特性

频率特性是描述分配损失等性能参数随频率变化的情况。一般在工作频率范围内，各性能参数的变化越小越好。

(3)隔离度

隔离度是指在一定的频率范围内，从某输出端口插入一个信号，其电平与从其他输

出端口测得的该信号输出电平之差。分配器的相互隔离度越大,各输出端口之间的相互干扰就越小。一般要求分配器的输出端口相互隔离度至少达到 22dB 以上,邻频传输时要求更高,至少达到 30dB 以上。但是分配器没有反向隔离,因此,当分配器反接时就可以当混合器使用。

(4)阻抗

阻抗为电压与电流的比值。分配器的输入阻抗为输入端口的电压与电流的比值,输出阻抗为输出端口的电压与电流的比值。由于有线电视同轴电缆的特性阻抗为 75Ω,为了匹配,分配器的输入、输出阻抗也均为 75Ω。

(5)驻波比与反射损耗

驻波比和反射损耗描述的是分配器与其前后连接的同轴电缆阻抗的匹配程度。阻抗不匹配会使输入信号形成反射波,反射损耗定义为入射波电压与反射波电压的比值。理想情况下,分配器的输入、输出阻抗均为 75Ω,与同轴电缆的特性阻抗 75Ω 是完全匹配的,这时得到的驻波比等于 1,反射损耗为无穷大。但实际情况却不可能完全实现阻抗匹配,为了防止信号来回反射,分配器的驻波比一般在 1.1~1.7 之间,对应的反射损耗为 13~26dB。具体来说,对于非邻频传输系统,反射损耗大于 12dB 即可,而对于邻频传输系统则要求反射损耗大于 16dB。驻波比或反射损耗不理想,不仅会造成信号重影,还可能会造成各频道电平不均匀。

2. 分支器

分支器有一个信号输入端口、一个主路输出端口和若干个分支输出端口。分支器在用户分配网中通常串接在分支线的中途,其分支输出口一般只分得输入信号的一小部分信号能量,大部分信号能量沿着主路输出端口输出,沿着支干线继续向后传输。

分支器除了与分配器一样,具有频率范围、阻抗、反射损耗等性能参数外,还具有一些特有的性能参数。下面分析分支器的几个主要电气特性指标。

(1)插入损失

分支器的输出有主路输出和分支口输出之分,插入损失为信号从分支器的输入端到主路输出端的电平之差。

(2)分支损耗

分支损耗是用来描述分支器的分支口输出电平与输入信号电平的差值,即分支损耗为信号从分支器的输入端到分支输出端的电平之差。

在理想的情况下,忽略因吸收、散热等产生的能量损失,可以将信号在输入端到输出端的能量视为是相等的。例如,输入信号的功率为 P_i,主输出口的信号为 P_1,各分支端口的信号功率为 P_2,分支口总数为 n,则有

$$P_i = P_1 + n \cdot P_2 \tag{3-47}$$

插入损失为输入端口与主路输出端口的电平之差,因此,理想情况下的分支损失为

$$L_d = 10\lg\frac{P_i}{P_0} - 10\lg\frac{P_1}{P_0} = 10\lg\frac{P_i}{P_1} \tag{3-48}$$

分支损失为输入端口与主路输出端口的电平之差,因此,理想情况下的分支损失为

$$C = 10\lg\frac{P_i}{P_0} - 10\lg\frac{P_2}{P_0} = 10\lg\frac{P_i}{P_2} \tag{3-49}$$

由式3-48可得 $P_1 = 10^{-\frac{L_d}{10}} \cdot P_i$,由式3-47可得 $P_2 = 10^{-\frac{C}{10}} \cdot P_i$,结果代入式3-47得

$$10^{-\frac{Ld}{10}} + n \cdot 10^{-\frac{C}{10}} = 1 \tag{3-50}$$

式3-50即为分支器插入损失和其分支损失之间的关系。显然,分支损失越大,插入损失越小。

(3)分支隔离度

分支隔离度是指在一定的频率范围内,从分支器某分支输出端口接入一个信号,其电平与从其他分支输出端口测得的该信号输出电平之差。分支隔离度描述的是其各分支端口彼此之间相互影响的程度。同样,分支器的分支隔离度越大,各分支输出端口之间的相互干扰就越小。

国标要求的相互隔离度指标与分支隔离度指标稍有不同:相互隔离度指的是任意用户之间的隔离度(不一定在同一个分支器上),而分支隔离度是指同一分支器的不同分支输出端口之间的隔离度。由于不同分支器的相互隔离度一般总是大于同一分支器的分支隔离度,因此,只要分支器的分支隔离度性能指标达到国标的要求,即非邻频系统隔离度至少达到22dB以上、邻频传输系统至少达到30dB以上,即可满足国标的相互隔离度要求。

(4)反向隔离度

与分支隔离度不同,反向隔离度定义为从分支器主路输出端口接入一个信号,其电平与从其他分支输出端口测得的该信号输出电平之差。反向隔离度与分支损失相关,反向隔离度越大,对应的分支损失越小,从而说明分支器的定向耦合性能越好。反向隔离度越大越好,一般要求达到40dB以上。

3.5.3　分配网的设计原则和指标计算

用户分配网是有线电视网络最靠近终端用户的部分,其任务是在保证电视信号性能参数达到指标要求的前提下,将电视信号有效地分配输送到用户终端。分配网的设计必须结合网络实际情况,并充分考虑性价比、分配效率、便于扩展和管理维护等因素。

1. 分配网设计原则

用户分配网的设计通常要遵循以下基本原则。

(1)分配网结构选择原则

用户分配网的结构一般采用星型结构,分配网络呈放射状分布,具体的分配网结构

要根据覆盖用户数量、分布情况和干线输出电平来确定。无源分配网一般比较简单，通常采用“分配—分支”的星型网络结构，将信号分配点置于分配网的中央位置。对于有源分配网来说，在用户分布密集的区域，通常采用分配器后串接延长放大器（楼头放大器）的分配网；在用户分布零散或分布不规则的区域，通常采用干线桥接（分支）放大器后串接分支器的分配网。

（2）电平均衡原则

根据国家标准的要求，用户端的接收电平为 60～80 dBμV，也就是说最远端与最近端的电平差要保证在 20dB 以内。实际情况中，为了做到电平均衡分配，一般从楼宇或楼道的中央开始进行电平分配，使得分配的各条支路在逻辑上尽可能等距离，对于距离较远处，可考虑采用较粗的同轴电缆来传输。

（3）最短路径原则

为了降低成本、避免功率浪费，在满足终端指标要求的前提下，分配网应该尽可能带动更多的用户。在设计分配网时，也要以最短路径为原则，在施工条件允许的情况下，尽量减少传输距离带来的损耗，同时应选择分配损失或分支损失尽可能小的分配器或分支器。

2. 有源分配网

有源分配是指分配网中使用了分支放大器或延长放大器等有源设备，放大器主要用来补偿电缆的传输损耗、插损，以及分配分支损失，使终端输出的信号电平符合国标要求。但是，放大器设备也增加了系统噪声，因此，在进行有源分配网设计时，载噪比指标和非线性失真指标分配给分配网的比例要相应提高。在选择放大器设备时，不仅要考虑增益大小，还要考虑信噪比和噪声系数等多项性能指标。在经费允许的条件下，应尽可能选择综合指标较高、质量优良的专业型设备。

有源分配网中，放大器是关键设备。有源分配网的设计其实主要就是考虑放大器设备的性能参数和工作状态，其后所带的无源分配网络则与无源分配网的设计相同。

（1）放大器的斜率工作方式

放大器的斜率工作方式有全倾斜输出方式、平坦输出方式、半倾斜输出方式三种，大多数主干放大器都采用半倾斜输出方式，而楼头放大器可采用平坦输出方式。放大器内部通常都有可插入式均衡器、衰减器和可调均衡器，标示为 MSC 或 EQ，如果调节该旋钮仍然达不到均衡效果，可以配合使用固定均衡器（插片式，上面标有频率范围和相应的均衡值）。

（2）放大器的输入、输出电平

放大器的输入电平一般应控制在 70～78 dBμV 范围内，最好不要低于 65 dBμV。

放大器通常有高达 30dB 的增益，在放大器内部可通过可调衰减器调节输出电平，一般有 20dB 左右的调节范围，可以手动调整增益，放大器输出电平一般在 90～110 dBμV

范围内。理论上放大器输出电平应该调平，但由于电缆的衰减特性，高频信号衰减一般大于低频信号衰减，为了保证经过分配网衰减后的输出电平的均衡，使进入用户终端的电平高低基本一致，实际调试时应让放大器的输出信号电平低频信号低于高频信号，一般低于 10dB。

（3）放大器的供电方式

放大器的供电方式一般可选择 220V 外供电和 30V、45V、60V、90V 等多种内供电，这要根据放大器工作位置的供电状态、机箱大小等情况来选择，一般放大器内部有 30V、45V、60V、90V 的跳线插孔，实际使用时要将供电电压插入相应的跳线插孔，使放大器工作在最佳线性状态，从而减少非线性失真。

3. 无源分配网

无源分配网络是指在分配网中没有任何放大器等有源设备或器件的条件下，仅使用分支器、分配器等无源器件来完成电视信号的分配传输网络。根据分配器、分支器各自的性能特点，分配器各输出端口能实现均等输出，且分配损耗较小，有利于高电平输出，一般利用分配器来实现信号的分路。但分配器的缺点是，在阻抗不匹配时容易产生信号反射，且各端口之间的相互隔离性能也不够好，因此，实际分配网中一般不采用分配器直接连接用户终端接口。分支器则一般具有较高的隔离度，因而常用它来直接入户。无源分配网通常采用“分配—分支”的星型网络结构。

无源分配网不涉及噪声的引入，也没有非线性失真产物的生成，因此，分配网的设计实际只涉及信号电平的计算。也就是说，只需选择适当分配损耗的分配器和合理插入损耗、分支损耗的分支器，使终端输出的电平符合国家标准 GY/T 106-1999 的要求。在分配网中，若已知某点 A 处的电平 S_A，则其中 B 点的电平 S_B 可通过如下关系式计算：

$$S_B = S_A - L_d - \delta \cdot L_{AB} \tag{3-51}$$

其中，L_d 表示 A 点到 B 点经过的所有分配器损耗和分支器插入损耗、分支损耗的总和，δ 为 A、B 之间连接电缆的衰减系数，L_{AB} 为 A、B 之间的线缆长度。如图 3-17 所示的“分配—分支”网络，已知 α 点的电平 S_a，则 b 点的电平 $S_b = S_a - 6$，6 为三分配器的分配损失；e 点的电平则为 $S_e = S_a - 6 - L_{d1} - C_2$，其中 L_{d1} 为 b 点后第一个分支器的插入损失，C_2

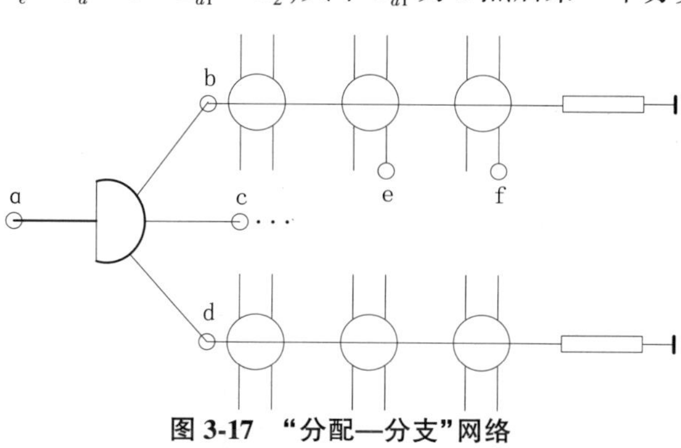

图 3-17　“分配—分支”网络

为第二个分支器的分支损失；同样可以计算 f 点的电平 $S_f = S_a - 6 - L_{d1} - L_{d2} - C_3$，其中 L_{d2} 为 b 点后第二个分支器的插入损失，C_3 为第三个分支器的分支损失。同样，若已知 e 点或 f 点的电平，也可以倒推计算出 a 点的电平。

3.6　本章小结

本章介绍了有线电视广播网的组成和各部分的设计。虽然近年来原有的模拟电视系统正逐步向数字化系统转换，但在系统设计时我们仍然按照模拟系统的指标要求来规划设计。有线电视网络的设计以其性能指标为依据，其信号载噪比 CNR，非线性失真 CTB、CSO 等指标要符合国家标准。前端是整个有线电视广播网的核心，设计时应重点考虑系统指标和性能；干线链路为光纤同轴电缆混合网，它将前端输出的射频电视信号长距离、低损耗地传输给分配网；分配网为同轴电缆，它将电视信号均衡地分配给终端用户。用户端的输出信号电平、载噪比等指标也要达到国家标准的规定。

思考题

1. 完整的有线电视广播网由哪几部分组成？每个部分的基本任务是什么？
2. 有线电视系统设计主要应考虑哪些指标？如何计算指标的叠加或分配？
3. 前端的组成和各种设备的功能是什么？
4. 如何计算光纤干线的链路损耗？
5. 用户分配网的分配原则是什么？

第 4 章　有线电视双向网络规划与设计

本章要点：

1. 有线电视双向网络的技术标准及特点
2. DOCSIS 标准的 HFC 双向网络技术原理
3. HFC 双向网络的设计与配置
4. EoC 技术标准和原理
5. EoC 网络设计

有线电视网络从传统的单向广播系统升级改造为双向数据传输系统，是在急剧增长的数据业务市场的推动下，从模拟技术体制向数字技术体制过渡的一次重大变革，其目的是利用数字技术提高网络的传输质量、扩展网络的传输容量、增强网络的传输功能，使有线电视网络不仅能满足高质量、多节目的传输要求，还能实现高速数据业务的交互功能，成为具有竞争力的宽带接入网络。

4.1　有线电视双向网络概述

4.1.1　有线电视网络双向化的目标

有线网络双向化的目标是在原有单向网络的基础上进行双向改造，建成双向的、高速的、稳定安全的宽带接入网络。新的有线 HFC 双向网络采用的是 1000MHz 宽带传输系统，具有频带宽、速度快、规模大等特点。改造后的 HFC 双向网络将打破传统单向网络仅仅提供电视信号传输的单一功能，成为既能为传统的电视传输广播电视内容服务，也能为用户提供高速上网、实时点播等多功能服务的承载网。

国务院印发的“宽带中国”战略及实施方案明确指出：要加快下一代广播电视网的建设，推进“光进铜退”和网络双向化改造，促进互联互通。下一代广播电视网的目标是具备“T 级骨干，千兆进楼，百兆入户”的网络承载能力，能轻松实现高速带宽、高清互动电视、多媒体通信、家庭金融、远程互动教育、电视游戏、智能家庭等三网融合全业务运营，能满足未来每个家庭“出门就上高速路”的信息服务需求。目前，全国有线电视网络覆盖用户达到2.75亿户，覆盖率接近80%，有线电视数字化和双向化进程还在不断推进，但全国绝大多数城市的有线电视网络仍不具备上网功能，广播电视网络的双向化改造技术成为了近年来的热门话题，是下一代广播电视网接入技术研究的重点课题。

有线电视网络的双向升级改造实现了网络的基本双向传输功能，当前主要采用线缆调制解调终端系统(DOCSIS)、无源光网络(PON)等双向接入技术。在下一代广播电视网的规划中，还需要应用新的先进技术对现有的有线电视接入网进行升级改造，使其能满足下一代广播电视网在提高带宽、加强业务承载能力方面的要求，并在未来要满足100Mbps带宽入户的目标，实现交互电视回传、对称宽带数据、实时多媒体等业务的需求。

就技术发展趋势来说，“光进铜退”，将无源光网络的宽带回程线路和同轴电缆网的入户接入相结合，逐步向光纤宽带接入网过渡是未来有线电视网络双向化的发展趋势。

4.1.2 有线电视网络双向化的技术标准

目前，有线电视网络的双向化已有多种技术体系和标准，标准化组织主要有北美一些多系统(Multi System Operator, MSO)运营商联合发起的多媒体电缆网络协会(Multimedia Cable Network System, MCNS)和EPON网络的标准化组织IEEE 802.3工作小组，为了适应业务发展的需求，下一代广播电视网接入技术正在向深度融合的方向发展。当前广泛应用的有MCNS制定的DOCSIS标准和在其基础上发展制定的中国DOCSIS标准(C-DOCSIS)。在近年来世界各国都大量部署PON网和同轴电缆网的背景下，为了取长补短，国际上两大标准制定组织都在加紧下一代网络融合的技术标准的制定。MCNS于2012年发布了在DOCSIS系统中扩展EPON业务的DPoE(Docsis Provisioning of EPON)标准，与此同时，IEEE 802.3工作小组启动了同轴电缆网上传输EPON网络协议EPoC(EPON Protocol over Coax)标准的制定工作。

截止到目前，DOCSIS标准已经发布了DOCSIS 3.1版本，我国的C-DOCSIS标准《NGB宽带接入系统C-DOCSIS技术规范》也已通过国家审批成为正式的行业规范。而DPoE和EPoC则是面向下一代双向有线电视网络的技术储备。

1. DOCSIS标准

(1)概述

DOCSIS (Data over Cable Service Interface Specifications)是由美国四大有线电视机构——Comcast、TCI、Cox以及Time Warner联合发起的多媒体电缆网络协会(MCNS)制定的技术规范，具体由北美有线电视实验室(CableLabs)负责标准制定。同时，国际电信联盟接受DOCSIS标准作为Cable Modem的标准，称为ITU-TJ.112标准。制定DOCSIS标准的目的是通过有线电视运营商的广播电视网络向终端用户提供高带宽、低成本的互联网数据业务,也就是实现通过有线电视网络给家庭用户提供互联网数据接入服务。

到目前为止,DOCSIS 标准先后发布了 5 个版本的技术规范,分别是:DOCSIS 1.0、DOCSIS 1.1、DOCSIS 2.0、DOCSIS 3.0 和 DOCSIS 3.1。

DOCSIS 1.0 于 1998 年发布,并通过了 ITU 的认证,成为国际标准。其后续版本 DOCSIS 1.1 在 DOCSIS 1.0 的基础上进行了扩展,增加了 QoS 管理功能,提高了网络系统的灵活性、安全性。

2002 年 12 月,ITU 采纳了新一代 DOCSIS 2.0 规范,即 ITU-Tj.122。DOCSIS 2.0 兼容 DOCSIS 1.1,它是在 DOCSIS 1.1 的基础上,改进物理层,在上行通道采用 A-TDMA 和 SCD-MA 的物理层技术。

CableLabs 于 2006 年 8 月发布 DOCSIS V3.0 标准,2007 年 7 月 29 日,ITU 将其批准为 ITU-T Rec.J.222"交互式有线电视业务的第三代传输系统——IP Cable Modem"发布。DOCSIS 3.0 标准增加了信道绑定的功能,可以将 4 个或 4 个以上有线电视频道带宽绑定在一起进行数据传输。此外,针对 IPv4 地址资源逐渐耗尽的问题,DOCSIS 3.0 将 IPv6 技术融合到标准中。

2013 年底,CableLabs 正式发布 DOCSIS 3.1 标准,DOCSIS 3.1 标准物理层有较大的改进,上行速率最大可达 1Gbps、下行可达 10Gbps,并可使用更多的物理频谱;采用先进的主动队列管理(Active Queue Management)技术,可显著降低网络延迟,保证更好的 QoS;兼容之前的 2.0 和 3.0 版本。通过技术改进,DOCSIS 3.1 网络的带宽容量得到成倍增加。

在 MCNS 制定 DOCSIS 标准的同时,欧洲标准组织成立了 EuroCableLabs,并于 1999 年推出 EuroModem 标准。在两大标准的竞争中,最终北美标准 DOCSIS 占据上风,并在 1998 年被 ITU 采纳,并于 1999 年颁布了 ITU-T J.112《交互式有线电视业务传输系统技术规范》,成为 HFC 双向网络进行数据传输的国际标准。

为了更好地支持欧洲和亚洲的 PAL 制式有线电视,CableLabs 提出了欧洲版本 Euro-DOCSIS。

EuroDOCSIS 对北美标准中的频谱结构、信道带宽及其传输特性进行了修改,以适用于 PAL 制式有线电视。首先,频谱结构从 DOCSIS 的"低分割"(上行 5~42MHz,下行88~860MHz)修改为"扩展低分割"(上行 5~65MHz,下行 88~860MHz);其次,下行信道每一频道的带宽从 6MHz 修改为 7/8MHz,并设定了基于 PAL 制式模拟电视传输的下行信道传输特性,其余则完全保留了 DOCSIS 系统的特性,被称为符合欧洲规范的 DOCSIS 系统。

我国行业标准 GY/T 200.1/2-2004《HFC 网络数据传输系统技术规范》,就是在追踪、研究、分析上述欧美国家标准的基础上参照 EuroDOCSIS 1.1 制定的,并于 2004 年 1 月正式发布。

(2)编码调制技术

DOCSIS 1.0/1.1 标准中上行信道采用 FDMA、TDMA 突发调制方式,提供 5 种波特率和 2 种调制方式(QPSK、16QAM),所能达到的最高数据传输速率为 10.24Mbps。如果信道的噪声比较严重,可以使用 QPSK 调制方式;当信道噪声不是很严重的时候,则可以使用效率较高的 16QAM 调制方式。

DOCSIS 2.0 标准中上行信道使用 A-TDMA 或 S-CDMA 机制,调制方式除了 QPSK 和 16QAM 外,还可以使用 8QAM、32QAM、64QAM 甚至 128QAM,最高速率可达 30Mbps。

A-TDMA 是指高级时分多址,使用了更强的 RS 编码,可以纠正更多的错误,并且可以实现侵入噪声消除技术,提供了消除窄带侵入噪声的能力。A-TDMA 提高了系统的抗干扰能力,可以使用更高效率的调制方式,获得更高的上行数据速率。

S-CDMA 是指同步码分多址,采用扩谱的手段克服脉冲型干扰和侵入噪声,使得每个数据符号在时间上被展宽,每个发送的符号抗脉冲噪声的能力得到增强,提高了频谱利用率。

DOCSIS 标准中,下行信道的带宽为 6MHz,EuroDOCSIS 标准中下行信道的带宽为 8MHz,均采用 QAM 调制技术,支持 64QAM 和 256QAM 两种调制方式。EuroDOCSIS 标准中,采用 64QAM 和 256QAM 调制方式时符号率均为 6.95Msym/s,因此下行信号的最大数据速率在采用 64QAM 调制时为 $6.95\times6=41.7$Mbps,除去用于纠错编码的冗余比特,其净数据速率约为 37Mbps。采用 256QAM 调制时为 $6.95\times8=55.6$Mbps,除去用于纠错编码的冗余比特,其净数据速率约为 50Mbps。

DOCSIS 3.0 标准规定,绑定在一起的频道不能低于 4 个,DOCSIS 3.0 的下行速率起点规定为 160Mbps,而上行速率为 120Mbps,并且还可以通过增加绑定的频道数量来提高上、下行的传输速率。

DOCSIS 3.1 标准物理层有较大的改进,采用 LDPC 编码和 OFDM 调制。下行最大支持 192MHz 带宽、8192QAM 子载波调制,上行最大支持 96MHz 带宽、4096QAM 子载波调制,上行速率最大可达 1Gbps、下行可达 10Gbps。

为了提高对噪声的抗干扰能力,DOCSIS 系统中使用了信道编码技术 RS(204,188)。如果在回传噪声中产生持续时间比较长的脉冲干扰,由于噪声功率较大,在噪声持续时间内会产生一连串误码,有可能会超过 RS 码的纠错能力,因此 DOCSIS 标准中使用了交织技术。

2. C-DOCSIS 标准

随着三网融合业务的大规模发展,为了满足有线电视接入网络大带宽业务承载、多业务 QoS 保障、可运营和可管理的要求,中国广电提出了基于 DOCSIS 3.0 标准(ETSI 302 878 系列)的一种同轴电缆宽带接入技术,称为 C-DOCSIS(China DOCSIS)。2012 年 8 月 8 日,《NGB 宽带接入系统 C-DOCSIS 技术规范》通过国家广播电影电视总局的审查,正式成为双向网络改造的行业标准，并于 2012 年 8 月在北京国际广播电影电视设备展览会（BIRTV）上发布。

C-DOCSIS 接入技术将 DOCSIS 3.0 标准中物理层与数据链路层的接口从中心机房下移到有线电视光节点处，通过无源光网络或者以太网向上连接至汇聚网络，向下通过射频接口连接至同轴电缆分配网络，是有线电视网络承载三网融合业务的下一代宽带接入技术。

C-DOCSIS 系统由 C-DOCSIS 头端、C-DOCSIS 终端、配置系统和网络管理系统组成，其系统结构如图 4-1 所示。

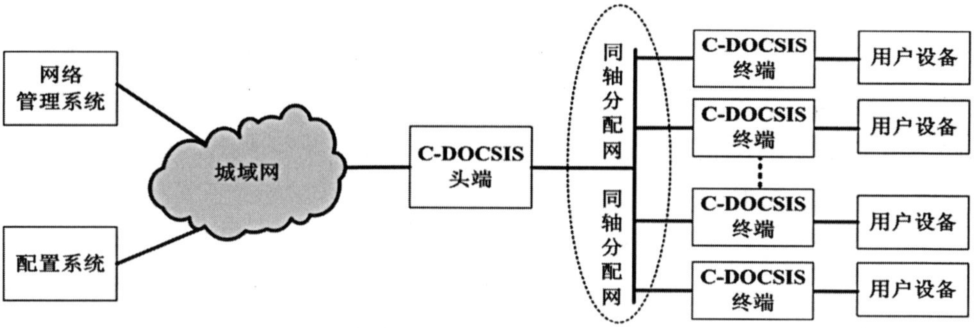

图 4-1　C-DOCSIS 系统组成

射频接口模块主要实现物理层和 MAC 层的功能。下行方向完成业务流的调度和整形、构建 MAC 帧以及射频调制等功能；上行方向完成射频信号的接收，处理 MAC 帧头以及业务量的调度和管理消息功能。

分类转发模块主要实现数据流的分类管理功能。下行方向根据数据报文中的 TCP、UDP、IP 等相关字段中的 MAC 地址、IP 地址或者端口号进行数据包匹配，最后在每个数据包的头部插入数据标签后向用户侧转发数据；上行方向根据数据包所携带的标签，按照 C-DOSCIS 业务映射规则插入汇聚网络业务标识，最后向网络侧转发数据。

系统控制模块实现对射频接口模块和分类转发模块的配置和管理，同时与网络管理系统和配置系统连接，实现业务的配置和管理功能。

C-DOCSIS 终端设备由 CM 模块构成，向上通过同轴分配网连接到 C-DOCSIS 头端，接收 C-DOCSIS 头端传输的射频信号，完成解调解码功能后，向下连接至用户设备，实现用户设备的接入。用户设备可以嵌入终端设备之中，也可以是独立的设备，如个人电脑、机顶盒等。

C-DOCSIS 网络管理系统主要通过简单网络管理系统（SNMP）实现网络管理，采用 SNMP 协议配置和监控 C-DOCSIS 的头端和终端设备。

C-DOCSIS 配置系统提供业务和设备配置，实现配置文件的生成和下发，以及终端设备的软件升级等功能。

C-DOCSIS 上行系统的 MAC 层包括 TDMA 和 ATDMA 两种多址方式，同时终端设备还可使用 S-CDMA 传输方式。物理层除了能够包含 DOCSIS 3.0 标准中的调制方式以外，上行信道还可以使用 128QAM 和 256QAM 两种调制方式，并且至少可以绑定 4 个上行信道。

C-DOCSIS 下行系统工作在 8MHz 带宽模式，除了包括 DOCSIS 3.0 标准中的调制方式以外，下行信道还可以使用 1024QAM 调制方式。一个物理频道可以划分为多个逻辑频道，并在使用组播流的时候可以进行下行频道绑定，至少可以绑定 16 个下行信道。

3. DPoE（DOCSIS Provisioning of EPON）标准

近年来，随着用户对接入带宽需求的不断提高，如何给宽带提速、建设高容量的信息通道成为各运营商共同面临的问题。自 2004 年以来，EPON（以太网无源光网络）以其高带宽、良好的兼容性和扩展性，得到业内的广泛认可，并成为众多运营商首选的接入回程线路。到目前为止，1G EPON 和 10G EPON 网络已在全球各地被广泛部署。有线运营商希望通过广泛部署同轴电缆网来延伸 EPON 网络业务。在此背景下，美国一些多系统运营商共同发起了对基于 DOCSISI 规范管理后台的以太网无源光网络（Docsis Provisioning of EPON，DPoE）技术的研究，目的是在已有的发展成熟的 DOCSIS 和 EPON 技术基础上建立起一种新技术规范，能够采用 EPON 和专用的中间件解决方案在 EPON 与 DOCSIS 后台系统之间转换，以提供 DOCSIS 服务。该规范的制定和发布同样是由 CableLabs 负责，目前，DPoE 2.0 版本已于 2012 年下半年发布。

DPoE 技术最主要的目的就是在充分利用现有的 DOCSIS 后台基础设施的情况下，增加基于 EPON 业务服务的扩展。它是以现有的基于以太网的无源光网络 EPON（1G EPON 802.3ah 和 10G EPON 802.3av）上的媒体接入控制（MAC）和物理层（PHY）标准来实现 DOCSIS 服务层接口的一个无源光网络。标准所规定的业务映射功能与 DOCSIS 3.0 规范类似，采用集中调度的方式，类似 DOCSIS 中的 SID。DPoE 采用基于 EPON 中的 MPCP 协议，由 OLT 通过 LLID 来分配带宽和区分单播、广播和组播等业务。除此之外，DPoE 标准补充了 EPON 协议没有规定的内容，如 EPON 时间同步，包括上行带宽分配、上行业务流调度等内容的上行数据传输，两层 QoS 模型和数据链路层加密等。

DPoE 网络由网络运营支撑系统（OSS）、DPoE 系统和具有多种逻辑功能的 DPoE ONU（D-ONU）等网络单元组成。如图 4-2 所示，D-ONU 没有 IP 协议栈，也就是说，D-ONU 不能直接获得 IP 地址，D-ONU 在初始化过程中是通过 DPoE 系统的 vCM 完成注册过程。IP 初始化阶段，vCM 从 OSS 获得 IP 地址和 CM 配置文件，vCM 被分配 IP 地址后代理 D-ONU，系统通过 vCM 来管理 D-ONU。

DPoE 下行信道采用强度调制信号在 EPON 网络进行 TDM 方式传输，带宽的分配是由 EPoE 系统通过动态带宽分配（DBA）将信道分配到独立的链路上。上行方向多个 D-

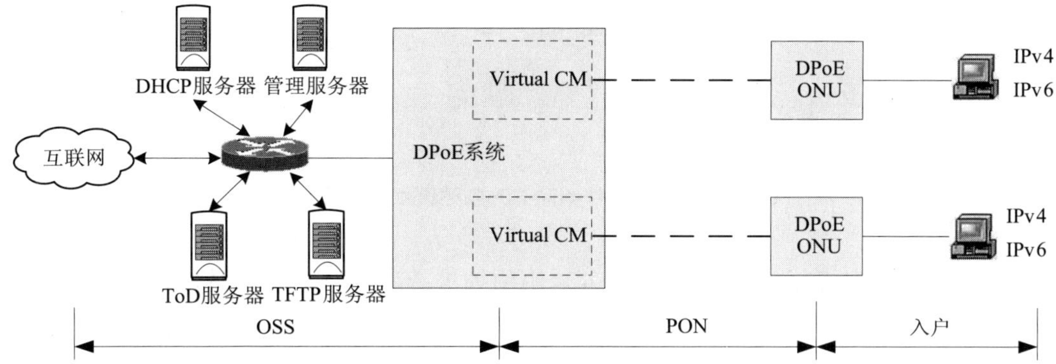

图 4-2　DPoE 网络结构

ONU(DPoE ONU)连接到一个 EPoE 系统,通过时分复用共享 EPoE 系统唯一的接收器,信道传输则采用强度调制信号通过 EPON 网络进行 ATDM 方式传输。带宽由 EPoE 系统根据 DBA 算法按需分配给每个独立的 D-ONU 或逻辑实体。DPoE 的上、下行信道都不支持信道绑定。在下行方向,基于 1G-EPON(802.3ah)标准的 EPoE 网络可以提供最大 960Mbps 的有效下行带宽,而基于 10G-EPON(802.3av)标准的 EPoE 网络则可以提供最大 8.9Gbps 的有效下行带宽;上行方向上,基于 1G-EPON(802.3ah)标准的 EPoE 网络可以提供最大 920Mbps 的有效下行带宽,而基于 10G-EPON(802.3av)标准的 EPoE 网络则可以提供最大 8.6Gbps 的有效下行带宽。

总体来说,DPoE 设备保持了运营商现有的基于 DOCSIS 的运营管理平台,并以 EPON 的高带宽取代了基于 HFC 的有限带宽。

4. EPoC 标准

2011 年底,IEEE 802.3 工作组批准并成立了 IEEE 802.3 EPoC(EPON Protocol over Coax)研究组,启动对同轴电缆网上传输 EPON 网络协议的研究,目的是将 EPON 上层协议移植到同轴电缆网上。EPoC 将 EPON 网络进一步延伸到同轴网,在兼容现有的网络建设前提下,不需要部署新的入户网络就可以实现接入网带宽的提升和以太网到家庭的点对点连接。EPoC 已成为下一代 HFC 接入网的发展方向,EPoC 标准预计在 2014 年基本确定,并于 2015 年发布正式标准。

EPoC 技术的核心在于物理层适应于同轴电缆网络环境的研发,能支持下行 10Gbit/s、上行 1Gbit/s 的高带宽,可根据有线运营商的实际情况灵活定制频谱,并能同时与已部署的其他业务以频分复用方式共存。根据 IEEE 工作组的提议,EPoC 的频谱规划如图 4-3 所示:下行传输使用有线电视系统中的高频段,上行传输使用有线电视系统中的低频段,基本与 DOCSIS 的频谱规划兼容。

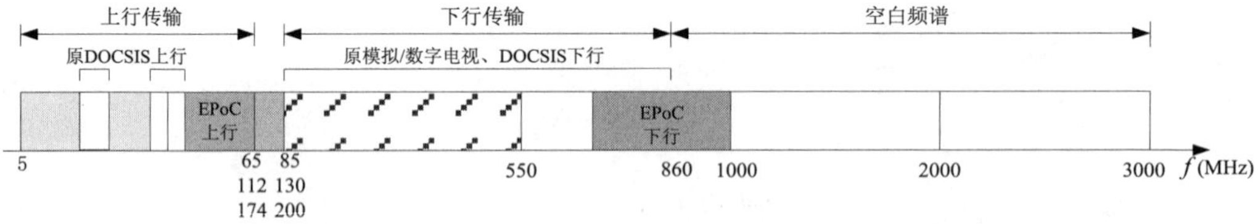

图 4-3 IEEE 工作组对 EPoC 频谱规划的提议

在标准提案中,存在频分复用和时分复用两种可选方案,EPoC 的具体结构与最终采用的技术方案有关。一般来说,EPoC 是在 EPON 的 OLT 和终端设备之间增设一个同轴电缆线路终端(Coax Line Terminal,CLT),通过 CLT 完成从 EPON 到 EPoC 的物理层转换。如图 4-4 所示,CLT 可以集成到 OLT 设备内部并可在传统的 HFC 双向网络上运行,也可以集成到网络节点或最后一级放大器设备里,CLT 起到数据转发作用。同轴网络单元(Cable Network Unit,CNU)相当于 EPON ONU 的物理层单元,它提供网络接口,为家庭用户提供高速数据业务的接入。CLT 和 CNU 要协同工作来实现数据转发。

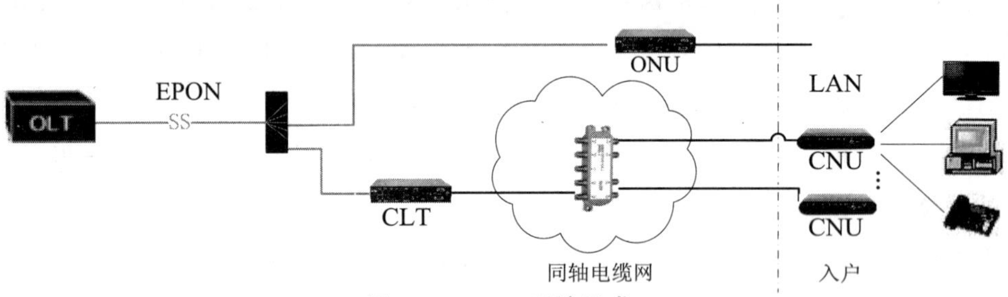

图 4-4 EPoC 系统组成

广播电视网的双向技术出现了多种相互兼容的技术平台,融合、统一是未来的发展趋势。北美 MCNS 于 2012 年发布了融合有线接入平台(Converged Cable Access Platform,CCAP)技术规范,旨在提供一种新的方法来实现视频和数据的融合服务,为制造商提供一个新的设备架构选择。CCAP 含有 DOCSIS 3.0、模块化的前端架构和现有的 HFC 架构,同时引入了一些新的系统架构,如 EPON。

4.2 HFC 双向网络设计

4.2.1 HFC 双向网络基本原理

1. HFC 双向网络系统组成

基于 DOCSIS 标准的有线电视 HFC 双向网络(又称 HFC 双向网、HFC 网络),要在有线电视前端增加电缆调制解调器终端系统设备(Cable Modem Terminal System,CMTS),在用户端加装电缆调制解调器设备(Cable Modem,CM)。数据业务在 CMTS 和 CM 之间通过双向网改造后的 HFC 网络进行传输。

典型 HFC 双向网络系统如图 4-5 所示,CMTS 的上联端口通过以太网与计算机网络连接,下联端口通过 HFC 双向网络与用户端连接,它将 Internet 数据调制到下行 RF 频道,与广播电视频道一起混合送入 HFC 双向网络上传输;用户端采用 CM 设备接收并解调下行传输,再经由 CM 的网络端口与用户计算机设备通信。上行方向则反之,CM 将用户数据调制到上行 RF 频道,回传给 CMTS 设备进行解调并与 Internet 网络通信。HFC 网络及其中间设备必须支持双向传输,下行传输仍然与原来的单向广播电视网络一样,关键在于上行回传的改造。上行方向,链路中的放大器要加装回传模块以支持上行频段的方向传输,光接收机同样需要增加回传模块,将上行传输的电信号转换成光信号,光纤链路上增加回传光链路,在前端通过回传光接收机接收上行回传信号并转换成电信号,传送给 CMTS 的上行信道端口。上述的回传模块工作在上行传输频谱范围,因此要选择正确的频谱分割方式。

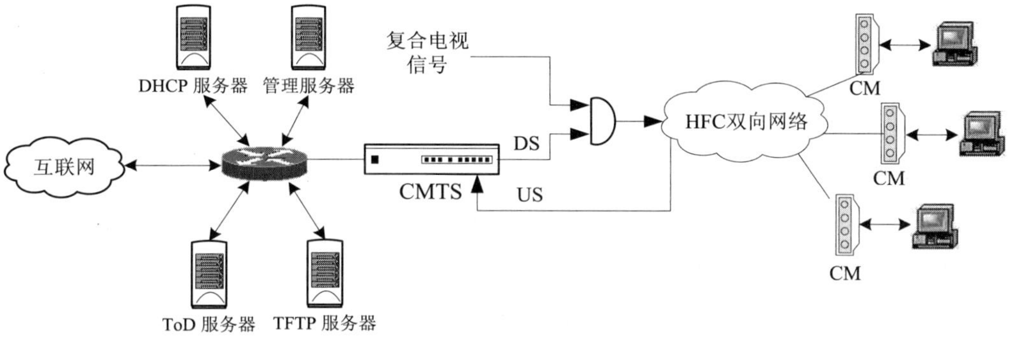

图 4-5　HFC 双向网络系统

2. 频谱规划

HFC 双向网络可以实现前端与用户终端的双向通信,开展宽带和交互业务。实现双向传输的技术主要有以下三种。

第一种方法是空间分割法,利用不同的馈线分别传输上行和下行信号,例如上行和下行分别使用一根光纤,波长可以采用 1310nm 或 1550nm。

第二种方法是时间分割法,在不同的时段内分别传输下行和上行信号。首先把时间分割成周期性的帧,然后每一帧再分割为若干个时隙,每个信道占用一个时隙,在规定的时隙内传输信号。

第三种方法是频率分割法,在不同的频率范围内分别传输下行和上行信号。

HFC 双向网络中不同业务信号的复用和两个传输方向的隔离采用的是副载波频率分割方式,首先按方向划分上行(用户至前端)和下行(前端至用户)频段,然后在每一频段中再按业务划分频道。

上行和下行频段的划分有低分割、中分割和高分割等多种方式,现在国际上比较倾向于低分割方式。因为大部分双向数字业务属于非对称速率业务，上行速率较低，例如机顶盒的上行请求数据，要求带宽窄，而下行业务由于要传输模拟电视和数字电视等业务，需占用较宽的下行带宽。

DOCSIS 规范的下行数据传输利用有线电视频谱中未使用的高频部分，上行传输则使用的是模拟电视未使用的低频部分，为了适应各国电视标准，上、下行频谱可以采用不同的频率分割方式。如图 4-6 即为 HFC 双向网络业务的频谱划分示意图，上行传输的频谱范围为 $f_1 \sim f_2$，下行传输频谱为 $f_4 \sim f_6$，中间是过渡带和调频业务。不同国家采用的有线电视制式和频道划分有所不同，因而 HFC 双向网络的上、下行频谱范围的划分方式也不尽相同。

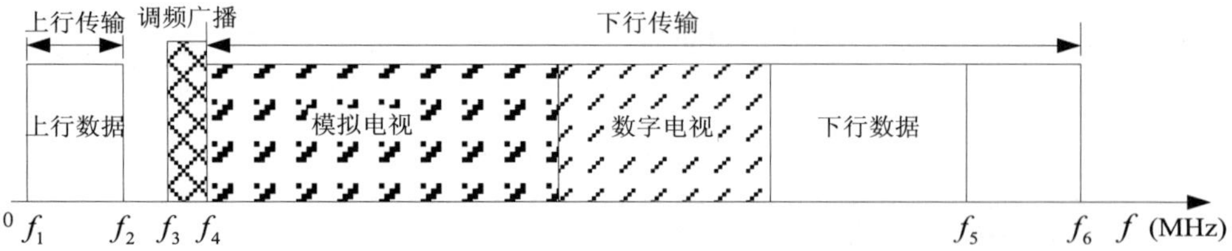

图 4-6　HFC 双向网络业务的频谱划分

DOCSIS 规范主要有美标（DOCSIS）和欧标（Euro-DOCSIS），它们在物理层上的差别主要表现在上、下行的频谱范围和所采用的频道带宽不同。如表 4-1 所示，美标将低频段 5～42MHz 用于上行传输频谱，88MHz 以上用于下行传输；欧标则将低频段 5～65MHz 用于上行传输，110MHz 以上用于下行传输。

表 4-1　HFC 上、下行频谱

国家/地区	上行频谱	下行频谱
北美	5～42MHz	88～1000MHz
欧洲	5～65MHz	110～1000MHz
中国	5～65MHz	110～1000MHz

我国采用与欧标一致的频谱划分方式，根据国家标准 GY/T 106-1999 的规定，HFC 双向网络的 5～65MHz 频段用于上行传输，87～108MHz 用于调频广播，110～1000MHz 用于下行传输，因此在选择 HFC 双向网络的系统设备和回传模块时应符合我国的频谱规划。一般来说，设备的频率分割方式主要有 30/45MHz、42/54MHz、55/70MHz、65/85MHz 等几种，我国的双向网络要选择 65/85MHz 的分割方式，即 65MHz 以下频段用于上行、85MHz 以上频段用于下行的频率分割。

对于上行频段，5～15MHz 范围内外界电磁干扰严重，不宜传输高速数字信号。如果数字机顶盒的上行请求信号或者光节点的状态监测信号属于低速数据（低于 50kbps），那么可以采用具有较强干扰能力的 FSK 调制方式调制后放在 5～15MHz 频段内传送。我国行业标准 GY/T180-2001 对上行频段 5～65MHz 的配置进行了规定，具体如表 4-2 所示。

表 4-2　HFC 双向网络上行频段配置表

波段	频率范围(MHz)	业务内容
Ra	5～20.2MHz	上行窄带数据业务、上行网络管理
Rb	20.2～58.6MHz	上行宽带数据业务
Rc	58.6～65.0MHz	上行窄带数据业务、上行网络管理

Ra 和 Rc 波段作为上行窄带数据区,应尽可能避开窄带强干扰(如短波电台干扰),并保证在 5～8MHz 和 62～65MHz 频段内群延时较大。如果 Ra 和 Rc 波段干扰较低,也可作为上行宽带数据信道使用。Rb 波段作为上行宽带数据区,供较低数据调制率传输数据使用。

在下行方向,美标按照 6MHz 带宽一个频道划分下行信道,欧标则按照 8MHz 带宽一个频道划分下行信道。在同轴电缆系统中,每个 6MHz 或 8MHz 频道均工作在不同的载波频率上,从而确保电视和数据可以共享一根电缆而互不影响。上行信道的带宽有多种可选,如表 4-3 所示,DOCSISI 2.0 以上版本可支持 6.4MHz 的上行带宽,不同的带宽大小对应不同的符号率,采用不同效率的调制方式可得到不同的数据速率。此外,上、下行传输使用的是不同的频谱范围,这样上行和下行信号被调制在不同的载波频率上,能避免相互干扰。

表 4-3　DOCSIS 网络带宽表

业务频段	带宽	调制方式	符号率(Sym/s)	最大数据速率
下行 87～860MHz	6MHz (DOCSIS)	QAM256	5.36M	42.88Mbps
		QAM64	5.057M	30.34Mbps
	6MHz (DOCSIS)	QAM256	6.952M	55.62Mbps
		QAM64	6.952M	41.7Mbps
上行 5～65MHz	6.4MHz (DOCSIS 2.0/3.0)	QAM64	5.12M	30.72Mbps
		QAM32		25.6Mbps
		QAM16		20.45Mbps
		QAM8		15.36Mbps
		QPSK		10.24Mbps
	3.2MHz	QAM64	2.56M	15.36Mbps
		QAM32		12.8Mbps
		QAM16		10.24Mbps
		QAM8		7.68Mbps
		QPSK		5.12Mbps
	1.6MHz	QAM64	1.28M	7.68Mbps
		QAM32		6.4Mbps
		QAM16		5.12Mbps
		QAM8		3.84Mbps
		QPSK		2.56Mbps

3. CM 上线的通信流程

任何一个 CM 在进行网络连接时，都有一个建立通信的过程，了解这个过程有助于我们了解网络工作的状态、分析网络性能并正确配置网络设备。CM 上线的步骤为：下行信道同步，上行信道参数获取，CM 测距、认证和动态 IP 地址分配、调整配置参数等。

(1) CM 上线后将首先扫描可用的下行信道，并尝试建立 MAC 层同步，一般情况下，CM 将锁定第一个可用的下行信道。

(2) CM 与 CMTS 建立下行同步后，将会收到 CMTS 周期性广播发出的上行信道描述符(UCD)，CM 将根据接收的 UCD 获取可用的上行信道信息，否则 CM 将继续扫描。获取上行信道参数后，CMTS 将向 CM 发送其上行信道的带宽分配 MAP 信息。

(3) 获取上、下行信道参数后，CM 将向 CMTS 发送测距请求，随后 CM 根据 CMTS 发送过来的测距响应信号动态调整其自身的发送电平等参数。

(4) CM 调整信道参数后，会向 DHCP 服务器发送请求以获得 IP 地址，通常 DHCP 服务器根据该 CM 的 MAC 地址等信息进行认证，认证通过的就会在地址池中选择空闲的 IP 地址给其分配，建立 IP 连接。同时，CM 获得 IP 地址的租赁周期、TFTP 服务器 IP 地址、网关等信息。

(5) CM 向 TFTP 服务器申请配置文件，按照对应的配置文件名称下载相应的配置文件，并根据配置文件内容设置其工作参数，包括上、下行带宽，传输速率和 QoS 等相关参数。之后 CM 向 CMTS 注册完成，CM 上线。

4.2.2 HFC 网络的设计

HFC 网络一般是利用现有的有线电视网络设施，在其基础上进行规划设计，也就是依据原有的有线电视网络实际情况来调整和改造。由于网络要从原来的单向广播网变成双向网络，频谱分成上、下行信道，因此，需要重新对频谱进行规划。此外，根据用户接入带宽的规划，一个光节点所带的用户数会发生改变，据此需要重新调整干线网络结构。最后，由于 HFC 网络对噪声敏感，还需要对用户分配网进行必要的改造。

1. 设计的基本原则

HFC 网络设计要立足于广电网络自身优势，既要满足近期业务需要，又要兼顾未来发展规划。基本原则有四项：一是要求技术成熟、标准化程度高，符合未来技术发展趋势，保证可持续发展；二是要求充分利用现有 HFC 网络的同轴电缆资源，体现 HFC 网络的高带宽特点；三是要求有带宽保证和服务质量保证，因为带宽性价比高、可靠性强、运维成本低；四是要求施工难度低、速度快，能够根据业务需要灵活分片部署，建设和用户开通成本低。

2. 用户接入带宽的计算

在设计 HFC 网络时，需要事先规划用户的接入带宽大小。CM 的接入带宽是共享带宽,使用中用户带宽实际大小与使用时的多个因素有关。但在规划设计时,可以对每个用户的最低带宽做一个初步设计,一般来说,用户最低接入带宽的设计要考虑以下几个因素:

(1)N:上、下行的信道数,表示所覆盖区域使用的上行或下行信道数量。

(2)B:每个信道的传输带宽,每个单独的上行或下行信道的带宽大小。

(3)S:网络节点所覆盖的总用户数,覆盖区域的总用户数。

(4) σ :峰值用户数量比例,考虑用网高峰时,同时在线的用户比例。

(5) ρ :使用方式因子,上行或下行方向,用户习惯使用方式下,数据下载的时间比例。例如,下行方向,一个网页用 5 秒钟时间下载,用户将会用 1 分钟时间来阅读,此时使用方式因子约为 5/60。

通常用户最低带宽 R 与各参数的关系,如式 4-1 所示。

$$B \times N = S \cdot \sigma \cdot \rho \cdot R \tag{4-1}$$

以上关系式也可以计算在最低接入带宽的要求下,一个下行信道最多能带多少户。例如:一个下行频道数据传输速率是 36 Mbps (8MHz/64QAM),假设高峰时间有 50%的用户上网,下行使用方式因子 ρ = 0.1,给每户的接入带宽要达到 2Mbps,那么一个下行信道最多能覆盖的用户数为 $S = B/(\sigma \cdot \rho \cdot R) = 36/(0.5 \times 0.1 \times 2) = 360$ 户。

3. HFC 网络拓扑结构的确定

根据是否包含分前端,HFC 网络分为集中式拓扑结构和分布式拓扑结构。集中式 HFC 网络中只有一个独立的总前端,CMTS 放置在前端机房,所有光节点的信号都由该独立前端通过光纤传输,而所有的模拟电视信号、数字电视信号和数据信号也都汇集在该总前端。集中式 HFC 网络主要用于县级或企业级网络。

分布式 HFC 网络是以城市或区域有线电视网的总前端为中心的多个分前端传输模式,CMTS 放置在分前端或用户楼区。总前端通过一级光链路将信号传输到各个分前端,分前端负责将总前端信号馈送至用户分配网,这种结构适于用户数多而分散的大型网络。

分前端设立的原则一般是机房与用户端的网络距离小于 5 公里,每个分前端覆盖 1 万~5 万户。一般情况下,3 万户以下的小型网络不必设立分前端,采用集中式 HFC 网络即可。

传统的单向有线电视广播网中,一个光接收机可以带 2000 户左右,但是 HFC 网络则不同,不仅要考虑用户接入带宽的设计要求,还要考虑噪声的收敛区域大小对上行信道造成的噪声影响。因为一个光节点所带的用户数多,噪声收敛区域大,噪音漏斗效应重,会造成上行信噪比下降。一般来说,现在一个光接收机所带用户数在 200~500 户比较合适。

4. HFC 网络设计的关键问题

HFC 网络回传系统中回传信号的传输是多点对一点方式，若干用户家中的机顶盒通过同轴电缆、反向射频放大器及各种无源器件将射频信号传输至光节点，光节点中的反向光发射机对射频信号进行调制转换为光信号，通过反向光链路传输至前端，由反向光接收机接收后再转换成射频信号送给 CMTS 进行处理。

HFC 网络回传系统在上述传输过程中面临一些严峻的考验：一是频带很窄，只占用 5~42MHz 或者 5~65MHz；二是回传频段处于各种噪声与干扰多发地带；三是多点到一点的结构会造成各处噪声与干扰向前端汇集。

回传信道的噪声与干扰决定了 HFC 网络必须解决调制方式、纠错编码方式以及多点接入等问题，回传信道直接影响传输信号的质量，甚至被认为是 HFC 网络成功的关键所在。

(1) 回传噪声与干扰

HFC 网络回传信道的噪声与干扰主要由同轴电缆分配系统的热噪声、光纤链路的噪声和外部入侵噪声组成。前者主要是系统内部的噪声，后者则为外部的噪声。

同轴电缆分配系统内部的热噪声包括两部分：无源器件的噪声和有源器件的噪声。无源器件中内部电子的无规则运动产生的噪声，与器件的工作温度和带宽成正比，而与所传输的信号无关，一般称为基础热噪声；有源器件内部产生的噪声，不仅有基础热噪声，还包括晶体管等所产生的散弹噪声、分配噪声及闪烁噪声等，因而对有源器件要规定噪声系数 F 的指标（以 dB 表示），其值越小越好。

回传通道涉及的有源器件主要是反向放大器，由于放大器的串接造成其噪声以功率累加，因而要减少有源器件的噪声，放大器级数越小越好。

无源器件的基础热噪声很小，对上行信道的 C/N 影响不大，因此主要是有源器件的噪声影响较大。如果光节点后面是无源的同轴电缆分配系统，则热噪声对上行信道的噪声几乎可以忽略。

回传通道中光纤链路的噪声，包括光发射机和光接收机中的激光器产生的噪声及回传光纤中的光二次反射引起的干涉强度噪声，其主要表征为量子噪声。激光器的噪声强度与信号同步衰减，对回传信道 C/N 的影响不大，与光纤长度无关，因此主要考虑回传光纤的量子噪声。

电波传输过程中的基础热噪声随频率升高而降低，量子噪声则随频率升高而升高。进入光波范围后，线性增长的量子噪声取代了热噪声，成为主要的噪声源，其噪声电平远大于热噪声。由于量子噪声是由光信号产生的，因而与信号有关。量子噪声经光电转换变为电流的波动，故表现为电路的散粒噪声（起伏噪声）。

HFC 网络上行通道若采用零色散的 1310nm 光纤（即忽略由色散引起的模式分割噪声），其起伏噪声功率对回传信道 C/N 影响最大，它使 C/N 随光纤长度的增加而降低，几乎光纤损耗每增加 1dB，就使 C/N 降低 1dB。

光链路噪声因素中影响 C/N 下降的最大因素，莫过于激光器过载导致对射频信号的削波失真、产生的大量互调产物，因而在回传通道设计中，应准确设置各级的工作电平，使激光器工作在最佳状态。

从对电缆系统的入侵途径分析，外部噪声大致可分为窄带干扰和脉冲干扰两类。

窄带干扰是指回传频带内已先于指配给各种无线电业务的频率对上行信道所形成的干扰，包括位于 30MHz 频段内的诸多大功率 AM 短波广播所形成的干扰，以及业余无线电和民用波段等形成的干扰。为了减少本地窄带干扰，在安排回传信道时，应尽量“避开”经实际测定可能引起干扰的频率，以确保回传信道的正常运行。

脉冲干扰是指用户端周围的工业电器和家用电器所形成的宽带干扰。脉冲干扰的频谱极宽，对回传信道的影响程度因地而异。要减少此类干扰，通常是采取加强系统“屏蔽”隔离的办法，即加强同轴电缆以及接头的屏蔽，尤其是对老化程度极难控制的电视机的接入，必要时可以在终端接入盒插入滤波器隔离。

大量的测试发现，侵入干扰主要来自用户家庭（占侵入总量的 70%），其次来自户外电缆支线（占侵入总量的 25%），只有 5%来自干线电缆。这是因为家用电器设备是 HFC 网络最主要的冲激干扰源，用户电缆系统是 HFC 网络屏蔽性能最差的部分，而干线电缆的屏蔽性能较好。

（2）漏斗效应

HFC 网络中同轴电缆分配网的树型结构决定了回传信道与正向信道的不同。正向传输属于点到多点结构，每个用户在接收到前端信号的同时，也会接收到沿途线路上正向放大器的热噪声以及外界的干扰，但是信号经过分支器受到衰减，噪声同样也会衰减，并且由于分支器的定向特性，消除了其他支路上的噪声与干扰对该用户支路的影响。

HFC 网络的回传系统则明显不同，从用户到光节点的信号是一个多点到一点的汇集过程，用户的回传信号传送至光节点的同时，各用户的室内噪声、各支路上的反向放大器的热噪声以及外界干扰统统汇集到光节点，这种噪声汇集的系统如同一个巨大的“漏斗”，因此称之为“漏斗效应”。

假设一个光节点覆盖用户数为 N，同轴电缆分配网中有 M 个反向放大器，每个反向放大器的噪声系数为 F，增益为 g，基础热噪声功率为 P_n。

如果第一个反向放大器覆盖用户数 n，其输入端的信号功率为 P_s，噪声功率为 P_n，则经过一段电缆的传输到达第二个反向放大器，此时第二个反向放大器输入端的噪声功率为 $nP_n+(F-1)P_n$，信号功率仍然为 P_s。

以此类推，到达光节点时的噪声功率为 $NP_n+M(F-1)P_n$，信号功率仍然为 P_s，由此推出整个回传信道的等效噪声系数为

$$x=\frac{(C/N)i}{(C/N)o}=\frac{Ps/Pn}{Ps/[NPn+M(F-1)Pn)]}=N+M(F-1) \tag{4-2}$$

由此可知，光节点反向输入端的载噪比相对于用户端第一个反向放大器输入端的载噪比降低了 $10\lg[N+M(F-1)]$(dB)。

为了减小漏斗效应的影响，应考虑把 N 和 M 控制在一定范围内，即减少每个光节点的覆盖规模和放大器的级联数量。

5. 回传射频功率分配

传统的同轴电缆网络系统中，传输射频功率的上限是由系统中射频放大器的失真决定的，即由 CSO 和 CTB 决定。HFC 网络系统中，如果光发射机的激光器输入 RF 信号过大造成过载，就会产生削波失真，因此，射频功率不能过大。无论是下行还是上行方向，总的射频功率是由激光器的削波所决定的。

HFC 网络回传系统中，为了使光站的反向光发射机不产生削波，回传激光器一般都会规定一个最大的输入射频电平，即激光器在临界状态下(即刚刚要产生削波的情况)的输入射频功率，也就是回传系统的总射频功率。目前常用的回传激光器不产生削波的最大输入射频功率因厂家而异，一般为 15dBmV(75dBμV)左右。

HFC 网络回传系统中包含各种回传信号，并且回传信号所占带宽以及使用的调制方式各不相同。例如，机顶盒的回传请求信号和光节点的状态监测信号，通常所占带宽为若干个 300KHz，采用的调制方式为 FSK。上行宽带数据业务所占带宽往往在几 MHz 甚至数十 MHz，采用的调制方式为 QPSK 或者 16QAM 甚至是 64QAM。

由于上行业务的多样性，国际上通常采用“每 Hz 功率法”的原则对各种业务进行射频功率分配。所谓“每 Hz 功率法”是指将总的射频功率以 1Hz 增量划分，然后以每种业务信道所占的带宽为依据，将每 Hz 功率分配到每个业务信道上。

对于 HFC 网络的回传信道，采用“每 Hz 功率法”时首先将激光器的总射频功率分配到整个上行频段，计算出每 Hz 功率，然后再将每 Hz 功率分配给不同带宽的各种业务，即可得到不同业务的回传电平，具体公式为：

$$\text{每 Hz 功率}=\frac{\text{激光器总射频功率}}{\text{上行信道总带宽}} \tag{4-3}$$

$$\text{回传业务电平}=\text{每 Hz 功率}\times\text{回传业务带宽} \tag{4-4}$$

例如，我国行业标准规定的 HFC 网络上行信道带宽为 5～65MHz，假设带宽为 60MHz，以对数的形式计算(除法变为相减，乘法变为相加)，可得

$$\text{每 Hz 功率}=15\text{dBmV}-10\lg(60\times10^6)=-62.8\text{dBmV/Hz}$$

如果上行信道提供的回传业务占用带宽为 3.2MHz，则该业务施加在回传激光器上的 RF 电平为：

$$\text{回传 RF 电平}=-62.8\text{dBmV/Hz}+10\lg(3.2\times10^6)=2.3\text{dBmV}$$

每 Hz 功率法可以针对当前的业务选择合适的电平，而且不管各种业务的带宽如何不同，所有业务的载噪比相同。回传信道越宽，侵入噪声也就越多，采用每 Hz 功率法可

以使带宽较大的信道有较高的信号功率，从而避免信道载噪比的降低。

6. 回传链路设计

HFC 网络的回传链路包括同轴电缆分配网、同轴电缆干线和光纤链路三部分，如图 4-7 所示，用户发出的上行信号经过双向分配网、同轴电缆干线回传通道、双向光站的反向光发射机、反向光接收机后到达前端的业务接收设备 CMTS。

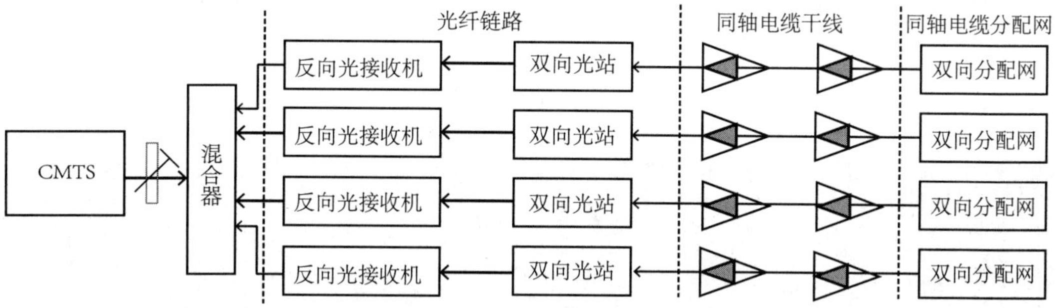

图 4-7　HFC 网络回传链路

HFC 回传链路的信号传输有一个基本原则，就是所有用户端的信号经回传链路必须以相同的电平到达前端，并且 CMTS 会对不相等的电平进行调整。为了达到该目标，回传链路上各有源站点（放大器、光站）的上行放大增益用于补偿相邻站点间的路径损耗，确保在各个有源站点的上行信号电平是一致的，即任一相同上行器件、上行信号注入点的电平是一样的，一般将有源站点的上行输入口（下行输出口）称为单位增益点。

无源用户分配系统是造成系统各用户之间链路损耗差异以及上行噪声侵入的主要原因，为了保证各支路上行路径的总损耗近似相等，用户分配网一般可遵循两个原则：一是 6dB 准则，即所有用户家到达单位增益点的上行链路损耗差异不超过 6dB；二是 30dB 准则，即从用户家到达单位增益点的最大损耗不超过 30dB。

同轴电缆干线应遵循单位增益原则，即回传同轴链路的线路损耗应等于放大器的增益，使得链路实现单位增益，也就是使放大器之间的增益为 0dB。采用单位增益设计可以使各类回传信号都达到正确的电平，否则信号电平不对称将引起失真或载噪比降低。

上行光纤链路同样应遵循单位增益原则：首先将本区域的所有光链路长度列出来，选取中间偏远的链路作为“参考链路”，将其反向光接收机的输出电平作为基准；然后通过调节光站内部的增益将单位增益点（光站端口）电平转换为上行光发射模块的驱动电平；最后将其余回传光链路对应的反向光接收机的输出电平都调整到与参考链路对应的反向光接收机的输出电平相等即可。

4.2.3　HFC 网络配置

HFC 网络的正常运行依赖于 CMTS 设备和其服务支撑系统的正确配置，除了 CMTS

设备外,主要的服务支撑系统还包括 DHCP 服务、TFTP 服务和 ToD 服务等相关系统,其中 DHCP 和 TFTP 是保证 CM 正常上线所必须配置的,而 ToD 是可选的。

1. CMTS 配置

HFC 网络中线缆调制解调头端系统(CMTS)是整个系统中的核心设备,它可以完成 IP 网络数据与 RF 信号之间协议转换、数据转发和射频信号的调制解调等任务。CMTS 位于计算机网络路由器与有线电视传输系统 HFC 网络之间,它的端口主要有网络(ethernet)端口、电缆(cable)端口,相关的配置也主要是电缆接口的射频频点、调制方式和发送接收电平信息的配置,以及网络端口的 IP 地址、转发策略和支撑服务器等信息的配置。

```
interface gigaether 0/1
 ip address 172.16.254.2 255.255.255.252
 no shutdown
 ip ospf message-digest-key 1 md5 ospf
!
interface cable 0/0
 ip address 10.32.65.254 255.255.254.0
 ip address 10.32.67.254 255.255.254.0 secondary host
 cable helper-address 172.16.253.1 cable-modem
 cable helper-address 172.16.253.1 host
 no shutdown
 cable downstream 0 description S12/10/2 downstream
 cable downstream 0 frequency 730000000
 cable downstream 0 power-level 500
 no cable downstream 0 shutdown
 cable upstream 0 frequency 28200000
 cable upstream 0/0 modulation-profile 2
 no cable upstream 0 shutdown
 no cable upstream 0/0 shutdown
 cable upstream 0/1 modulation-profile 2
```

图 4-8 CMTS 端口配置信息

图 4-8 是 DOCSIS 2.0 的摩托罗拉 BSR2000 CMTS 设备的配置实例。在上联以太网端口下,配置的是该网络端口的 IP 地址和子网掩码,图中是该设备的主 IP 地址,还可以配置一个可选的次要(secondary)IP 地址和子网掩码,实例中没有配置。电缆端口下,需要配置 CM 和用户网络设备的网关 IP 地址、子网掩码和 DHCP 服务器地址,以及各个下行和上行端口的射频参数配置。可以将该电缆端口下的 CM 和用户网络设备的网段区分开,配置不同的网关 IP 地址,也可以给它们配置不同的 DHCP 服务器。电缆端口的射频参数主要配置下行信道频率、发射电平、调制方式(一般为 64QAM 或 256QAM),上行信道的频率、接收电平和调制方式等。

2. 服务支撑系统信息的配置

CM 的注册上线需要有服务支撑系统提供必需的配置信息,这些信息包括 IP 地址、CM 和家庭网络设备的配置文件甚至时间信息和日志存储服务器信息等。

DOCSIS 标准规定,用户的 CM 在进入正常运行状态以前,必须先获得 IP 地址、TFTP 服务器 IP 地址和配置文件名、时间信息等。CMTS 可以配置成一个 DHCP 转发代理,这样CMTS通过转发UDP广播将包含IP地址请求的UDP包转发给DHCP服务器。DHCP服务器的作用就是根据所接收到的由CMTS转发的CM发出的DHCP请求信息，通过DHCP Offer数据包，向相应的CM传递以下信息：分配给该CM的IP地址、TFTP服务器的IP地址、CM所使用的配置文件名、ToD服务器的IP地址和Syslog服务器（可选），如图4-9所示。

```
subnet 10.64.5.0 netmask 255.255.255.0 {
  range 10.64.5.1 10.64.5.239;
  option broadcast-address 10.64.5.255;
  option routers 10.64.5.254;
  option domain-name-servers 202.205.16.4,202.205.16.5;
}
```

图4-9　DHCP服务器配置信息

CM从DHCP服务器处获得IP地址后，通过TFTP协议，向TFTP服务器申请下载它所需要的配置文件。TFTP服务器的作用就是向用户的CM以及与其相连的用户终端设备传送它们所需要的配置文件和软件升级所需要的升级软件文件，并存储和管理这些文件。下载配置文件后，CM会根据配置文件的内容调整其工作参数。之后CM会向ToD服务器发出请求，让ToD服务器提供基准时间。Syslog服务器收集系统工作日志。这两项是可选配置，最终CM向CMTS确认注册上线。

与CM相连的用户网络设备，经由CM调制解调并转发其DHCP请求来申请IP地址，并获得DNS服务器IP地址等信息，从而连接互联网。

4.3　EoC接入技术

4.3.1　EoC技术标准与原理

基于同轴电缆的以太网承载技术（Ethernet over Coax，EoC）是以太网信号在同轴电缆上传输的一种技术，能够在同轴电缆上承载以太网业务和其他综合业务，是下一代广播电视网的关键技术之一。

EoC技术分为无源EoC和有源EoC两种类型：无源EoC是基带传输，把基带数据信号直接混入有线电视系统中传输，不需要进行调制；有源EoC是调制传输，把数据信号调制之后再混入有线电视系统中传输。

1. 无源EoC

无源EoC源于欧洲的一些厂家，在不改变以太网信号帧格式和MAC协议的前提下，实现以太网信号在同轴电缆上的基带传输，又称基带EoC。

无源 EoC 采用频分复用技术，利用有线电视信号在 65~860MHz 频率传输，基带数据信号在 0~20MHz 频率传输的特性，将这个两种信号混在一根同轴电缆中传输而互不影响。

无源 EoC 局端设备通过阻抗变换和平衡/ 非平衡变换将差分平衡信号(双绞线媒介)转换成非平衡信号(同轴电缆媒介)，阻抗从 100Ω 变换为 75Ω 后，把电视信号与数据信号通过合路器，利用有线电视网送至用户。无源 EoC 终端设备接收到信号后通过分离器将电视信号与数据信号分离开来，并进行相反变换后送入相应的用户设备。其原理如图 4-10 所示。

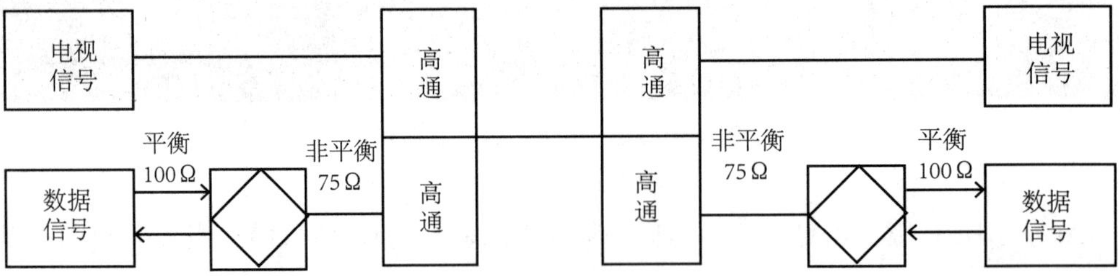

图 4-10 无源 EoC 原理

无源基带 EoC 漏斗噪声效应极低，每户的干扰噪声点到点式传送到以太同轴网桥，并在此被隔离，而单一用户的干扰噪声电平不足以干扰高电平(高达 127dBμV)的以太数据信号，因此它的优点是系统稳定可靠，维护量小；每户独享 10Mbps 带宽，支持广电网络多项综合业务，可平滑过渡到每户 100Mbps 的速率；完全遵循 IEEE 802.3 以太网协议，有效解决了楼内敷五类线缆施工量大、周期长的问题，避免了个别小区物业不允许敷线施工的问题；双向网改造施工量较小，较其他技术能更快、更省地进行全面覆盖；用户家庭为无源终端，安装方便，价格低。

但是由于无源 EoC 的能量主要集中在 0~20MHz，而分支分配器的带宽一般为5~1000MHz，因此无源 EoC 适合于星型集中分配同轴网络，不适合树型，也无法通过分支分配器。从实际应用来看，还存在许多问题，现在一般不再使用这一技术。

2. 有源 EoC

有源 EoC 技术又称调制 EoC，通过 EoC 局端设备将以太网信号调制到射频频段，然后与电视信号混合，通过同轴电缆分配网一起传输，最后在用户端通过 EoC 终端设备解调，将电视信号和数字信号分离后，把数字调制信号还原为以太网信号。

有源 EoC 分成两大类：低频 EoC 和高频 EoC。低频 EoC 的技术标准包括家庭电话线网络联盟(Home Phoneline Networking Allince，HomePNA)和家庭电力线联盟(HomerPlug Powerline Alliance，HomePlug)；高频 EoC 技术标准包括同轴电缆多媒体联盟(Multimedia over Coax Alliance，MoCA)和降频 WiFi 技术等。

(1)HomePNA 技术

HomePNA 是由 Intel、IBM、HP、AMD、Lucent、Broadcom、3Com 等公司于 1998 年联合成立的一个非营利性组织,致力于协调行业采用统一电话线接入网络标准。

HomePNA 技术工作于 4~28MHz 频段,信道带宽为 24MHz,是一种家庭网络的计算机互联标准,在家庭电话线上采用以太网的 CSMA/CD 传输协议实现数据传输,然后利用现有电话线路进行网络连接,实现家庭中多个计算机共享互联网、文件、打印机,甚至进行联网游戏。

HomePNA 于 1998 年发布 V1.0 版本,其标准是在通用电话线上传输速率达到 1Mbps,允许 25 台 PC、外设和其他网络设备联网,设备之间的最大距离为 150m。1999 年 9 月发布 V2.0 版本,并兼容 V1.0 版本,传输速率达到 10Mbps,传输距离为 300m。2003 年发布 V3.0 版本,并在 2005 年被 ITU 接纳成为国际标准——ITU G.9954。该版本的传输速率达到 128Mbps,还可扩充到 240Mbps,另外还提供对视频业务的支持,除了可以使用电话线为传输媒介外,也可使用同轴电缆。2011 年 3 月 23 日,HomePNA 发布了最新的宽带接入标准"快速 EoC",在常规模式下可提供高达 320Mbps 的数据传输速率。

HomePNA 的物理层在 V1.0 版本中使用脉冲位置调制(Pulse Position Modulation, PPM)技术,V2.0 以上版本均使用 QAM 调制技术。V2.0 版本的载波中心频率是 7 MHz,提供 2 M 与 4M 两种符号率,每个符号可包含 2~8 个比特,其数据传输速率介于4~32Mbps 之间。V3.0 的载波中心频率有 7MHz、12MHz、18MHz 三种,提供 2/4/8/16/24M 五种符号率,每个符号可包含 2~10 个比特,其数据传输速率介于 4~240Mbps 之间。

HomePNA 的 MAC 层使用 CSMA/CD 协议,为提供 QoS 服务,采取 8 种不同优先等级的帧传送方式,由测量帧确认是否发生碰撞。如果发生碰撞,则所有工作站点执行分布公平优先级排队(Distributed Fair Priority Queuing,DFPQ)算法,决定哪个工作站点获得传输介质的使用权。

HomePNA 用于同轴电缆时,协议体系不做任何改变,只是修改原 HomePNA 传输介质的耦合接口部分。由于工作于低频段,因此对噪声比较敏感,对数据传输的流量有较大影响,特别是当网络上的节点越来越多时,影响更为严重。而当网络中的节点较少时,此种影响要小很多。所以在节点较少的家庭联网场合,HomePNA 是一种比较实用的技术。

(2)HomePlug 技术

HomePlug 是由 Panasonic、Intel、HP、Sharp 等 13 家公司于 2000 年 3 月成立的一个非营利性组织,其宗旨是致力于为各种信息家电产品建立开放的电力线互联网络接入规范。

HomePlug 技术工作于 2~28 MHz 频段,信道带宽为 26MHz,采用电力线数据通信(Powerline Communication,PLC)技术,利用中、低压配电网作为通信介质,实现数据、话音、图像等综合业务在电力线上的传输。

HomePlug 联盟在 2006 年 1 月发布 V1.0 版本,是全球第一个 PLC 技术标准,该标准采用正交频分复用(OFDM)调制技术,最高速率可达 14Mbps。2003 年 2 月 HomePlug 联盟开始了 HomePlug AV 制定工作,并于 2005 年 8 月批准了新的 HomePlug AV 标准。HomePlug AV 是 PLC 有关视音频宽带家庭网络的技术规范,支持多个数据和视频流的分配,包括标清电视、高清电视以及其他视频业务。

HomePlug AV 的物理层使用 OFDM 调制技术,在 26MHz 的信道带宽内使用了 917 个子载波,每个子载波可以使用 BPSK、QPSK、8QAM、16QAM、64QAM、256QAM 和 1024QAM 等调制技术,典型的物理层速率为 70~100Mbps,最高可达 200Mbps,接近电力线信道的通信容量。

HomePlug AV 的 MAC 层使用 CSMA 和 TDMA 协议,CSMA 提供四级优先级,TDMA 可提供 QoS 保障,以确保带宽预留、高可靠性和严格的时延抖动控制。

HomePlug over Coax 可以完整借用 HomePlug 协议,不过需要修改前端耦合等电路设计。同轴电缆的传输性能要好于电力线,数据流量性能也好于在电力线上传输的性能,电力线中比较难以处理的问题在同轴电缆中可得到很好解决,例如电磁兼容等。由于工作于低频段,HomePlug over Coax 会受到汇聚噪声的影响,但当网络中节点较少时影响较小。因此,在节点较少的家庭联网场合,HomePlug over Coax 是一种很实用的技术。

(3)MoCA 技术

MoCA 是由 Cisco、Comcast、EchoStar、Entropic、Motorola、Toshiba 等公司于 2004 年联合成立的开放性组织,致力于提供基于同轴电缆的宽带接入和家庭网络产业标准。

MoCA 于 2006 年 3 月批准发布 MoCA V1.0 标准,2007 年底批准发布 MoCA V1.1,2010 年批准发布 MoCA 2.0 标准。

MoCA V1.1 标准工作于 800~1550MHz 频段,信道带宽为 50MHz,采用 OFDM 调制和时分多址/时分双工(TDMA/TDD)技术。MoCA 标准将信号在 50M 的传输带宽内分割为 224 个子载波,每个子载波最高可进行 256QAM 调制,理论上每个信道最大的物理数据速率为 270Mbps。

MoCA V2.0 标准工作于 500~1650MHz 频段,将信道带宽提高到 100MHz,并且支持信道绑定技术,同时采用 OFDM 技术将 100MHz 传输带宽分割为 480 个子载波,每个子载波最高可进行 1024QAM 调制,理论上可实现最高 700Mbps 的物理数据速率和最高 400Mbps 的吞吐量。如果采用信道绑定技术,可达到 1.4Gbps 的物理数据速率和最高 800Mbps 的吞吐量。

(4)WiFi 降频技术

WiFi 技术采用的是 IEEE 802.11 系列协议,工作在 2.4GHz 频段,由于超出了 HFC 同轴网络 5~1000MHz 的频段范围,并且由于频率太高造成在同轴电缆中的信号衰减较大。因此,一般通过降频技术把 2.4 GHz 的数据信号频率降低到 860~1000MHz 范围内进行传输,称为 WiFi 降频技术。

WiFi 降频技术主要采用 IEEE 802.11g 标准，利用 OFDM 调制技术，将 20MHz 信道带宽划分为 52 个子载波，子载波中心频率间相隔 0.3125NHz，其中 48 个子载波发送数据信号，另外 4 个子载波用于发送控制信号，提供导频、相位补偿和频率偏移的参考。

IEEE 802.11g 标准规定了 4 种调制方式和 3 种编码效率，每个子载波可使用 BPSK、QPSK、16QAM 或者 64QAM 进行调制，编码效率可以选择 1/2、2/3 或者 3/4，采用 64QAM 调制时最高速率可达 54Mbps。

4.3.2　EoC 网络设计

1. 系统结构

无源光网络(PON)技术的网络拓扑结构与 HFC 网络的光纤部分的拓扑结构类似，在现有的 HFC 网络中采用 PON 技术，不需要对现有 HFC 网络进行大幅改造，只需对原来的光网络进行相应配置和升级即可。因此，由 PON 技术和 EoC 技术一起构成有线电视网络宽带接入技术：PON 网络用于光纤传输部分，EoC 网络用于解决电缆接入改造技术的问题，称为 PON+EoC 技术，如图 4-11 所示。

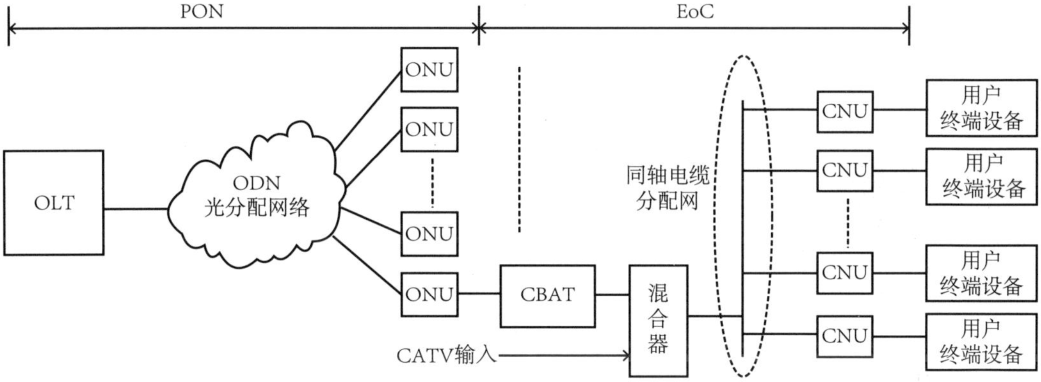

图 4-11　PON+EoC 宽带接入基本结构

同轴电缆宽带接入局端设备(Coaxial Broadband Access Terminal，CBAT)是 EoC 接入网的局端设备，可完成下行数据信号的调制传输和上行数据信号的解调等任务。同轴网络单元(Coaxial Network Unit，CNU)是 EoC 接入网的终端设备，可完成下行数据信号的解调接收和上行数据信号的调制发送等任务。

下行方向，数据业务从 PON 网络的局端设备 OLT 经过 ODN 光分配网络到达 ONU，ONU 利用 EoC 的局端设备 CBAT 对数据进行调制，然后和有线电视信号混合在一起，经过同轴电缆分配网络到达用户端。用户终端设备 CNU 接收数据后进行解调，然后传送给计算机和电视机。上行方向，CNU 把用户端的数据经过调制上行送至 HFC 网络，CBAT 接收后进行解调，通过 ONU 传送至 OLT。

2. 组网方案

EoC 的组网方案一般采用“光纤到楼、光机直带用户、EPON 传输、同轴电缆入户、EoC 接入”的网络结构。

HFC 网络传输系统采用 860MHz 频带，拓扑结构为：光链路采用一级 1550nm 环型光链路、二级 1310nm 或 1550nm 星型光链路结构。楼栋以下接入网络采用光接收机直接通过同轴电缆覆盖用户，同轴电缆网络采取“双向传输、集中接入”的原则设计。

双向网络光链路采用基于 EPON 的以太网传输技术，楼栋以下接入网络采用基于同轴电缆的 EoC 传输技术。

接入网线路由分前端、分前端至小区接入线路、小区接入点、小区至楼栋接入线路、楼栋接入点、楼栋至用户终端接入线路、用户终端组成。

下面以一个 500 户小区模型为例，详细叙述其组网方案。

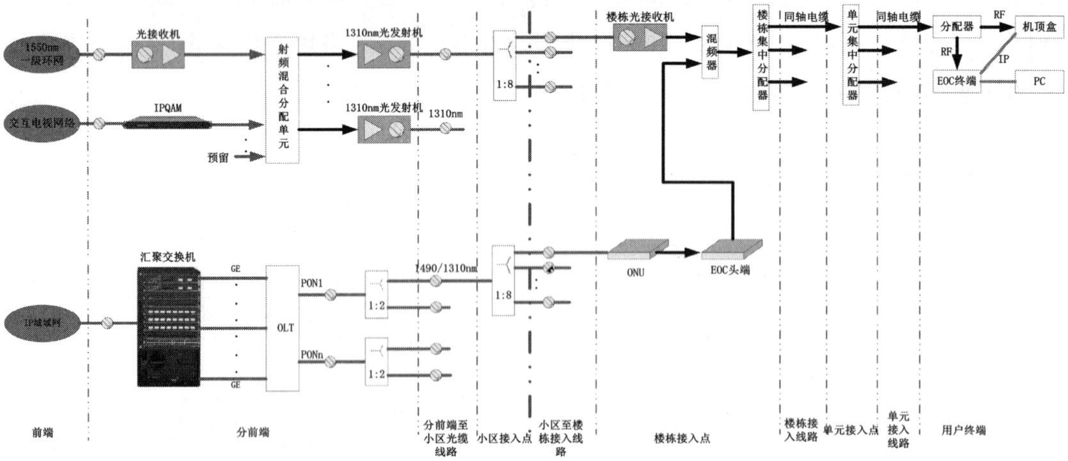

图 4-12 采用 1550nm+1310nm 光链路结构的 EPON+EoC 系统组网

首先，分前端部署光接收机、光发射机等 HFC 传输设备以及汇聚交换机、OLT 等数据传输设备，实现 HFC 下行广播信号的传输和小区双向数据业务信号的汇聚。主要有三部分功能：一级光路保护、广播信号放大分配和本地信号插入，一级光路保护模块采用光切换开关实现一级光链路主备光信号的保护；广播信号放大分配模块根据分前端覆盖范围大小进行具体设计；本地信号插入模块采用射频插入或光插入两种方式将本地信号插入广播电视信号中。

其次，分前端至小区接入线路，分配 12 芯光纤，平均距离为 3km～5km。分前端至小区接入点的光纤量的计算方法是，按照双纤三波的组网方案计算光纤用量。每 60 户作为 1 个楼栋光接入点分配 1 芯光纤作为数据传输用，每 8 个楼栋光接入点分配 2 芯作为数字电视信号传输用，按照 20%计算冗余，最后按 4 的倍数取整。对于一个 500 户的小区，数据传输使用 8 芯，数字电视使用 2 芯，冗余 2 芯，共计 12 芯。

小区接入点对应小区机房，其中放置光交接装置、本地插入和汇聚设备，对主干光缆和小区分配网光缆进行接续、分配和调度，并实现本地信号的插入以及满足业务发展到一定阶段分前端汇聚设备的下移要求。无小区机房时采用光交接箱部署。

然后，小区至楼栋接入线路部分布放4芯室外光缆，平均距离为200m~300m。楼栋接入点放置楼栋设备箱，对进楼光信号进行光电转换和分配后，覆盖单元接入点。楼栋设备箱由箱体和楼栋光接收机、ONU、EoC头端、熔接单元、供电设备及附件组成。楼栋接入点覆盖用户数平均为60户。EoC头端上联到ONU，EoC输出信号混入同轴电缆传送到用户。楼栋设备箱采用一体化设施，可有效利用箱体空间。有源设备采用本地220V AC供电方式。

最后，楼栋接入点至单元接入点布放-7以上规格的同轴电缆。单元接入点对电信号进一步分配，实现HFC射频信号分配，覆盖最终用户。单元接入点覆盖用户数为8~16户。单元接入点至用户布放-5同轴电缆。用户信息终端用于为用户提供综合业务的线路接口，向用户提供射频接口，并通过EoC终端提供以太网接口。

4.4 本章小结

本章介绍了广播电视网双向网技术，以及同轴电缆网双向网最新技术的发展情况，着重介绍了广播电视网广泛采用的DOCSIS双向网技术和EoC网络设计。

DOCSIS双向网技术主要是在原有单向广播电视网的基础上进行双向网改造，前端增加CMTS设备，用户端通过CM设备接入网络，链路的改造重点在于反向回传信道的设计，减少回传信道的噪声汇聚、提高上行信道信噪比。

EoC同轴电缆双向网技术目前存在多种不同的技术版本，组网一般是采用EPON+EoC的方案，通过EoC技术实现入户最后100m的双向网络改造，但在管理上EPON和EoC是分开的，两种网络基本是独立运行的。

思考题

1. 广播电视网双向化技术有哪些技术标准？简述各自特点和发展情况。
2. 我国HFC双向网络频谱是怎样规划的？采用什么频率分割方式？
3. 如何计算HFC双向网络的用户接入带宽？
4. DHCP服务器的作用是什么？它有哪些基本配置？
5. 简述EoC的技术标准和各自特点。

第5章 光接入网规划与设计

本章要点：

1. 无源光网络系统结构
2. 无源光网络标准及关键技术
3. 带宽规划与设计
4. 系统结构规划与设计
5. 光分配网规划与设计

5.1 无源光网络技术

光接入网是以光纤作为传输介质、以光作为信息载体的一种用户接入网络，其概念出现于1996年通过的ITU-T G.982。根据G.982的定义，光接入网是共享相同网络侧接口，并由光接入传输系统所支持的接入链路群，包括光线路终端(Optical Line Terminal, OLT)、光分配网(Optical Distribution Network, ODN)和光网络单元(Optical Network United, ONU)，以及适配设施。

根据OLT到各个ONU之间是否存在有源设备，光接入网分为无源光网络(Passive Optical Network, PON)和有源光网络(Active Optical Network, AON)，其中无源光网络采用无源光分路器，有源光网络采用有源电复用器。

G.982定义的光接入网是指无源光网络，后来人们对接入网进行了扩展，一般用光接入网代表采用光纤传输技术的接入网，泛指业务节点侧与用户侧之间采用光纤传输的接入网。

5.1.1 PON技术简介

PON无源光网络是一种采用点到多点结构的单纤双向光接入网络，光在ODN中传输的两个方向是下行方向和上行方向，其系统结构如图5-1所示。

下行方向信号从 OLT 传输到 ONU,OLT 把从业务节点接口(SNI)来的业务以广播的方式通过 ODN 传输到与其相连的所有 ONU,每个数据分组携带一个标识符,以识别目的地的 ONU。数据分组到达 ONU 后,ONU 的 MAC 层进行地址解析,提取出属于自己的数据分组,不属于自己的则丢弃。

上行方向信号从 ONU 传输到 OLT,多个 ONU 的上行信息组成一个信息流传送到 OLT,并且 ONU 发送的信号只能到达 OLT,不会到达其他 ONU。为了避免数据冲突并提高网络效率,上行方向采用 TDMA 接入方式,对各个 ONU 的数据发送进行管理。

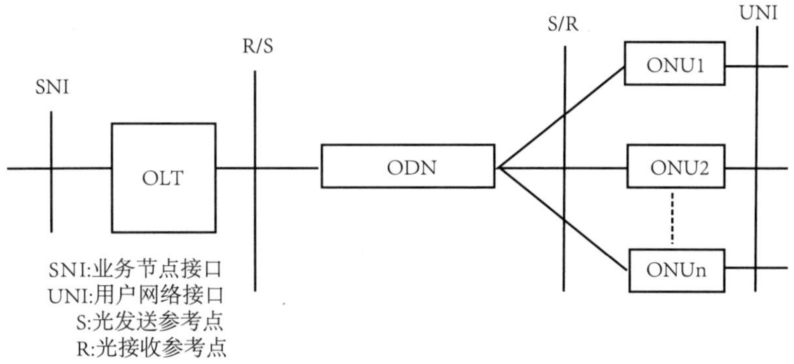

图 5-1　PON 系统结构示意图

1. 光线路终端(OLT)

OLT 位于接入网的局端,主要作用是为光接入网提供网络侧与业务节点之间的接口,经过 ODN 与用户侧的 ONU 进行通信。OLT 与 ONU 为主从通信关系,OLT 管理来自 ONU 的信令和业务,为 ONU 提供维护和支配功能。

OLT 内部包括核心层、业务层和公共层 3 部分。核心层提供数字交叉连接、传输复用和接口适配等功能;业务层提供业务端口,能同时支持两种或多种不同的业务;公共层提供供电和维护管理的功能,将外部电源转换为需要的机内电压,同时对 OLT 的所有模块进行管理和维护。

从 OLT 发出的光功率主要消耗在光分路器和光纤上,分路的数量越多,光纤的距离越长,则光功率的损耗越大。为了保证到达每个 ONU 的功率都满足接收灵敏度的要求,在进行网络设计时要根据 ONU 的数量和地理分布进行光功率预算。

2. 光分配网(ODN)

ODN 的主要作用是为 OLT 和 ONU 之间提供光传输手段,建立 ONU 与 OLT 之间的端到端的信息传输通道,完成光信号的功率分配。

ODN 主要由光缆、光连接器、光分路器等无源器件组成,通常配置为点到多点的形式,可分为星型、树型、总线型和环型等拓扑结构。

3. 光网络单元(ONU)

ONU 为光接入网提供用户侧接口,位于 ODN 的用户侧,其主要作用是接收来自 ODN 的光信号并进行处理,为用户提供业务接口。ONU 终结来自 ODN 的信息,处理光信号并为若干用户提供业务接口。ONU 的网络侧为光接口,用户侧为电接口,因此需要光/电和电/光转换功能,以及其他的信号处理和复用维护功能。

ONU 内部包括核心层、业务层和公共层 3 部分。核心层提供传输复用、用户和业务复用以及接口适配等功能;业务层主要提供用户端口功能,即提供用户业务接口;公共层提供供电和维护管理功能,将外部电源转换为需要的机内电压,同时对 ONU 的所有模块进行管理和维护。

5.1.2 PON 标准

PON 的概念最早于 1987 年由英国电信公司研究人员提出,经历了 APON(基于 ATM 的 PON)、EPON(基于 Ethernet 的 PON)、GPON(基于电信网的 Gigabit PON)等几个发展阶段。最早的 PON 是基于 ATM 的 PON,后来又称为 BPON,即宽带 PON,其标准是 ITU-T G .983-1998。EPON 是 2000 年底由 EFMA 组织提出的,最终纳入了以太接入网 IEEE 802. 3ah-2004 标准。后来 FSAN(Full Service Access Network)组织考虑到 APON 的低效率和 EPON 的不足,于 2002 年提出了 GPON,并在 2003 年通过 GPON 系列标准。

1. APON 标准

基于 ATM 技术的无源光网络(简称 ATM-PON 或 APON)于 1998 年 10 月由 ITU-T 正式通过 G.983.1 建议,对 APON 系统的标称线路速率、光网络要求、网络分层结构、物理介质层、汇聚层、测距方法和传输性能等作了规定。2000 年 4 月又正式通过了 G.983. 2 建议,即 APON 的网管和控制接口规范,2001 年又发布了关于波长分配的 G.983. 3,即利用波长分配增加业务能力的宽带光接入系统。

APON 是在 PON 上传送 ATM 信元,物理层采用 PON 技术,链路层采用 ATM 技术。APON 的上行标称线路速率为 155. 52Mbps、622. 08Mbps;下行标称线路速率为 155. 52Mbps、622. 08Mbps、1244. 16Mbps。其目标传输距离可达 20km,支持的分支比为 1 : 16 和 1 : 32。

ITU-T G.983. 1 规定单光纤 APON 系统上行工作波长为 1260~1360nm,下行为1480~1580nm;双纤系统的工作波长上下行均为 1260~1360nm。2001 年颁布的 ITU-T G.983. 2 对波长分配进行了修订,以通过 WDM 提供增强性业务(如用 1550nm 波长传输视频业务)。具体为在单光纤系统中上行工作波长为 1260~1360nm,下行为 1480~1500nm;双纤波长不变,上、下行均为 1260~1360nm。

APON 系统的网络结构同一般的 PON 结构一样,由 OLT、OBD(光分路器)和 ONU 3

部分组成。在 APON 的网络侧 OLT 与 ATM 交换机连接,在 ONU 和 OLT 之间进行 ATM 信元的传送。在 APON 的用户侧,ONU 通过 ISDN 或者 LAN 与用户连接。

在下行方向,ATM 交换机传送来的 ATM 信元先送给 OLT,OLT 将其变为 155. 52Mbps 或 622. 08Mbps 的速率,然后送到 PON 网络。PON 网络通过 OBD 对光信号进行分路,以广播方式传送到所有与 OLT 相连的 ONU。ONU 检测出光信号之后,通过 ATM 复用/解复用器,根据信元的 VCI/VPI 选出属于自己的信元送给用户端的业务接入单元。

在上行方向,采用时分多址的接入方式,各个 ONU 收集来自用户的信息,采用突发模式发送数据。用户终端发出的信息通过 ONU 插入指定的时隙,送到 OLT。

2. EPON 标准

以太无源光网络(Ethernet PON,EPON)是指采用 PON 的拓扑结构实现以太网的接入。IEEE 于 2000 年 11 月成立了 EFM(Ethernet in the First Mile Study Group)工作组,2001 年 7 月 IEEE 802 LAN/MAN 标准委员会正式成立了 IEEE 802. 3ah EFM 工作组,推广以太网在接入网中的应用。

2004 年 6 月正式颁布 IEEE 802. 3ah 标准,该标准定义了两种 EPON 的光接口:1000Base-PX10-U/D 和 1000Base-PX20-U/D,分别工作于 10km 和 20km 范围,并且上行和下行传输线路速率均为 1. 25Gbps。

EPON 以 APON 的 G.983 为基础,物理层仍然采用 PON 技术,但链路层用以太帧代替 ATM 帧。EPON 同 APON 的本质区别是在传输媒介层上采用千兆以太网作为传输协议,数据链路层上也是采用以太网协议。

下行方向的传输同光千兆以太网物理层一样,OLT 发出的是以太网帧经过编码的连续比特流,速率为 1. 25Gpbs,经光分路器到达各分支光纤上仍是 OLT 发给所有 ONU 的比特流,但是信号光功率/幅度由于分路而变小。ONU 接收到 OLT 发给所有 ONU 的比特流,解码后根据以太网帧前导码中的逻辑链路标识取出 ONU 的以太网帧送上层进一步处理。上行方向 OLT 授权各 ONU 的发送时刻和发送时间的长短,在 OLT 制定的发送时间里,ONU 发送符合光千兆以太网物理层要求的速率为 1. 25Gbps 的比特流。

EPON 的系统结构同一般的 PON 结构一样,主要由 OLT、ODN 和 ONU 3 部分组成。光纤链路可以使用两个波长,也可以使用 3 个波长。如果使用两个波长,下行使用 1490nm,用于携带下行数据、语音和数字视频业务;上行使用 1310nm,用来携带上行用户语音信号和点播数字视频、下载数据的请求信号。如果使用 3 个波长,则增加一个 1550nm 窗口波长,用于提供 CATV 业务或 DWDM 业务。

3. GPON 标准

ITU-T FSAN 组织于 2002 年 9 月开始提出了 GPON 解决方案,其传输速率最高可达 2. 4Gbps,可以原有格式和极高效率传送多种业务。2003 年 1 月,通过了 GPON 的一系列标准——G.984.1 和 G.984.2,分别制定了千兆比特无源光网络(GPON)的总体特性和物理媒质相关层(PMD)规范;2004 年又发布了 G.984.3 和 G.984.4 标准,分别制定了 GPON 的传输汇聚层(TC)规范和 GPON 系统管理控制接口规范。

G.984.1 标准中规定了 GPON 的总体技术要求,其中最大传输距离可达 20km,最大逻辑距离可达 60km,支持的最大分路比为 16、32、64 甚至 128。

G.984.2 标准规范了 GPON 的物理层要求,系统下行速率为 1.244Gbps 或 2.488Gpbs,上行速率为 155Mbps、622Mbps、1.244Gbps 或 2.488Gpbs,并且还规定了各种速率下 OLT 和 ONU 光接口的物理特性。

G.984.3 标准规范了 GPON 的 TC 子层、帧格式、测距技术、动态带宽分配和维护管理等功能,是 GPON 系统的关键技术要求。

G.984.4 对 GPON 系统的管理控制接口进行了规范,包括在 OLT 和 ONU 之间交换信息的协议独立的管理信息库的管理实体,以及 ONU 的管理和控制通道、协议和具体消息。

GPON 以 ATM 信元和 GEM(GPON Encapsulation Method)帧承载多业务,GEM 类似于通用成帧规程 GFP,是 GPON 的特有封装方式。在 GPON 标准中明确规定支持的业务类型,包括数据业务(Ethernet 业务,包括 IP 业务和 MPEG 视频流)、PSTN 业务、专用线(T1、E1、DS3、E3 和 ATM 业务)和视频业务(数字视频)。GPON 中的多业务映射到 ATM 信元或 GEM 帧中进行传输,并提供相应的服务质量(QoS)。

GPON 的系统结构同一般的 PON 结构一样,由 OLT、ODN 和 ONU 3 部分组成。

GPON 网络上、下行数据链路的通信方式不同,下行采用广播方式,上行采用时分多址 TDMA 方式。在下行方向,OLT 发出的信号以广播方式传送给每个 ONU,ONU 通过识别数据包头的地址来接收和处理相应的数据流量;在上行方向,GPON 使用 TDMA 方式统一协调所连接的 ONU 进行上行数据传输,避免 ONU 之间的数据冲突。OLT 为每个 ONU 指定允许发送上行数据的时隙,并发出时隙分配帧,ONU 根据得到的时隙分配帧,在指定的时隙内插入自己的数据,实现 ONU 之间共享上行信道。

4. 10G 以太无源光网络技术

基于 10G 的以太网无源光网络技术(10G EPON)是对传统 1G EPON 的升级,可用于高密度用户接入以及有高分光比要求的工作场景。

IEEE 于 2006 年成立了 Task Force 工作组,启动 10G EPON 标准 IEEE 802.3av 标准的研究,目标是定位下一代基于以太网的无源光网络技术的开发。2007 年,工作组发布了第一个 10G EPON 接入网的标准草案,并于 2008 年发布其修订版本(2.0 版本),最终在 2009 年 9 月 11 日的 IEEE 大会上通过,并正式发布。

IEEE 802.3av(10G EPON)标准基本上遵循了以往 1G EPON 标准体系结构,最大限度沿用了 IEEE 802.3ah(1G EPON)的 MPCP 协议,并在传输速率、波长规划、光功率预算等方面进行了修订和扩展。

IEEE 802.3av 确定了两种物理层模式:一种是非对称模式,下行速率为10G,上行速率为1G;另一种是对称模式,上、下行速率均为10G。

10G EPON 标准对上、下行波段进行了重新规划,为了避免在10G EPON 与1G EPON 共存时的波长冲突,10G EPON 上行只能使用 TDMA 方式。

10G EPON 系统为单纤双向系统,上、下行分别使用不同的波长,其中在对称模式下,上行使用1260~1280nm 波段,一般使用1270nm 波长;下行使用1575~1580nm 波段,一般使用1577nm 波长。在非对称模式下,上行使用1260~1360nm 波段,一般使用1310nn 波长;下行使用1575~1580nm 波段,一般使用1577nm 波长。

5. 10G 千兆无源光网络技术

2004年,国际电信联盟 ITU-T SG15/Q2 开始研究基于 GPON 的下一代 PON 系统,称为 NG-PON。NG-PON 技术分为两个标准阶段:第一个阶段是与 GPON 共存,共用一个 ODN 的 NG-PON1;第二阶段是基于新建的 ODN 网络的 NG-PON2。通常所说的10G GPON 属于 NG-PON1 阶段,在 ITU-T 中的标准号对应 ITU-T G.987.X 系列和 ITU-T G.988 系列,又称为 XG-PON 系列。

NG-PON1 白皮书在2009年6月正式发布,对10G GPON 的技术框架、系统需求、物理层规格进行了定义。基于该白皮书,于同年10月正式发布了10G GPON 的总体规格和物理层规范,即 ITU-T G.987.1 和 ITU-T G.987.2。2010年6月又发布了10G GPON 传输汇聚层规范及 OMCI 规范,即 ITU-T G.987.3 和 ITU-T G.988。

根据 ITU-T 所指定的下一代光接入网发展计划,基于 XG-PON 技术的 NG-PON1 分为两个阶段,分别为 XG-PON1 和 XG-PON2。XG-PON1 为非对称系统,上行通道速率为2.5G,下行通道为10G。XG-PON2 为对称系统,上、下行通道速率均为10G。

XG-PON 系统的波长规划同10G EPON,上行通道波段为1260~1280nm;下行通道波段为1575~1580nm,如果有室外部署应用,下行通道波段可以扩展到1575~1581nm。

5.1.3 PON 关键技术

1. 复用技术

空分复用(Space Division Multiplexing,SDM)是指利用不同空间位置传输不同信号的复用方式。在 PON 系统中,是指上行和下行信号各使用一根光纤,两个方向的通信单独进行,互不影响。但是光传输设备和线缆需要双倍,使得成本增加。

波分复用(Wavelength Division Multiplexing,WDM)是指将多个不同波长的信息光载波复接到同一根光纤中传输,从而提高光纤传输容量的技术。PON 系统将各个 ONU 的上行传输信号调制为不同波长的信号,送到光分路器并耦合进馈线光纤,实现上行传输。

在 OLT 端再利用 WDM(分波器)分出属于各个 ONU 的光信号,最后通过光电检测解调出电信号。

时分复用(Time Division Multiplexing,TDM)是在同一光载波波长上,把时间分成周期性的帧,每一个帧再分成若干时隙。OLT 根据一定分配算法,给每个 ONU 分配一个固定的时隙,每个 ONU 在每帧内只能在所分配的固定时隙内向 OLT 发送数据。

2. 测距技术

PON 系统在上行方向是多点到点的拓扑结构,各个 ONU 到 OLT 的物理距离各不相同,并且其传输距离也会由于环境温度的变化和光电器件的老化等因素而发生动态改变,这样就会导致不同 ONU 发出的信息到达 OLT 的时间不同步,具有一定的时延差异。这种时延差异造成各个 ONU 上行时隙重叠,从而发生碰撞。因此,为了保证各个 ONU 的发送时隙在经过光合路器后在时间上互不重叠地复用在一起,需要知道各个 ONU 上行发送的起止时刻,以及各个 ONU 至 OLT 的时延,也就是距离,然后对时延差异进行补偿,使所有 ONU 到 OLT 具有相等的逻辑距离,从而确保不同 ONU 所发出的信号能够在 OLT 处准确地复用到一起,避免碰撞。这种测量 ONU 到 OLT 时延或者说距离的过程就称为测距。

测距的基本思想:测量出各个 ONU 到 OLT 的信号环路延迟时间,然后为每个 ONU 插入一个特定的均衡时延 T_d,使得所有的 ONU 在插入 T_d 后的环路延迟时间都相等,也就是使每个 ONU 都移到与 OLT 相同的逻辑距离处。这样就可以用时分复用的方式来正确地发送时隙,组成上行帧。

测距分静态测距和动态测距两步进行:第一步,在 ONU 安装调测阶段进行静态粗测,实现对物理距离差异进行的固定时延补偿。在此阶段 ONU 没有传输用户业务。第二步,在 ONU 通信过程中进行的实时动态精测,以校正由于环境温度变化和器件老化等因素引起的动态时延漂移。这种时延一般变化慢且微小,因此一般动态调整值都不大。

3. 带宽分配技术

PON 系统中,ONU 到 OLT 的上行传输是分时占用上行信道,即基于时分多址(TDMA)的工作原理。OLT 对各个 ONU 进行测距,获得它们到 OLT 的时延,然后 OLT 发送授权给 ONU,确定 ONU 的上行发送时刻和发送持续时间的长短,以确保多个 ONU 发送的时隙互不碰撞。OLT 授权 ONU 上行发送时刻和时隙大小的过程也就决定了 ONU 上行带宽的分配,因为时隙的大小对应带宽的多少。

PON 的上行带宽分配有两种机制:静态带宽分配和动态带宽分配。

静态带宽分配(Static Bandwidth Assignment,SBA)对带宽采取固定配置,OLT 按照 ONU 预定的带宽进行初始配置,运行期间保持不变。静态带宽分配有两种分配准则:第一种是以各 ONU 的峰值速率为基准进行带宽分配,这样能够保证系统的传输性能。但是由于各 ONU 的数据流往往不是同时处于峰值速率，就会导致整个系统带宽没有被充分利用，系统资源利用率大大降低。第二种是以各 ONU 的平均速率为基准进行带宽分配，这样在一定程度上能够提高带宽的利用率。但是当一些 ONU 有大的突发数据分组到来时，数据不能及时地发送出去，从而导致数据的丢包率和时延增加。另外，如果大多数 ONU 的数据量都小于平均速率，系统的资源也不能被充分利用。

动态带宽分配（Dynamic Bandwidth Assignment，DBA）对带宽采取实时调度的方式，即 OLT 根据 ONU 的需求，实时地改变授权给 ONU 的时隙大小（带宽多少）。实时可以做到每帧改变各 ONU 授权的多少（APON 153μs，GPON 125μs），在 EPON 中是 ms 量级的时间改变授权。因此动态带宽分配能够体现 ONU 的实时的带宽需求，能够充分利用系统资源，同时改善时延性能。

一般 PON 系统的动态带宽分配功能包括 4 个部分：首先，OLT 和 ONU 检测带宽需求情况，或者报告网络拥塞状况；其次，ONU 报告带宽请求和拥塞状况给 OLT；再次，OLT 根据带宽请求更新带宽分配；最后，OLT 根据更新后的带宽发送授权。

带宽需求的检测有两种方式：第一种方式是状态报告，各 ONU 向 OLT 报告其带宽需求，OLT 根据所有 ONU 的请求和合约决定授权；第二种方式是非状态报告，即 ONU 并不报告其带宽请求，OLT 根据合约和检测 ONU 的流量情况进行带宽分配授权。目前在 APON、GPON 和 EPON 中常用的动态带宽分配是采用第一种方式，即状态报告方式。

4. 自动发现技术

PON 系统中 ONU 的自动发现和注册是非常重要的，因为系统开通运行后增加新的 ONU，或者故障修复后的 ONU 重新加入系统时，希望这些 ONU 能够自动加入，而不影响正常工作的其他 ONU。

IEEE 802.3ah 对 ONU 的自动发现作了相关规定，要求系统在很短时间内（60s）自动完成对新 ONU 的发现和注册，不需要人工干预，并且新 ONU 的加入不影响运行中的 ONU。系统还要求能够根据 ONU 距离 OLT 的最远距离，优化 ONU 自动加入的相关参数，支持最远距离为 30km 的 ONU 自动发现加入。下面对 ONU 的自动发现加入过程予以详细描述。

（1）OLT 周期性地向各 ONU 广播发送目的地址为广播 LLID（全零）的注册授权帧，并根据系统内距离最远的 ONU 确定授权大小。

（2）新的 ONU 收到注册授权后，在授权分配的时间内向 OLT 发送注册请求帧，并等待接收 OLT 发送的注册帧。如果 ONU 在发送注册请求帧一段时间后（比如 100ms，可由系统配置）还没有收到 OLT 发出的注册帧，则认为注册冲突，自动延迟一定时间（1～8s，系统可配置）后，等待 OLT 新的注册授权信息。

（3）OLT 接收到 ONU 发出的注册请求帧后，为该 ONU 分配 ONU ID，然后以广播

LLID 向该 ONU 发送注册帧,目的 MAC 地址指向该 ONU。需要注意的是,只有 OLT 在同一个注册窗口内收到唯一的一个注册请求帧时才进行处理。若 OLT 在同一个注册窗口内,收到多个 ONU 的没有混叠的注册请求帧,则不作任何处理。

(4)OLT 发送了注册帧后,还要给该 ONU 发送授权(该授权在 OLT 认为 ONU 注册失败前有效),让 ONU 发送注册确认帧。如果 OLT 在发出注册确认帧授权后一段时间内,没有收到 ONU 发出的注册确认帧,则认为该 ONU 注册失败。

(5)新 ONU 收到注册帧后,用新分配的 ONU ID 代替原来的 ONU ID,在收到 OLT 的注册确认帧授权后,则发送注册确认帧,通知 OLT 新 ONU ID 刷新成功,同时等待带宽授权。如果 ONU 在发送了注册确认帧后,100ms 内还没有收到 OLT 发出的带宽授权,那么 ONU 认为自己注册失败,ONU ID 复位,重新等待注册授权。

(6)OLT 在发送注册确认帧授权后的一段时间内收到 ONU 的注册确认帧,则 OLT 认为该 ONU 刷新 ONU ID 完成,该 ONU 注册成功,否则认为 ONU 注册失败。

当系统中有多个 ONU 等待加入时,有可能引起注册冲突。这是因为各 ONU 在收到注册授权后,在授权允许的时间内向 OLT 发送注册请求帧时,各 ONU 还没有进行测距,不能有效保证各注册请求帧之间的间隔,就有可能发生帧的混叠,产生冲突。因此首先要进行冲突检测,当 ONU 在发出注册请求帧的一段时间内没有收到 OLT 发给自己的注册帧时,就认为自己发生注册冲突,自动进入退避算法。一般采用两种方法解决注册冲突。

(1)随机延迟时间:当有注册冲突产生时,发生冲突的 ONU 依然每次都响应注册授权,但要随机延迟一定时间,并要求随机延迟后的应答仍然可以落在授权窗内。随机延迟时间的方法由于需要给冲突的 ONU 留出一定的富余时间,使它们在冲突并延迟一段时间后仍然能够落在授权开窗允许的范围内,所以需要增大注册授权开窗的长度,从而造成系统的带宽利用率降低,导致整个系统效率的降低。

(2)随机跳过授权开窗:当有注册冲突产生时,发生冲突的 ONU 随机跳过若干个注册授权后再响应。假设注册授权的周期为 1s,那么发生冲突的 ONU 可随机延时 1~8s(系统可配置),然后继续等待注册授权。该方法比随机延迟时间需要多花一些时间,但是不需要增大注册开窗,不会影响系统的带宽利用率。

5.1.4 应用类型

根据光纤在接入网中的推进程度,以及光网络单元 ONU 的位置,光纤接入网有以下几种类型:

光纤到路边(Fiber to The Curb/Cab,FTTC):ONU 设置在路边的交接箱或电线杆上的分线盒处,ONU 到用户之间可采用双绞线或者同轴电缆进行信号传输。FTTC 的结构属于点到点或点到多点结构,一个 ONU 可以给一个用户或者多个用户提供接入。

光纤到楼(Fiber to The Building,FTTB):ONU 直接放在楼内,经过双绞线或者同轴电缆将信号分送到各个用户。FTTB 属于点到多点结构,一个 ONU 为多个用户提供接入。FTTB 比 FTTC 的光纤化程度更高,通常和 ADSL 或者以太网组合使用,为用户提供宽带业务。

光纤到办公室(Fiber to The Office,FTTO):ONU 放置在办公室,属于点到点的网络结构,一个 ONU 为一个用户提供接入。FTTO 主要用于业务量需求大的大型企事业单位。

光纤到户(Fiber to The Home,FTTH):ONU 直接放在用户家里,从本地网核心设备到用户全部为光纤,中间没有任何电缆,也没有有源设备,FTTH 属于点到点的网络结构。

5.2　带宽规划与设计

5.2.1　业务带宽需求分析

2013 年 8 月 17 日,中国国务院发布了“宽带中国”战略实施方案,提出到 2015 年基本实现城市光纤到楼入户、农村宽带进乡入村,城市和农村家庭宽带接入能力基本达到 20Mbps 和 4Mbps,部分发达城市达到 100Mbps。到 2020 年,城市和农村家庭宽带接入能力分别达到 50Mbps 和 12Mbps,发达城市部分家庭用户可达 1Gbps。

从目前的网络业务发展趋势分析,视频点播、视频通信、高速上网、网络游戏等是未来业务发展中很有潜力的几种业务,其中视频业务对带宽的需求量是最大的。

视频业务包括 IPTV、CATV 和视频通信等业务,其中 IPTV 业务包括视频直播(Broadcast Television,BTV)和视频点播(Video on Demand,VOD)业务。IPTV 目前采用 H.264 标准的编码方式,一套标清的视频带宽需求在 3Mbps 左右,高清的视频带宽需求在 8Mbps 左右。随着用户家庭数字终端的增加和普及,未来基于 IPTV 的视频业务需求带宽将达到 20Mbps 以上。

视频通信的带宽需求一般在 500Kbps 左右,随着对高清视频通信的需求,未来其带宽需求会增加到 2Mbps 左右。

未来高速上网业务的带宽需求达到 10Mbps 以上。而网络游戏目前对带宽的需求不是很大,一般在 30Kbps 左右,随着交互式网络游戏的发展,带宽需求会增加到 300Kbps 左右。

带宽的规划应结合经营策略和业务性质,为不同客户和不同业务分配不同的带宽,表 5-1 是现阶段典型业务带宽的需求模型,不同的客户群可在典型值上下浮动。

表 5-1 典型业务带宽需求模型

业务类型	下行带宽	上行带宽
高速上网业务	2Mbps	1Mbps
IPTV 业务(标清)	3Mbps	100Kbps
IPTV 业务(高清)	8Mbps	100Kbps
视频通信	1Bps	1Mbps
网络游戏	300Kbps	300Kbps
语音电话	100Kbps	100Kbps

不同的客户需要不同的接入带宽,运营商一般为客户提供中低速率和高速率两种业务。中低速率业务可按照为客户提供高速上网、2 路标清 IPTV 视频直播、标清视频点播、IP 语音来建立业务参考模型,每户接入带宽在 8.2Mbps 左右,如表 5-2 所示。

表 5-2 中低速率业务参考模型

业务类型	节目数量	所需带宽	并发比
标清 IPTV 直播	100 套	3M/路	100%组播
标清 IPTV 点播	2 路	3M/路	50%
高速上网	-	2Mbps	33%
VoIP 语音	2 路	200Kbps	100%

高速率业务可按照为客户提供高速上网、2 路标清 IPTV 视频直播、1 路高清 IPTV 视频直播、标清视频点播或者高清 IPTV 视频点播、IP 语音来建立业务参考模型,每户接入带宽在 34.2Mbps 左右,如表 5-3 所示。

表 5-3 高速率业务参考模型

业务类型	节目数量	所需带宽	并发比
标清 IPTV 直播	100 套	3M/路	100%组播
高清 IPTV 直播	8 套	12M/路	100%组播
标清 IPTV 点播	多个节目源	3M/路	50%
高清 IPTV 点播	多个节目源	12M/路	50%
高速上网	-	4Mbps	33%
VoIP 语音	2 路	200Kbps	100%

5.2.2 PON 系统带宽设计

无源光网络系统内带宽的分配应根据业务和客户群的需求差异分配相应的带宽。虽然不同用户所开展的业务不同,但是应保证 PON 系统内不同性质用户的基本可用带宽,专线接入用户和高优先级业务的带宽要优先保证,同时应对用户的最大可用带宽进行限速。

1. PON系统可用带宽

PON系统的带宽规划应充分利用动态带宽分配的性能,同时不能超出PON系统的可用带宽,并且要考虑到一定的冗余,合理规划每个PON系统的用户数量。

PON系统的标准不同,其可用带宽也相应不同。物理线路速率是经过编码之后的数据速率,例如,EPON在线路上采用了8B/10B编码,编码效率为80%,另外传输汇聚层还有一定的封装开销,传输效率在95%左右。虽然EPON的物理线路速率为1250Mbps,但是进行系统带宽规划设计时,要使用PON的实际可用带宽。每种PON标准的可用带宽如表5-4所示。

表5-4　PON系统可用带宽取值

技术		EPON	GPON	10G EPON	
				非对称模式	对称模式
技术标准		IEEE 802. 3ah	ITU-T G.984	IEEE 802. 3av	
线路速率(Mbps)	下行	1250	2488	10312. 5	10312. 5
	上行	1250	1244	1250	10312. 5
可用带宽(Mbps)	下行	950	2200	8300	8300
	上行	900	1000	900	8000

2. 组播复制点的选择

在PON系统的带宽规划和设计中,IPTV业务担任着非常重要的角色,主要包括IPTV视频直播和视频点播两种业务。其中视频直播业务使用组播技术,将一个或多个发送者(组播源)同时发送的数据包发送给多个接收者,即将组播数据通过路由转发树发送到当前组的所有成员。

组播技术使用互联网组管理协议(IGMP)对成员进行管理,网络设备根据端口是否有IGMP请求向端口复制组播流。组播复制点就是用户对IGMP请求的终结点,为每个加入组的用户复制一条视频流,同时对组播业务进行控制,只有通过认证的用户才具有组播权限。

组播复制点可以选择设置在宽带接入服务器(Broadband Remote Access Server, BRAS)中,便于对用户进行计费管理和流量管理。BRAS通常部署在网络的边缘汇聚层上,网络位置较高,接入的用户也较多,如果面向每个用户复制业务流, BRAS设备需要具有较高的交换容量、吞吐能力和组播业务流的复制能力。因此BRAS设备的性能要求较高,此时可以将组播复制点下移。

对于FTTH应用模式 ,一般选择OLT作为组播复制点,OLT可以靠拦截用户和路由器之间的IGMP报文建立组播表,或者以侦听主机向路由器IGMP成员发送消息的方式,形成组成员和交换机端口的对应关系,OLT 则根据该对应关系,将收到的组播数据包转发到组成员的端口。

对于 FTTB 应用模式,一般选择多住户单元型的 ONU 作为组播复制点。组播流经过核心层网络到达 OLT,再推送给 ONU。MDU 拦截用户和路由器之间的 IGMP 报文建立组播表,实现面向用户的组播复制。该方式可以有效节省上行接口的带宽,同时降低对 BRAS 设备和 OLT 设备在性能和功能方面的要求。

3. PON 口带宽设计

每个 PON 口的带宽设计,应考虑 PON 系统内所有 ONU 产生的流量。对于 FTTH 应用模式,根据 PON 系统所支持的最大分光比进行组网时,PON 系统的用户分配带宽一般能够满足近、中期的业务需求。

对于 FTTB 应用模式,进行 PON 系统的带宽测算,应考虑标清和高清频道的数量、用户开展的业务、用户数量、各业务所占带宽以及并发比等因素,将每种业务所占带宽取和即可。

(1)中低速率模型带宽设计

以表 5-2 所示的中低速率模型为例来测算,假设业务用户数量为 n,考虑网络发展能力,所有宽带用户高速上网、IPTV 业务用户及 IPTV 点播用户比率均按照 100%考虑。

中低速率场合各业务所需带宽如下:视频直播带宽为 100×3Mbps = 300Mbps,视频点播带宽为 $n\times50\%\times3$Mbps = 1.5nMbps,高速上网带宽为 $n\times33\%\times2$Mbps = 0.66nMbps,IP 语音带宽为 $n\times200$Kbps = 0.2nMbps,所需带宽总计为(300+2.36n)Mbps。

如果使用 EPON 系统,所需带宽的值应该小于等于 EPON 系统的可用带宽的值,即 $300+2.36n\leq950$,所以单个 PON 口所带用户数量 n 为 275 户。

如果使用 GPON 系统,所需带宽的值应该小于等于 GPON 系统的可用带宽的值,即 $300+2.36n\leq2200$,所以单个 PON 口所带用户数量 n 为 805 户。

(2)高速率模型带宽设计

以表 5-3 所示的高速率模型为例来测算,同样假设业务用户数量为 n,所有宽带用户高速上网、IPTV 业务用户及 IPTV 点播用户比率均按照 100%考虑,并且 IPTV 点播用户按照各占 50%设计。

速率场合各业务所需带宽如下:视频直播带宽为 100×3Mbps+8×12Mbps = 396Mbps,视频点播带宽为 $n\times50\%\times(3\text{Mbps}\times50\%+12\text{Mbps}\times50\%)$ = 3.75nMbps,高速上网带宽为 $n\times33\%\times4$Mbps = 1.32nMbps,IP 语音带宽为 $n\times200$Kbps = 0.2nMbps,所需带宽总计为(396+5.27n)Mbps。

如果使用 EPON 系统,所需带宽的值应该小于等于 EPON 系统的可用带宽的值,即 $396+5.27n\leq950$,所以单个 PON 口所带用户数量 n 为 105 户。

如果使用 GPON 系统,所需带宽的值应该小于等于 GPON 系统的可用带宽的值,即

396+5.27n≤2200，所以单个 PON 口所带用户数量 n 为 342 户。

根据以上计算方法，我们可以总结归纳出 PON 系统带宽设计时每个 PON 口所带用户数量的一般计算公式：

$$\text{视频直播带宽}+\sum_{\text{所有业务}}\times\text{业务带宽}\times\text{业务用户数量}\times\text{用户比率}\times\text{并发比}\leq\text{PON 可用带宽}$$

其中视频直播带宽为：标清直播数量×标清直播带宽+高清直播数量×高清直播带宽。

对于每个 ONU 设备可容纳的用户数量应该根据单个 PON 口带的 ONU 数量和各个 ONU 的用户分布情况确定。例如，对于中低速率场合，假设每个 PON 口可带 275 户，如果使用 1∶32 组网，则平均每个 ONU 可带 8 户。

4. OLT 上联带宽设计

一般 OLT 包含多个 PON 口，因此 OLT 上联带宽的测算应考虑 OLT 所有 PON 所带的全部 ONU 产生的流量，并考虑一定的上联带宽冗余系数。

对于 FTTH 和 FTTB 应用模式，如果 OLT 侧不同的以太网/IP 类业务共享物理链路上联，也就是基于 VLAN 进行隔离，OLT 上联带宽的计算可按照如下公式测算：

$$\text{OLT 上联带宽}=\text{视频直播带宽}+\sum_{\text{所有业务}}\text{业务带宽}\times\text{业务用户数量}\times\text{用户比率}\times\text{并发比}$$

其中视频直播带宽为：标清直播数量×标清直播带宽+高清直播数量×高清直播带宽。

如果 OLT 侧不同的以太网/IP 类业务基于物理链路隔离，则应该分别计算不同业务的上联带宽。

OLT 上联端口根据速率的不同，可以有多种选择。百兆端口（FE）的可用带宽在 75Mbps 左右，千兆端口（GE）的可用带宽在 900Mbps 左右，万兆端口（10GE）的可用带宽在 9000Mbps 左右。

假设某 OLT 覆盖 5000 用户，其中 IPTV 业务 1200 户（标清用户 800 户，高清用户 400 户），并发比取 50%，标清直播 100 套，高清直播 10 套；4Mbps 高速上网用户 3800 户，并发比取 33%，则 OLT 上联带宽＝100×3Mbps+10×12Mbps+（400 户×12Mbps+800 户×3Mbps）×50%+3800 户×4Mbps×33%＝9036Mbps，可以选择两个 10GE 端口。

5.3　系统结构设计

5.3.1　业务承载设计

1. 系统结构

基于 PON 的光纤接入系统包括 FTTH、FTTO 和 FTTB 三种应用模式，其中 FTTH、FTTO 应用的 ONU 位于用户端，直接为用户提供话音、数据或视频接口；FTTB 应用的 ONU 为多个用户共享，通过铜缆配线网络或无线方式对连接的用户群提供话音、数据或视频业务，或在用户端分别增加网络终端设备（如家庭网关），提供话音、数据或视频业务,如图 5-2 所示。

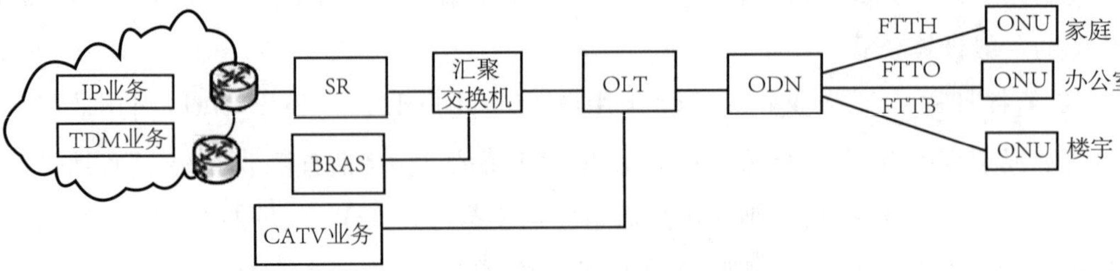

图 5-2 业务承载应用系统结构

宽带 IP 网由核心网、城域网和接入网 3 部分构成。IP 核心网负责跨区域的 IP 流量调度和控制,由核心路由器和高速传输电路构成。

城域网由核心汇聚层和业务接入控制层组成,核心汇聚层负责对业务接入控制点设备进行汇聚并提供城域网到核心网的出口,核心层路由器上联 IP 核心网的接入层路由器,完成业务接入控制点的汇聚。业务接入控制层主要由宽带接入服务器(BRAS)和业务路由器(SR)两种业务接入控制点组成,负责业务接入控制。BRAS 负责实现拨号和专线接入因特网网关以及组播网关等功能,SR 负责大客户专线接入因特网和组播网关等功能。

城域网的业务控制结构有单边缘和多边缘两种结构。其中单边缘结构是指一个用户所有的业务流量终结在同一台业务接入控制设备上,即 BRAS 和 SR 的功能集中在一台设备中,有利于灵活实施基于用户和业务的控制策略。多边缘结构是指一个用户的业务终结在不同的业务接入控制设备上,其原因是考虑到设备能力有限以及业务开展的现状。

PON 系统构成了宽带 IP 网的接入网部分,OLT 作为光纤接入网的汇聚点。对于 IPTV 业务、VoIP 业务和上网业务,OLT 的上联流量预计在 1Gbps 以上时,OLT 可以直接上联 IP 城域网业务控制层设备(BRAS/SR 等),以减少网络层次,降低建设和运维成本。如果接入用户数较少、上联流量较低,则可以根据业务流量和业务控制层设备端口类型和资源情况,通过汇聚交换机汇聚后与业务控制节点相连。

OLT 承载多业务时应采用双上联,实现负载分担和冗余保护功能,这样 OLT 的两个上联链路分别连接到两个不同的上联网络设备上,任意方向中断后保证所承载业务不中断。当双上联中的两条链路峰值或平均带宽利用率均超过 70%后,应对上联链路进行扩容。

2. VLAN 设计

对于不同类型业务,OLT 可以采用物理隔离方式,分别使用上联端口;或者共享物理链路,通过 VLAN 进行隔离,共享使用上联端口。

VLAN 是二层接入网中多业务承载的关键,是用户和业务隔离、QoS 区分的基本手段。它与业务承载模式、PON 网络结构、VLAN 资源数量和设备支持能力密切相关。在业务预期的基础上进行 VLAN 规划,可以为 PON 网络的多业务承载打下基础。

采用 VLAN 隔离方式实现业务类型、区分业务等级,对不同业务类型通过分配不同的 VLAN 实现优先等级,具体有以下几种模型。

纯 PUPSPV(每个用户每类业务一个 VLAN)模型,为每个用户的每类业务分配一个 VLAN,每个用户的上网、VoIP、IPTV 等业务均采用的独立的 VLAN 进行承载。

PSPV(每类业务一个 VLAN)模型,所有用户或者特定区域所有用户的 IPTV/VoIP 等业务共享同一个 VLAN,适合于运营商自营和与安全保证的业务。

VLAN 的规划以上述两种模型为基础,根据网络和业务开展情况,可以采用纯 PSPUPV 模型、纯 PSPV 模型、PSPUPV+PSPV 组合模型,或者采用纯 PUPV(每个用户一个 VLAN)模型、PUPV+PSPV 组合模型。

对于组播业务,一般以组播源为单位规划组播 VLAN,即同一组播源的多个频道共用 VLAN,这样在增加频道的时候无须改变 VLAN 规划,扩展性较好。同时 VLAN 终结于业务接入网关设备,以 BRAS/SR 的下联端口为单位统筹规划 VLAN 资源,保证同一 BRAS/SR 端口下的 VLAN ID 不重复。

在 FTTH 应用模式中,家庭网关和 ONU 对上网业务、IPTV 业务和 VoIP 业务均进行 VLAN 标记,打上 VLAN Tag 后送给 OLT。OLT 对上网业务、IPTV 业务和 VoIP 业务进行 VLAN 1∶1 转换,即每个终端用户有一个属于自己的 VLAN,根据城域网的 VLAN 规划,OLT 进行透传,或者进行 QinQ 处理,即采用内层和外层 VLAN 技术,将用户私网 VLAN Tag 封装在公网 VLAN Tag 中,数据带有两层 VLAN Tag 进入骨干网络(公网)。

在 FTTB 应用模式中,家庭网关对普通上网业务进行透传,而对 IPTV 业务、VoIP 业务打上 VLAN Tag 后网上送给多住户单元型的 ONU,再送至 OLT。OLT 对普通上网业务打上 CVLAN(Customer VLAN,用户 VLAN),对已经打上 VLAN Tag 的 IPTV 和 VoIP 业务进行透传或 QinQ 处理。

3. 业务承载方案

对于 IPTV 业务,在业务控制层可以将 IPTV 业务和普通业务共用一个 BRAS 设备接入并分流,如果业务发展规模较大,则可设立专门的 IPTV BRAS/SR,而宽带上网业务通过原有的 BRAS/SR 接入。

单播传输模式下,OLT 将下行广播报文复制多份并分发到多个数据传输逻辑通道给 ONU。为了节省系统带宽,提高传输效率,PON 系统提供了单拷贝广播(Single Copy Broadcast,SCB)方式,即在 OLT 和 ONU 之间建立一条特殊的数据传输逻辑通道,允许所有 ONU 从中接收数据。

转发组播业务时,即使多个 ONU 点播同一节目,OLT 仍然只发送一份组播媒体流数据拷贝进入 SCB 逻辑通道,所有 ONU 均接收同一数据,即一份业务带宽可为多个用户提供服务,从而节省大量带宽。

对于数据业务中的因特网接入业务,主要包括公众用户因特网接入和大客户专线接入。公众用户通过 FTTB 或者 FTTH 实现因特网接入,汇聚到 BRAS 或者 SR 进行业务接入控制;大客户专线业务接入可通过 MSTP 和以太网汇聚接入 SR,或者光纤直连接入 SR 进行业务接入控制。

对于 VoIP 业务,一般采用 NGN 软交换体系结构。在 FTTB 应用模式下,楼内语音设备通过 OLT 二层汇聚后,终结到城域网业务接入控制设备,通过三层 MPLS VPN 进入软交换网络,或者直接进入专网 SR,进入软交换网络。如果既没有专网,也没有 IP 城域网,可以直接接入软交换设备。在 FTTH 应用模式下,家庭终端配置公网或私网地址,作为专线用户接入城域网,实施地址转换后进入软交换网络。

对于 CATV 业务,PON 系统通过第三波(中心波长 1550nm)承载。CATV 信号通过独立的 WDM 合波器接入 ODN 网络,在 ONU 侧通过独立的 WDM 分波器将 CATV 信号分离,WDM 分波器可集成在 ONU 设备内,并由 ONU 设备直接提供 RF 接口。

4. OLT 节点设计

进行 OLT 节点规划时,要根据用户的密度,按照最经济覆盖半径确定规划区内 OLT 节点数量以及每个 OLT 节点的覆盖范围。

OLT 的最佳覆盖距离的规划,要根据 PON 的不同标准,选择不同的光通道损耗模型,结合现有机房位置、机房条件、管网资源分布,确定 OLT 的覆盖范围和局所位置。

OLT 节点属于多业务接入与汇聚平台,其交换能力和设备容量已经达到汇聚交换机的水平,因此在同等条件下一般集中部署 OLT 节点。OLT 节点可以设置在机房,也可以设置在主干光节点,实际需要时可适当下移,但是最好不要太靠近用户,不新建 OLT 专用机房,并且遵循有利于减少接入点的原则,控制 OLT 下移至小区接入点的数量。

对于城镇地区,OLT 节点一般可考虑部署在现有的机房,服务半径在 2km~5km 之间。如果覆盖范围较广,可考虑将 OLT 节点下移,使其局端容量在 2 万~5 万户之间。如果用户密度较低,其规划容量最低在 1 万户左右。

对于农村地区,用户分布以点线形式分布为主,主要是 FTTB 的组网方式,OLT 节点的覆盖范围可以按照 PON 系统的最大传输距离进行规划。

当 OLT 设备与上联网络设备在同一物理局所时,采取点对点连接。当 OLT 设备与上联网络设备不在同一物理局所时:单个 OLT 局点时,宜采用双物理路由方式。多个 OLT 局点时,如果具备组环条件,应将多个 OLT 局点组成光缆环结构;不具备组环条件时,可组成星型结构。

OLT 下联业务的保护可以选择主干光纤保护倒换方式和全保护光纤倒换方式,也可以采用人工倒换方式。如果采用人工倒换,那么 OLT 就要采用单个 PON 端口,使用2:N 光分路器,在分路器和局端 OMDF 之间建立 2 条独立的、互相备份的光纤链路,由 OLT 检测线路状态,一旦主用光纤链路发生故障,由维护人员在局端 OMDF 上倒接设备光缆尾纤的方式进行人工倒换。

5.3.2 ODN 系统设备

光分配网(ODN)位于 OLT 和 ONU 之间, 提供光信号的双向传输,主要由 OLT 和 ONU 之间的光缆、光缆接头、光纤交接设备、光分路器、光纤连接器等无源器件组成。

1. 系统组成

对于 FTTH 应用模式,光分配网具体可划分为中心机房子系统、主干光缆子系统、配线光缆子系统、引入光缆子系统、光纤终端子系统等 5 个部分,如图 5-3 所示;对于 FTTB 应用模式,则用户室内为电缆系统,没有光纤终端子系统。

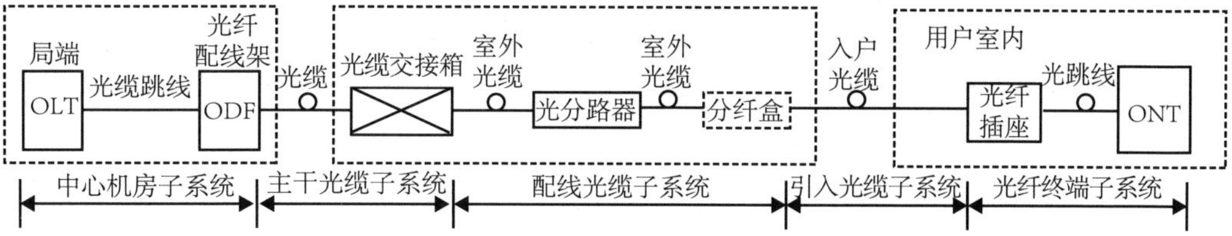

图 5-3 ODN 网络组成结构

中心机房是局内光缆与室外光缆的分界点,主要包括光纤配线架(ODF)、光缆以及相关的器件。

主干光缆子系统包括连接中心机房光纤配线架与光缆交接箱之间的光缆及其他配套设施。交接配线时,主干光缆是指中心机房的光纤配线架与光缆交接箱之间的光缆;直接配线时,主干光缆是指中心机房光纤配线架至第一个分纤设备之间的光缆。

配线光缆子系统由室内/室外分纤盒、连接光缆交接箱与分纤盒的光缆、光分路器及光缆连接配件组成。交接配线时,配线光缆是指光缆交接箱与最后一个分纤盒之间的光缆;直接配线时,配线光缆是指第一个分纤设备与最后一个分纤盒之间的光缆。

引入光缆子系统由最后一个分纤盒与用户光纤插座之间的光缆及配件组成。引入光缆是指最后一个分纤盒与用户端光纤插座之间的光缆。

光纤终端子系统由一个/多个光纤插座,或用户室内综合信息箱、光纤插座与 ONT 之间的连接跳纤组成。

2. 常用光纤

ITU-T 首先在 G.651 建议中定义了多模光纤,由于单模光纤具有损耗低、带宽大、易于扩容和成本低等特点,ITU-T 又在 G.652、G.653、G.654、G.655、G.656 和 G.657 建议中定义了单模光纤。

G.651 光纤是一种折射率渐变性多模光纤,主要应用于 850nm 和 1310nm 两个波长区域，其纤芯直径为 50μm，包层直径 125μm。

G.652 光纤是指零色散点在 1310nm 窗口附近的单模光纤，又称色散未移位光纤，是目前应用最广泛的单模光纤，可以应用在 1310nm 和 1550nm 两个波长区域。在 1310nm 波长区域，其具有零色散特点，衰减系数为 0.3～0.4dB/km；在 1550nm 波长区域，其衰减系数为 0.15～0.25dB/km，但是色散系数较大。

G.653 光纤是零色散点在 1550nm 窗口附近的单模光纤，又称色散位移光纤，主要应用于 1550nm 波长区域，并对光纤的零色散点进行了位移设计，因此色散系数极小，适合传输大容量的数字信号。

G.654 光纤又称 1550nm 波长衰减最小光纤，以努力降低光纤的衰减为目的，使衰减系数降低到 0.15～0.19dB/km，而零色散点仍然在 1310nm 波长处，主要用于需要中继距离很长的海底光纤通信。

G.655 光纤是在 1550nm 窗口具有合理的、较低的色散，能够支持 10Gbps 以上速率的长距离传输而无须色散补偿的光纤，主要用于传输 WDM 信号，复用的波长通道数量可以达到几十甚至几百。

G.656 光纤是 G.655 的升级版，实质上是一种高带宽的非零色散平坦光纤，其特点是工作波长范围内色散大于所要求的非零值，色散斜率基本为零，更加适合长距离密集波分复用技术，但是考虑到成本和市场需求等因素，自问世以来还没有被采用过。

G.657 光纤是低弯曲损耗的光纤，分为 A 类和 B 类两种。A 类与 G.652 光纤兼容，使用波长为 1260～1625nm；B 类没有要求与 G.652 兼容，使用波长为 1310nm、1550nm 和 1625nm。G.657 光纤弯曲损耗等级分 3 级，弯曲等级 1 对应最小弯曲半径为 10mm 的光纤，弯曲等级 2 对应最小弯曲半径为 7.5mm 的光纤，弯曲等级 3 对应最小弯曲半径为 5mm 的光纤。

3. 无源光分路器

无源光分路器是 PON 网络中非常重要的无源器件，用于实现特定波段光信号的功率分路及再分配。在下行方向，无源光分路器把光信号从一根光纤分路到多根光纤上，实现光功率的分配；在上行方向，无源光分路器把多根光纤信号合到一根光纤上，实现光功率合路，又称为光耦合器。

光耦合器最重要的性能参数是插入损耗，又称分路损耗，通常以 dB 的形式表示，其大小与输出端口的数量有关，每个 1×2 的分路约有 3dB 的损耗，上行方向的损耗与下行方向的损耗几乎相同。

PON 网络中光分路器一般采用全带宽型和均匀分光型的平面波导型光分路器，常用的分光比为 1∶2、1∶4、1∶8、1∶16、1∶32 和 1∶64，插入损耗参考值如表 5-5 所示。

表 5-5　光分路器插入损耗参考值

分光比	插入损耗(dB)	分光比	插入损耗(dB)
1×2	3.8	2×2	4.0
1×4	7.2	2×4	7.5
1×8	10.5	2×8	10.8
1×16	13.8	2×16	14.1
1×32	17.1	2×32	17.4
1×64	20.1	2×64	20.4

ODN 的总分光比应根据用户带宽要求、光链路衰减等因素确定。

常用光分路器有平面波导型(PLC)和熔锥型(FBT)两种。PLC 型光分路器采用平面薄膜光刻工艺制作,一致性好,插入损耗小,分光比精度较高,应用广泛;FBT 型光分路器制作过程简单,直接将多根光纤扭绞在一起,施力条件下加热拉长软化的光纤形成锥形后扭转使其熔接在一起,主要用于低分光比的光分路器。

光分路器可以作为独立的光器件在 OLT 节点、主干光节点、配线光节点和用户光节点上使用,也可以内置于光交接箱、分纤盒等设备内。根据光分路器的合路/分路侧的器件配置方式,光分路器有以下 5 种结构:

适配器型光分路器,光分路器的合路和分路侧均提供适配器,使用时其输入、输出侧直接与馈线、配纤或入户光缆相连,不再通过适配器进行跳接。

尾纤型光分路器,光分路器的合路和分路侧均提供尾纤,可以在光配线架、光交接箱内使用,也可以与光终端盒配合使用。

适配器型熔配一体化光分路器,光分路器的合路侧提供熔接单元,分路侧则提供适配器,一般直接与配线光缆或引入光缆相连。

尾纤型熔配一体化光分路器,光分路器的合路侧提供熔接单元,分路侧提供尾纤,一般情况下配合光纤终端盒使用。

熔接型一体化光分路器,光分路器的合路和分路侧均提供熔接单元,灵活性差,只有在线路损耗较大、用户比较固定时才考虑使用,否则尽量不使用。

光分路器一般放置在用户驻地网内,并尽量集中放置且靠近用户。对于 FTTH 应用模式,为了便于维护和管理,防止分光点处管道拥塞,集中设置时每个分光点的光分路器数量最好不超过 4 台,并根据每个 PON 口和光分路器的最大利用率、用户分布密度及分布形式,选择最优的光分路器组合方式。分光比在 1∶64 及以上时,每个光分路器预留 2 个端口,作为日常测试和备用端口;分光比在 1∶32 及以下时,每个光分路器预留 1 个端口作为日常测试端口。

4. 光纤活动连接器

光纤活动连接器,又称活动接头,用于光缆线路终端与光传输设备之间、光传输设备之间，以及光传输设备与测试仪器仪表之间的连接。

光纤活动连接器的结构有套筒式、圆锥式、V 型槽式等，在工程上常用的是套筒式对中结构，有 FC 型、SC 型和 ST 型等几种结构，其插针与套筒均采用与石英光纤膨胀系数相近的氧化锆陶瓷，具有极强的耐磨性和一定的韧性，可保证插拔次数达 1000 次以上无磨损、不变形，并且对准精确。

FC 型是金属螺纹丝扣紧缩型，是单芯光纤连接器的一个标准型号，具有外径 2. 5mm 的圆柱形对中套管和螺纹式锁紧结构。

SC 型是塑料矩形插拔型，由高强度工程塑料压制而成，是外形为矩形的插拔式连接机构，采用推挽方式连接和分开，工艺简单，成本低，插拔操作简便，适用于高密度安装场合，广泛用于光接入网、数字通信系统、高密安装配线架等。

ST 型是金属圆柱卡口型，主要特征是有一个卡口锁紧结构和一个直径为 2. 5mm 的圆柱形套筒对中机构，结构为插头—转接器—插头，具有良好的重复性，体积小、重量轻，适用于通信网和本地网。

光纤活动连接器的插针采用氧化锆陶瓷制作而成，其端面的形状与连接器的性能密切相关，常用的端面是 PC 型，它把端面加工成球面，使两根光纤的纤芯紧密接触，以减小反射光的能量，端面的曲率半径越小，反射损耗越大。

当端面的曲率半径为 20mm 时，经过精密加工研磨 PC 端面称为 SPC，其反射损耗可达 45dB，插入损耗可做到小于 0. 1dB。反射损耗更高的是 APC 型，除了采用球面接触外，还把端面加工成斜面，以使反射光反射出光纤，避免反射回光机。对于不承载 CATV 业务的 ODN 系统，一般使用 PC 端面的光纤活动连接器；如果承载 CATV 业务，则在承载 CATV 业务的 ODN 网段使用 APC 端面的活动连接器。

5. 其他无源设备

ODN 网络中的其他无源光设备包括局端配线设施、光节点配线设施，以及用户接入端的配线设施，例如光缆跳线、光配线架、光交接箱、分纤盒、光终端盒等。

光缆跳线是指光缆两端面装有光纤活动连接器，负责实现光路的跳线式连接。一端装有活动接头，另一端直接与光器件或光设备相连的称为尾纤。光纤跳线有单模和多模类型，其插头可以采用 FC、SC 或 ST 类型，端面采用 PC、SPC 或者 APC 类型。

光配线架用于局端设备与光缆的配线连接设备，或者配线光缆与配线光缆之间的配线连接设备。线路侧一般由若干 72 芯一体化单元组成，每个 72 芯一体化单元由 6 个 12 芯一体化托盘组成，该托盘具有光纤熔接和成端功能，外线光缆光纤在托盘内与尾纤熔接并在托盘上成端。设备侧由若干块光纤终端单元组成，该终端单元由适配器和适配器座板组成，具备光纤成端功能，一般每块光纤终端单元的容量为 96 芯，并且同一光配线架的光纤终端单元尺寸通用，可以互换。

光交接箱一般是指用于室外光纤的配线连接设备，而室内光纤的配线连接设备一般称为光分纤盒和光终端盒，提供光纤的熔接、端接、配线和分线等功能，并且可以内置光分路器。

光终端盒主要提供 ONU 以及用户附属终端的安装、供电、入户线缆成端等功能。

5.3.3　ODN 拓扑结构

从网络结构来看，ODN 位于 OLT 和 ONU 之间，提供光信号的双向传输，主要由 OLT 和 ONU 之间的所有光缆、光缆接头、光纤交接设备、光分路器、光纤连接器等无源光器件组成。

ODN 可以用 1×2 分接光耦合器或者 1×N 分路器组成多种拓扑结构，典型的有星型、树型、和环型三种拓扑结构。

1. 星型结构

星型结构是指用户端的每一个 ONU 分别通过一根或一对光纤与局端的 OLT 的相连，ONU 与 OLT 之间按点对点配置，即一个 ONU 直接与 OLT 的一个 PON 口相连，中间没有光分路器，如图 5-4 所示。

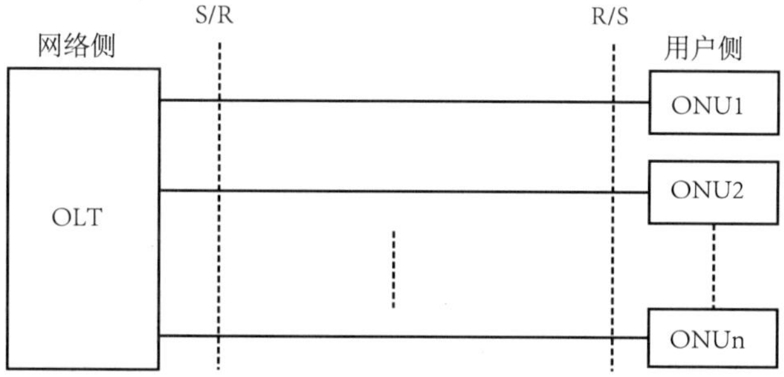

图 5-4　ODN 星型结构

星型结构在光纤连接中没有使用光分路器，不存在由光分路器引入的光信号衰减，网络覆盖范围较大，线路维护简单，并且 ONU 之间采用相互独立的光纤信道，互不影响，保密性好。但是光缆的需求量大，成本较高。

2. 树型结构

树型结构在光纤连接中使用了光分路器，根据光分路器的数量和连接方式，有两种基本形式：一级分光和多级分光。

树型结构(a)在 OLT 与 ONU 之间按照一点对多点配置，即每一个 OLT 与多个 ONU 相连，中间仅设有一个光分路器，所以又称为一级分光，如图 5-5 所示。

一级分光的树型结构跳接点少，减少了光缆线路全程衰减和故障率，但是光分路器后面的光缆数量较多，对管道需求量大，尤其是光分路器集中设置时。

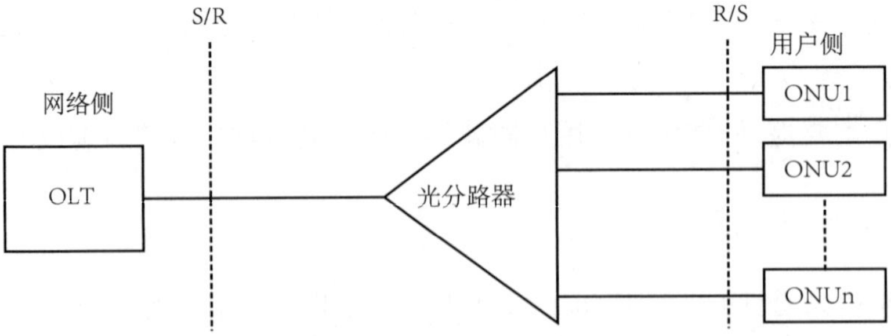

图 5-5　ODN 树型结构(a)

树型结构(b)是两个或两个以上的光分路器按照级联的方式连接,又称二级分光或多级分光,如图 5-6 所示。多级分光由于光分路器分散设置,减少了对管道的需求,适用于用户比较分散的地区,但是增加了跳接点,线路衰减和故障率也相应增加。

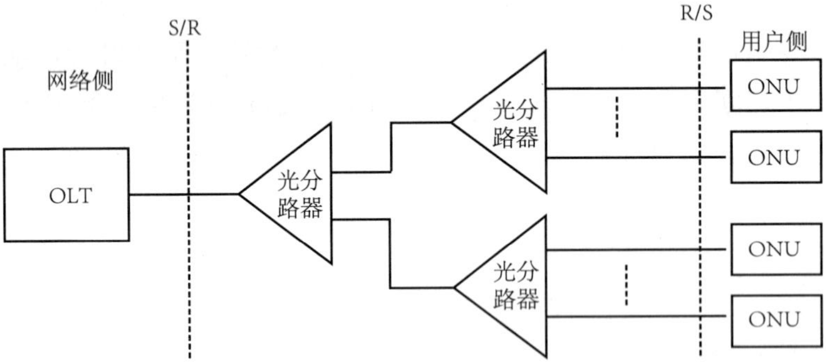

图 5-6　ODN 树型结构(b)

树型结构中,OLT 的一个光源经过光分路器提供给所有的 ONU 光功率,由于光分路器衰减较大,因此限制了所连接的 ONU 数量以及光信号的传输距离。

3. 环型结构

同一条光缆经过若干光分路器,每个光分路器的光纤通过双方向上联至同一局所,形成环型结构,如图 5-7 所示。环型结构在发生光缆单点中断时可通过另一方向进行物

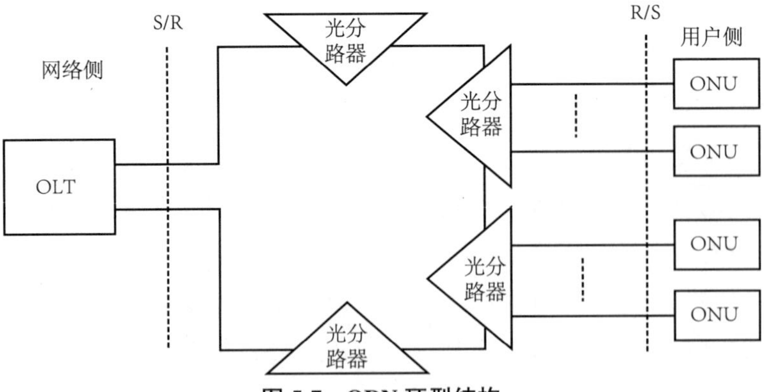

图 5-7　ODN 环型结构

理路由保护,网络可靠性高,有利于提高服务质量。

ODN 系统组网一般以树型或星型结构为主:一方面,能解决建设进度和分期建设的问题,部署较快,能够满足用户快速发展的需要;另一方面,树型结构能够很好地实现对接入主干线路和配线光缆的保护。在实际网络中,真正需要提供 24 小时网络无间断服务并具有一定支付能力的用户只占少数,物理光纤网的主体架构应考虑大多数用户的需求。因此,光纤接入网在向 FTTH 过渡过程中,应采用基于树型结构的物理光纤网络结构。

5.3.4　PON 在有线电视网络中的应用

按照承载 CATV 业务的拓扑结构不同,光接入网传输有线电视时可分为单纤双波、单纤三波和双纤三波三种应用方式,其中单纤双波是 PON 系统中的典型应用,上行方向使用波长为 1310nm,下行方向使用波长为 1490nm。

单纤三波系统中,PON 网络使用光纤三个波长来传输业务,其中 OLT 的上/下波长(1310/1490nm)通过波分复用,用于传输数据、语音和视频点播等双向业务;第三个波长 1550nm 用于在下行方向传输有线电视业务,如图 5-8 所示。

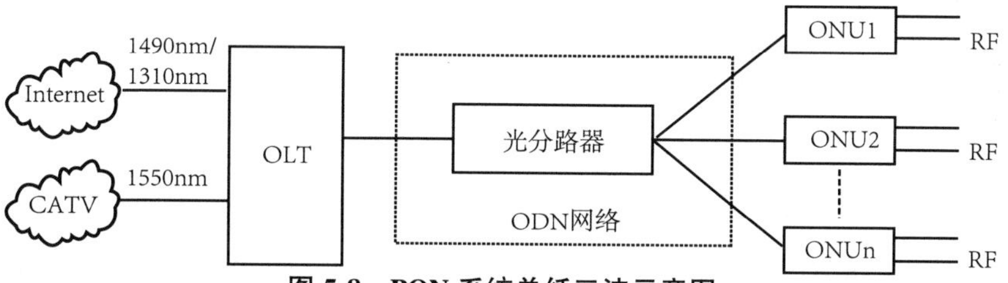

图 5-8　PON 系统单纤三波示意图

三个波长通过合波器复用后在一根光纤中传输,采用相同的 ODN 网络传输,到达用户端后再通过分波器将 1550nm 波长分离,经光电转后后通过 ONU 的射频 RF 端口输出有线电视信号,PON 系统的传输信号由 ONU 的以太网接口输出。

合波器和分波器属于高隔离度的 WDM 器件,合波器和分波器一般分别置于 OLT 和 ONU 内部,也可以作为一个独立光器件置于外部。

双纤三波方式是将 PON 网络的光信号和有线电视信号分别在两根光纤上传输,如图 5-9 所示。

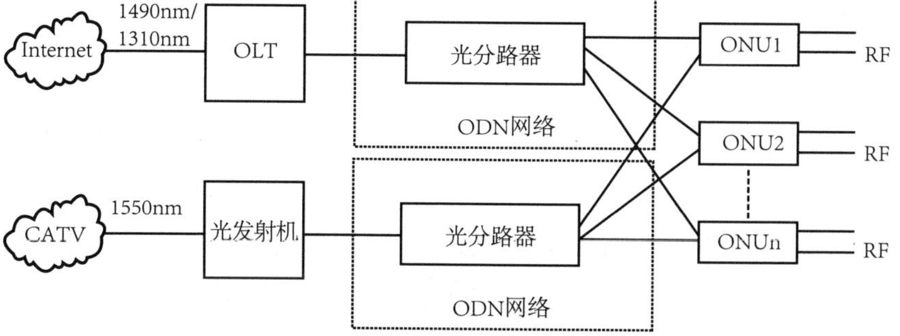

图 5-9　PON 系统双纤三波示意图

有线电视业务在下行方向采用1550/1310nm波长单独利用一根光纤进行传输，PON系统原有的1490/1310nm波长信号单独利用一根光纤传输，两路信号通过各自的ODN网络进行传输。

用户侧的ONU设备具有PON接口和有线电视信号光输入接口，ONU通过有线电视信号光输入接口接收有线电视信号后，由射频RF端口输出有线电视信号，PON系统的传输信号仍由ONU的以太网接口输出。

5.4 ODN网络规划与设计

ODN网络规划的目的是为一定范围内的用户提供灵活和可靠的接入，需要根据覆盖区域的用户分布、地理范围以及现有网络资源进行针对性设计，并且充分考虑向FTTH接入逐渐过渡的趋势，保证ODN网络的可扩展性。ODN网络的规划首先要确定FTTx网络的应用模式，然后确定网元的设置方式、容量，以及网络结构，并确定接入光缆网络的架构和容量。

5.4.1 组网规划

ODN网络的组网应根据用户性质、用户密度的分布情况、地理环境、管道资源、原有光缆的容量等多种因素综合考虑选择合适的结构和配纤方式。其主要内容是：首先，收集用户基础数据，根据用户业务发展情况确定规划区；其次，规划OLT节点数量、位置和覆盖范围；再次，规划光节点数量、位置和覆盖范围；最后，确定光缆路由、纤芯配置和配线方式。

ODN拓扑结构的选择需要考虑用户的分布拓扑、OLT和ONU的距离、光功率预算以及可靠性等因素。光纤接入网的网络结构有二层和三层两种结构。对于FTTH/FTTO用户，包括主干光缆、配线和引入光缆，属于三层结构；对于FTTB用户，包括主干光缆和配线光缆两部分，属于二层结构。其中主干光缆一般以环型结构为主，配线和引入光缆以星型和树型结构为主。星型结构主要适用于有大数据量和高速率要求的用户，但是ODN一般以树型结构为主，分光方式采用一级分光或者二级分光，但不宜超过二级分光。

在全面推广PON网络技术和FTTH接入模式后，光缆接入的覆盖进一步延伸到楼宇、办公室和用户家庭，接入光缆的纤芯数量大幅增加，从而带来光节点数量的大幅增加。在三层网络结构的光接入网中，光节点分为主干光节点、配线光节点和用户光节点三种。

ODN网络的覆盖规划首先要确定目标区域的用户密度，根据各密度中社区的用户数量及覆盖范围，将规划期内接入网中的目标用户分布状况映射到其所对应的地理环境上，紧密结合当地建设的发展规划、功能规划等，因为它们在某种意义上决定了网络的组织结构、资源供给等内容，是ODN网络规划中非常重要的一步。

在 OLT 的覆盖范围内，要进行分光区的划分。分光区的划分是以用户的自然区域为基础，按照地理条件，结合用户密度和最佳容量、原有线路设备等因素进行划分。

分光区确定之后，在每个分光区内选择合适的位置设置一个分光点，集中安装光分路器，负责本分光区内的用户接入。

分光点的选择和设置要充分考虑现有管道资源，应选择业务量集中、地理位置相对重要的地点。另外还需要考虑光节点的覆盖范围和用户数对光纤使用的影响：用户比较密集的区域可考虑单独设置分光点；用户分散且间距不长的楼宇，可考虑共享一个分光点。

光分路器的设置应结合 ODN 网设计和用户规模及分布情况进行配置，以近期需求为基础，同时兼顾中远期业务发展的需要，便于今后扩容，预留光分路器的安装位置。对于 FTTH 应用，最大光分路比应根据配置 PON 系统支持的光分路数、可传输距离，以及用户的规模和分布情况进行设计；对于 FTTB 应用，最大光分路比应根据 PON 系统的可传输距离、带宽规划和 ONU 设置方式进行设计。

光分路器应根据 PON 系统承载的业务需求选择相应的型号规格，常用的光分路器的分路比有 1×N 和 2×N（N 为 2、4、8、16、32、64 和 128 等）。当系统承载 CATV 信号时，承载 CATV 信号的 ODN 网段应该使用 APC 端面的适配器，否则使用 PC 端面的适配器。

5.4.2　光缆配纤方式

ODN 网络的光缆配纤方式有交接配纤和直接配纤两种：交接配纤是指主干光缆经过光缆交接箱、光缆交接间等交接设备跳接到分纤盒；直接配纤指主干光缆直接到达分纤盒。一般光缆配纤方式以交接配纤为主，对于局所附近的用户也可采用直接配纤方式。

根据光缆经过光节点时芯数是否递减，又分为不递减和递减两种配纤方式。在环型组网中，一般采用不递减交接配纤方式；在树型组网中，一般采用递减交接配纤方式。分别如图 5-10 和图 5-11 所示。

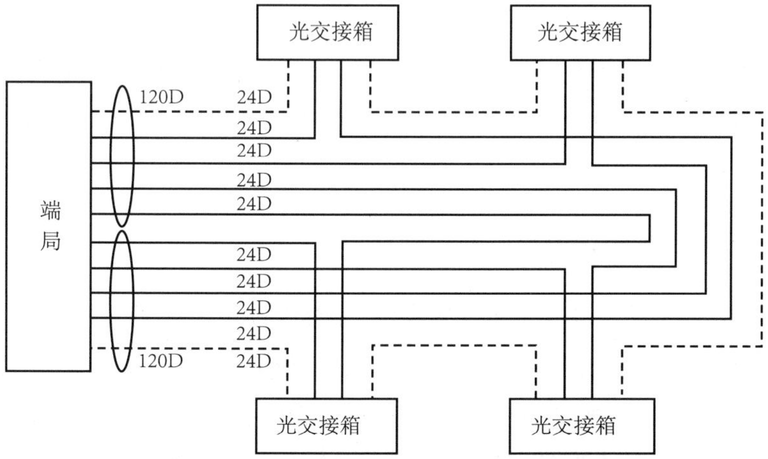

图 5-10　环型不递减交接配纤方式

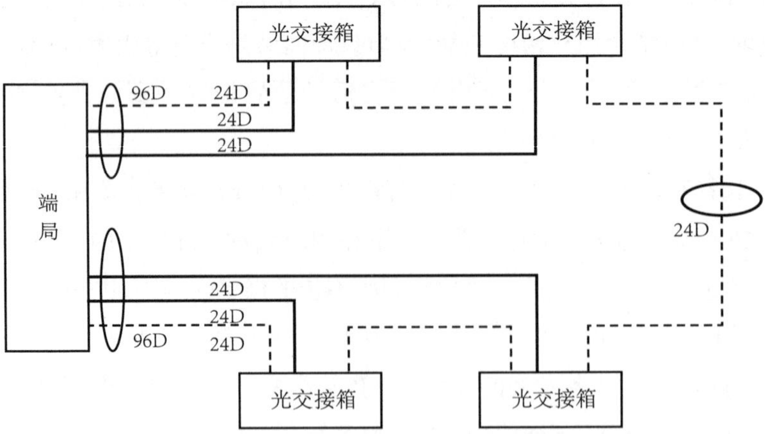

图 5-11 树型递减交接配纤方式

在图 5-10 所示的环型不递减交接配纤方式中，从端局节点引出一条 120 芯光缆，沿途经过各个光交接箱分别上/下路 24 芯后回到端局。为了灵活调度所用光纤，使用 24 芯公共光纤（图 5-10 中虚线所示）。因此，端局节点总的出局容量为 240 芯（双向各 120 芯），各个光交接箱占 48 芯（双向各 24 芯），4 个光交接箱共享 48 芯（双向各 24 芯）。

树型结构中，同一条光缆经过若干光交接点，每个光交接点的光纤都是单方向至上联局所。递减配纤方式是指每经过一个光节点光缆芯数递减，并且当经过某一光节点时，只上/下路该节点需求的纤芯量，其他纤芯直熔。

在图 5-11 所示的树型递减交接配纤方式中，从端局节点引出一条 96 芯光缆，每经过一个光交接箱上路 24 芯，剩余的 24 芯直熔送至下一个光交接箱，其中虚线为 24 芯为公共纤芯，在每个光交接箱上/下路后回到端局，供 4 个光交接箱共享。

环型组网方式适用于业务需求相对稳定、可用性要求高的场合，例如核心网或城域汇聚网。树型组网方式适合接入层以普通客户为主要承载对象的应用环境。环型结构组网需要在准确的用户需求预测和环型路由规划的基础上设计建设方案，对预测误差敏感，难以根据用户分布和业务需求的变化灵活调整。而树型结构只需提前确定主干光交接箱的地理位置即可，端局与光交接箱、光交接箱之间的纤芯容量完全按需配置，支持随时按需扩容建设。

5.4.3 ODN 光缆规划设计

ODN 光缆网络的规划包括两部分内容：一是光缆网络结构的规划；二是物理光缆网络的规划。光缆网络结构的规划就是前面所说的，确定 ODN 网络的拓扑结构、配线方式等内容。而物理光缆网络的规划是确定各区域节点的光缆连接，是整个光纤接入网规划中非常重要的一步，这是由通信线路的特殊性决定的。通信线路的服务年限较长，一旦敷设完毕很难进行大规模改动，并且一次性投资很大，所以应建设一个结构合理、灵活安全、充分适应未来发展需要的光缆物理网络。

光缆缆芯结构可分为层绞式结构、中心束式结构、骨架式结构和带状结构。层绞式结构制造比较容易，光纤数较少时多采用这种结构；中心束式结构具有体积小、质量轻、成本低等优点；骨架式结构简单，对光纤保护较好，耐压、抗弯性能较好；带状结构是空间利用率最高的结构，可以容纳大量的光纤，便于识别、分支和连接。

当光纤芯数在96芯以下时，一般结构的光缆都能满足安装和使用要求。光纤芯数在96~288芯之间时，松套层绞式带状光缆、骨架式带状光缆和中心束式带状光缆相差不大，都可以使用。当芯数在288~360芯之间时，骨架式带状光缆具有略高的光纤密集度，在提高施工效率和灵活接入方面有较大的优势。在360芯以上时，中心束管式带状光缆兼有层绞式带状光缆和骨架式带状光缆的优点，具有很小的外径，一般建议采用。光纤带的芯数为4、6、8、12、24、36芯甚至更多，接入网光缆为便于分纤一般采用6芯或12芯。

物理光缆网络由光节点和光缆组成，光节点的设置与用户分布直接相关，光缆路由和结构则与光节点的位置直接关联。因此，进行光接入网规划时，首先应确定光节点的位置和分布，再根据光节点的规划确定光缆路由的纤芯配置。

1. 主干光缆规划

主干光缆网络中的光节点称为主干光节点，是指用于汇聚多条配线光缆的光交接设备，一般为光交接间或者光交接箱，主要用于成端主干光缆和配线光缆，对配线光缆进行汇聚收敛，通过主干光缆连接到OLT局端。

主干光节点用于收敛多条配线光缆，一般情况下每6~10个地理位置分布相对集中的配线光节点设置一个主干光节点，但不负责光分路器的安装。

主干光缆的光纤主要以普通用户使用为主，并预留一定比例的公用纤芯，作为基站、专线接入、测试纤芯等使用。另外考虑到一体化的托盘结构，公用纤芯数量应取12的整数倍。对于实际用户所需光纤的芯数，应该在实际需求量的基础上再增加20%的冗余。

主干光缆的网络结构可以采用环型、树型结构。在不能满足各节点全部组环的情况下，可以采用“环型+树型”的混合结构，将较近用户节点组成环型结构，较远用户节点采用树型或者星型方式连接至环上最近节点。

采用环型结构建设主干光缆网络时，环上的节点可以是模块局端、光交接间、光交接箱或者基站，用户就近接入光缆环上的交接点，配纤方式一般采用环型不递减交接配纤方式。

采用树型结构建设主干光缆网络时，各交接点就近接到主干光缆上，光缆芯数可以采取递减或不递减方式。如果考虑将来可能组环，采取不递减方式，各交接点的光纤为双向配置；否则采用递减方式，各交接点的光纤为单向配置。

对于已有主干光缆覆盖的区域，新增的主干光缆主要采用树型结构，配纤方式可采用树型递减结构，当主干光缆经过某一光节点时，只上/下路该节点需求的纤芯数量，其他纤芯直熔。

对于没有主干光缆覆盖的区域，主干光缆前期组环，后续扩容的时候使用树型结构。主干环采用环型不递减结构，配纤方式选择"环型公共纤+环型独占纤"的方式。

2. 配线光缆规划

配线光缆网络中的光节点称为配线光节点，是指用于汇聚多条引入光缆的光交接设备，主要用于成端配线光缆和用户光缆，通过光分路器或直接跳纤方式完成配线光缆与用户光缆之间的跳接。

配线光节点一般为光交接箱或者接头盒(可内置光分路器)，对于能够获取机房的小区，也可考虑选择光交接间的形式。配线光节点一般设置在小区或者路边，在各个分光区建立一个光交接箱作为配线光节点使用，用于汇聚一个片区的引入光缆。

在城市内进行配线光节点的规划时，可按照每个配线光节点覆盖 200~500m 或者6~16 个用户光节点进行规划，其位置应选择在节点覆盖区域内光缆网中心略偏端局的一侧，或靠近人(手)孔以便出入线。

配线光节点与主干光节点之间的光缆为配线光缆，其结构以星型或树型为主，对于个别接入重要、有双路由需求的配线光节点，也可以与其他主干或配线节点组成环型。

在光接入网中，配线光节点可以实现物理收敛的作用，即将多条小芯数光缆收敛为一条中等芯数的配线光缆，降低光缆造价，提高引入光缆和配线光缆的整体利用率，通过跳接功能提高配线光缆的灵活性。

在 FTTB/FTTH 应用模式下，配线光节点的光缆芯数收敛比与配线节点是否设置有光分路器有密切关系。一般情况下，引入光缆利用率在 30%左右，配线光缆的利用率在 50%~60%。对于不经过光分路器收敛的引入光缆，配线光缆与引入光缆纤芯的收敛比一般在 1∶1.5 与 1∶2 之间。对于一级集中分光或二级分光的 ODN 网络，配线光节点内置有光分路器，所有引入光纤都经过光分路器的收敛，配线光缆与引入光缆纤芯的收敛比是不经过分光器时的若干倍，其倍数等于分光比。

3. 引入光缆规划

引入光缆网络中的光节点称为用户光节点，是指需要有光缆接入的用户建筑内的光缆末梢节点，可以是光交接箱、ODF 架、接头盒、分纤盒或分光区等无源设备，也可以是楼道 ONU、用户侧交换机和传输设备等。用户光节点的规划一般以建筑物为标准，将入楼光缆的光交接设备规划为一个用户光节点。

对于 FTTH 应用，用户引入光缆一般采用 1~2 芯光缆，对于重要用户或有特殊要求的用户，可根据用户需求设计；对于 FTTB 应用，进入楼宇 ONU 节点的光缆，应根据所覆盖用户数配置适当的纤芯数，并考虑向 FTTH 演进的纤芯需求，一般可采用 4 芯或 6 芯光缆，商业楼宇可适当增加纤芯数。

5.4.4　ODN 分光设计

对于 FTTH 应用，ODN 网络有一级分光和二级分光，如图 5-12 所示。根据光分路器的位置不同，一级分光又可分为小区一级集中分光、楼内一级集中分光、楼内一级分散分光等。

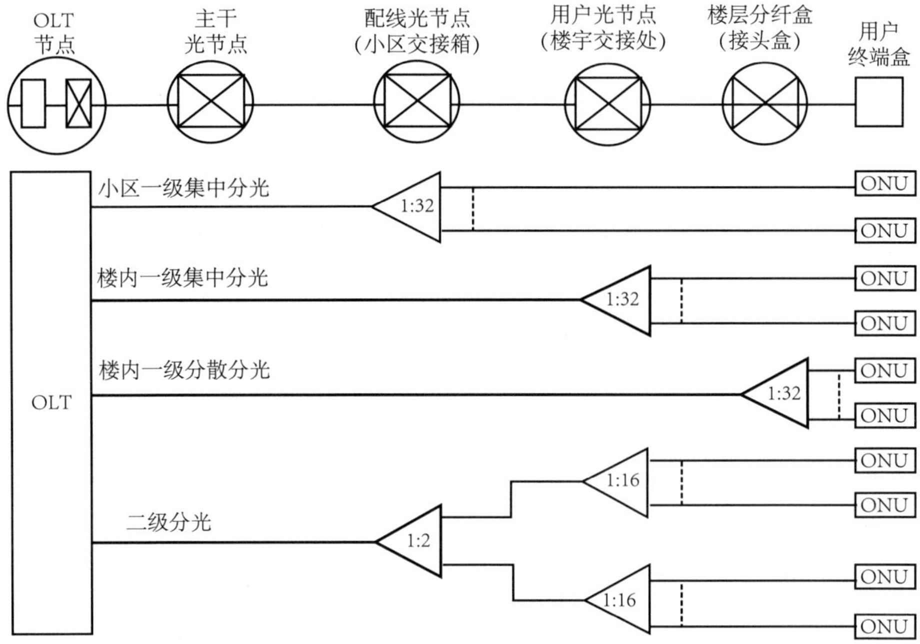

图 5-12　ODN 分光方式

规划光分路器的位置时，须在保证 PON 口一定使用效率的前提下，尽量将光分路器靠近用户接入点。小区一级集中分光是指将光分路器集中安装在小区的一个或几个光交接箱内，主要应用于别墅小区、多层住宅小区；楼内一级集中分光是指每栋楼集中设置一个安装光分路器的光交接箱，主要应用于高层住宅小区；楼内一级分散分光是指楼内每隔几层就设置一个光分路器节点，光分路器可以安装在分纤盒内，主要用于超高层住宅小区。

二级分光是指在小区内设置一个一级分光点，每栋楼再集中设置一个二级分光点，主要应用于中低层住宅小区。

对于 FTTB 应用，一般采用一级集中分光方式，光分路器集中安装在小区设备间或小区光交接箱中。

无源光网络的总分光比要根据 PON 系统的带宽规划以及设备的支持度来进行规划。一般情况下，EPON 系统在 FTTH 应用下，可按照 1∶32 设置，FTTB 应用下，可按照 1∶16 设置；GPON 系统至少可分别按照 1∶64 和 1∶32 设置。进行 ODN 组网规划时，考虑到 FTTH 的发展趋势，一般按照 FTTH 应用设计总分光比。

在总分光比一定的前提下，进行一级分光、二级分光等多种分光结构设计。在设计二级分光结构时应注意,第一级和第二级光分路器的分光比乘积不宜大于总分光比,即假设总分光比为 1∶32,那么二级分光可以采用(1∶2)×(1∶16)或者(1∶4)×(1∶8)等多种方式。

一级分光方式虽然占用光缆较多,但是在降低故障率和带宽优化方面比二级分光方式有优势,因此组网时一般尽量使用一级分光方式。对于用户比较分散,或者虽然用户分布较集中,但是管道路由条件受限时,也可采用二级分光方式,原则上不采用三级或三级以上的分光方式。

5.4.5 光功率测算

对于 EPON 系统,光模块主要使用 1000Base-PX20 和 1000Base-PX20+两种类型;对于 GPON 系统,光模块主要使用 Class B+和 Class C+两种类型,它们的光通道最大允许损耗如表 5-6 所示。

表 5-6 ODN 光通道最大损耗参考值

PON 标准	标称波长	光模块类型	最大允许损耗(dB)
EPON	上行:1310nm 下行:1490nm	1000BASE-PX20	上行/下行:24/23.5
		1000BASE-PX20+	上行/下行:28/28
GPON	上行:1310nm 下行:1490nm	Class B+	上行/下行:28/28
		Class C+	上行/下行:32/32

PON 系统光通道的传输距离一般采用最坏值法进行测算,分别计算 OLT 的 PON 口至 ONU 之间上行和下行的允许传输距离,然后取两者中较小值作为 PON 口至 ONU 之间的最大传输距离。

ODN 的光功率预算所容许的损耗包括光纤和无源光器件(光分路器、活动连接头、熔接损耗等)引入的损耗,该损耗要小于等于光通道所允许的最大损耗,其计算公式为:

ODN 光通道损耗=光纤损耗+熔接接头损耗+光分路器损耗+活动接头损耗

光纤损耗取决于光纤的波长和距离,损耗值等于光纤衰减系数和距离的乘积。对于 1310nm 波长,衰减系数取 0.36dB/km,1490nm 波长的衰减系数取 0.22dB/km。

熔接接头的损耗跟光纤接头类型有关:分立式光纤接头的损耗取双向平均值,每个接头为 0.08dB;带状光缆光纤接头损耗取双向平均值,每个接头为 0.2dB。

在进行距离测算时,为了简便,往往把光纤损耗和熔接接头合在一起,即光纤的衰减系数中包含熔接接头的损耗。对于 1310nm 波长,衰减系数取 0.38dB/km,如果是带状光缆,则取 0.4dB/km;对于 1490nm 波长,衰减系数取 0.26dB/km,如果是带状光缆,则取 0.28dB/km。由于光通道的损耗一般采用最坏值法计算,所以光纤损耗一般按照 1310nm 波长的损耗进行计算。

光分路器的损耗取决于光分路器的分光比,常见分光比的插入损耗可参考表 5-5。

活动接头的损耗按照每个 0.5dB 进行计算，由于 ODN 网络结构中连接点较大，因此活动接头的数量也较多，造成活动接头损耗在 ODN 的光通道损耗中占有一定的比重。为了保证一定的传输距离，需要尽量减少 ODN 网络中的活动接头个数，例如减少配纤级数，光缆采用固定连接等。

进行 ODN 组网规划时，应该保证 ODN 光通道损耗满足：ODN 光通道损耗+光缆线路维护余量<光通道最大损耗。

光缆线路维护余量的大小跟光缆传输距离有关：传输距离小于 5km 时，取 1dB；传输距离在 5km～10km 之间时，取 2dB；传输距离大于 10km 时，取 3dB。

由以上分析可知，ODN 光通道损耗主要是由光分路器插损、光纤损耗和活动接头损耗决定的，进行组网规划时，要综合考虑以上各种因素，保证光功率的合理分配。

5.6 本章小结

随着 PON 技术和设备的日益成熟，采用光纤接入方式部署 FTTB 和 FTTH 网络已经成为当前网络的发展趋势。

本章首先介绍了光纤接入网的标准和应用类型。其次介绍了 PON 网络的带宽规划与设计，根据业务和不同客户群的需求差异分配相应的带宽，其中 IPTV 业务占有非常重要的角色，主要包括 IPTV 视频直播和视频点播两种业务，应充分利用动态带宽分配的性能，合理规划每个 PON 系统的带宽分配。然后介绍了 PON 网络的系统结构设计，OLT 作为光纤接入网的汇聚点，构成了宽带 IP 网的接入网部分。PON 系统的业务承载方案、VLAN 设计和拓扑结构设计都是 PON 网络设计的重要内容。最后介绍了光分配网的规划设计，应根据覆盖区域的用户分布、地理范围和现有网络资源进行有针对性的设计，为一定范围内的用户提供灵活、可靠的接入，充分考虑向 FTTH 接入逐渐过渡的趋势，保证 ODN 网络的可扩展性。

思考题

1. PON 系统带宽规划包含哪些内容？
2. PON 系统的 VLAN 划分有哪几种模型？
3. 叙述有线电视在 PON 网络中的传输方式。
4. ODN 网络有哪几种分光方式？分别如何应用？
5. 如何测算 PON 网络的传输距离？

第6章 无线网络规划与设计

本章要点：

1. 广播电视单频网
2. 无线局域网系统组成与拓扑结构
3. 无线局域网的规划设计
4. 无线城域网的规划设计

6.1 广播电视单频网

6.1.1 概述

单频网（Single Frequency Network，SFN）是地面数字电视和移动多媒体广播系统中一种重要的组网技术，且应用越来越广泛。目前，大范围覆盖的移动数字多媒体广播基本上都采用了单频网的覆盖方式，如 CMMB、DTMB、DAB/DMB、DVB-T 等。

1. 多频网与单频网的概念

单频网是相对于多频网而言的。多频网是传统无线广播电视中使用的覆盖方式，其特点是覆盖网中的每一个发射机都使用单独的频率，在一定范围内所有的发射机之间的频率都不相同。例如，在 FM 广播中，只有相距 240km 以上的两个发射机才允许使用相同的频率，否则就会出现同频干扰。

每一台发射机因覆盖环境、发射功率等客观因素的不同，都有一定的覆盖范围。而一套节目的覆盖范围如果大于一台发射机的覆盖范围时，就必须使用多台发射机共同工作。在传统覆盖方式下，这些发射机，尤其是相邻的发射机必须使用不同的发射频率，在多台发射机的覆盖网中还要综合考虑发射机频率之间的相互影响，以防发生干扰。这样构成的覆盖网就叫作多频网，如图 6-1 所示。

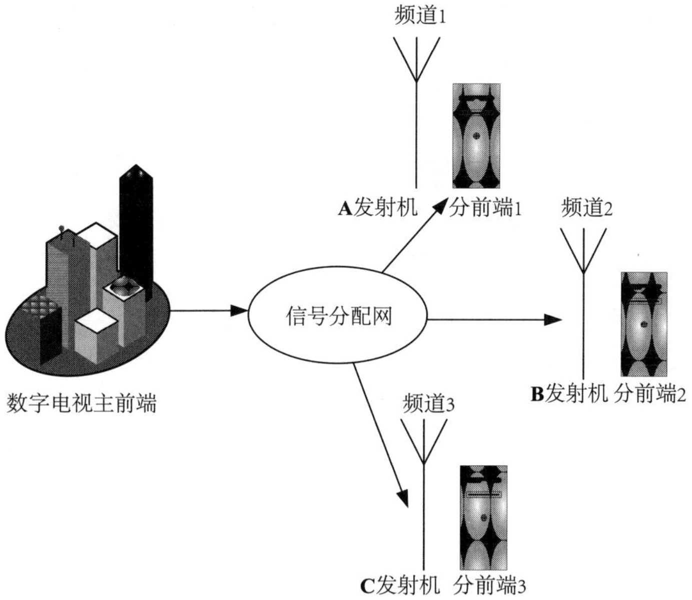

图 6-1　多频网结构示意图

从图 6-1 可以看出,主前端的信号通过分配网(可以是微波,也可以是光纤等)送到覆盖区域中的每个发射台。每个发射台由两部分构成:一个是分前端,一个是发射机。分前端将送来的信号重新调制到本发射机规定的频率,然后通过发射天线发射出去。图中的每个发射台所使用的频道都不相同,这就是多频网的工作方式。

单频网又叫作同步网、同频网,是由处于不同地点的许多发射台构成,这些发射台的发射机使用同一频率,在相同的时间里发射相同的节目内容,如图 6-2 所示。这里的"单频"是指在网内所有的发射机都使用中心频率相同、带宽也相同的频率块。既然所有的发射机都使用同一频率覆盖,那么覆盖网的范围就可以任意调节。

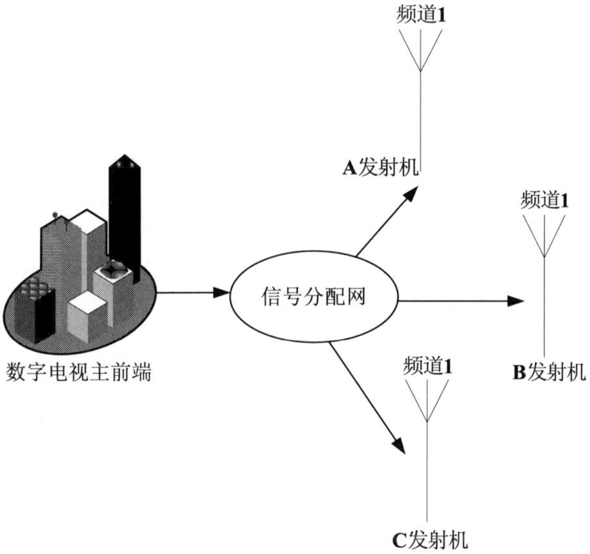

图 6-2　单频网结构示意图

通过与多频网结构对比可以看出,单频网内仅存在一个频率块,并且因为都使用一个频率,所以不需要在每个发射台再安置分前端,但是发射机中要安装单频网适配器来保证单频网的正常运行。

从前面定义中可以看出,单频网的同步主要指的是以下三方面的同步。

(1)频率同步

OFDM 调制信号由众多子载波构成,每个子载波都必须采用同一频率,而且单频网每个发射机的中心载波都必须采用同一频率,频率的精度取决于 OFDM 子载波之间的距离。我们将子载波距离定义为 Δf,fn 定义为第 n 个子载波的位置,那么理想的频率精度为 fn±(Δf/100)。为了使发射系统中的中频和射频级联后的精度仍然满足这一精度,通常的做法是将所有发射机中的上变频本振都同步到一个参考时钟,例如全球定位系统(GPS)时钟。

(2)时间同步

从理论上来说,只要采用合适的保护间隔,合理设计发射塔间的距离,OFDM 调制是可以抵抗多路反射的。这要求发射机实现时间同步,同一码流字符必须从不同的发射机中以同一时间发射。由于存在保护间隔,时间的精度不一定很高,通常采用±1μs 比较适中。

(3)比特同步

在同一时间传输同一个字符,需要所有子载波调制完全一致,因此,同一比特需要调制在同一个子载波,这一规则必须严格遵守。

在单频网中,每一台调制器通过不同的分配网与前端的复用器连接,引入的时间延迟都是不一样的,复用器无法向发射机内的调制器提供时间基准。因此,有必要从系统外部获得一个精度小于 1μs 的时间基准,最实用的办法是从 GPS 中提取 10MHz 标准频率和 1pps 标准时间。

2. 单频网的优势

(1)节约功率

单频网的节约功率主要体现在两个方面:一个是“相加”,一个是“统计”。

相加部分很容易理解,单频网内有多个发射机,发射的信号一模一样,那么多个发射机的信号必然会叠加,这样就能提高覆盖区域内的功率水平,如图 6-3 所示。由图 6-3 可以看出,单频网内由于有功率叠加,发射机的功率衰减曲线发生了变化,覆盖区域内功率衰减明显变小。因此,如果使用三台发射机构成单频网,覆盖相同地区,每台发射机功率与单独发射机覆盖所需功率相比会大大减小。测试表明,即使三台发射机功率总和也比单独一台发射机功率小很多。

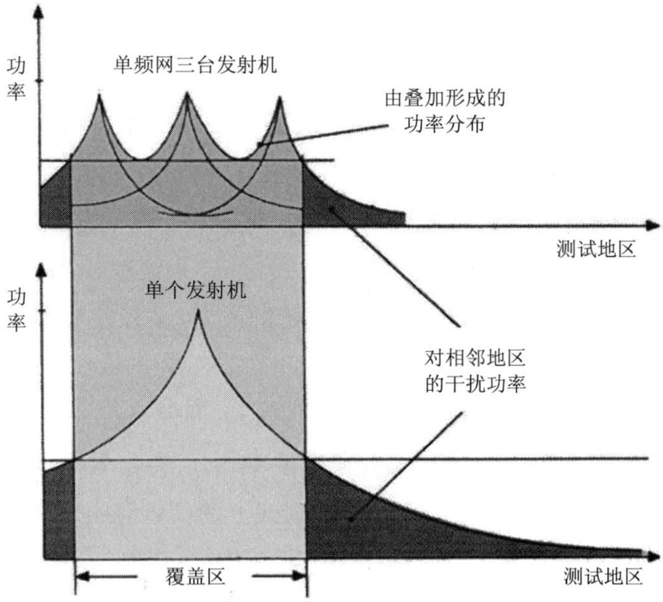

图 6-3　单频网与单个发射机覆盖状况对比

在单个发射机覆盖区域内任意一点测试功率,这个数值并不是固定不变的,这个现象叫作衰落。某一测试点的覆盖功率实际上就是这一点测试功率的统计值,实际值会在统计值上下浮动。这种不稳定造成覆盖信号时好时坏,为了保证信号的良好接收,在实际设计中,需要在覆盖功率上预留一定的余量。因此,越稳定的覆盖场强,越能保证信号的良好接收。

如果在覆盖区域内使用多台发射机构成单频网,那么再次考察同一个测试点就会发现:当一台发射机在该地点发生严重衰落的时候,其他发射机也发生严重衰落的概率很小。因此,在三台发射机共同覆盖下,覆盖区域内场强的波动性比单个发射机覆盖要小得多,信道也变得“平坦”了。因此,在单频网内所留功率余量比单个发射机覆盖要小得多,这样也就节省了大量功率。这就是单频网带来的统计上的功率增益。

(2)节约频率

我们前面提到,在传统的多频网覆盖中,240km 的范围里不能有两个频率相同的发射机同时工作,否则会产生同频干扰。因此,当一套无线节目想进行大规模覆盖时,必然会占用多个频率点。而单频网只需使用一个频率点就够了,它可以覆盖任意大小的范围而不必申请新的频率。

如果是小范围覆盖的情况,前面“节约功率”部分提过,单频网内的每台发射机功率要大大小于多频网发射机,从而单频网发射机对相邻地区的功率泄漏要小得多(如图 6-3)。因此频率的“再用距离”(或叫作“退耦距离”)也要小得多,也就是说,如果想在邻近地区再次使用该频率广播另一套节目,那么两个覆盖区域之间的距离要比多频网中单个发射机规定的再用距离小得多。这样就相当于节省了频率资源。

3. 单频网的工作原理

为什么单频网内的多台发射机使用相同的频率覆盖却不会造成同频干扰呢？这是因为当前的数字无线广播覆盖系统几乎都使用了 OFDM 技术。OFDM 技术可以大大增加发射信号的持续期，同时，OFDM 符号之前还会有一个保护间隔，这些都大大提高了 OFDM 信号对“多径传播”的抵抗能力。在单频网内，如果以一台发射机为“主发射机”进行考察，其余发射机所发射的信号对于这台“主发射机”来说就相当于多径信号。因此，只要发射机之间的距离不超过 OFDM 符号所规定的最大“多径路程差”，那么完全可以消除不同发射机之间的同频干扰。

在单频网中，除了有不同发射机发射的同频信号外，即使只有一台发射机，接收机也会收到各种反射波和散射波。但是，对于接收机来说，不管所有信号是来源于同一发射机但经过不同路径时延而在接收机天线上相遇，还是天线上的信号有一部分来源于其他同步工作的发射机，都无所谓。因此，处在不同地点的多个发射机，可以工作于相同的频率，并且发射相同的节目，以覆盖不同范围，这就是单频网的工作原理。单频网的同步工作能力，正是通过在 OFDM 传输方法中解决多径传播引起的移动接收时所出现的问题而得来的。

4. 单频网的构成

单频网的结构和所用的基本设备如图 6-4 所示。

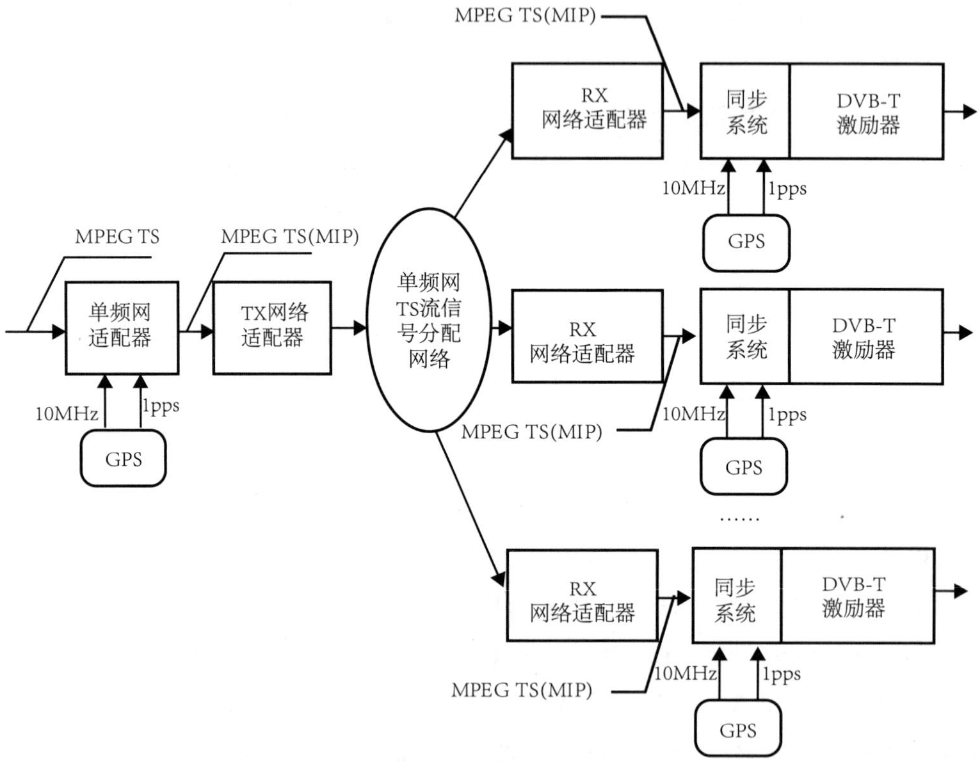

图 6-4 单频网功能模块

单频网适配器是保证整个单频网正常工作的关键设备。它会在传输的TS流中加入一个包(在DVB-T系统中叫作MIP包,在我国的数字地面电视系统中叫作SIP包,功能类似),该包中有保证单频网同步运行的重要参数。例如,在DVB-T的MIP包中就有对同步起重要作用的同步时间标志(STS)和最大时延参数。该包中还有保证各发射机发射相同信号的传输参数,如保护间隔、带宽、FFT模式等。发射端网络适配器(TX网络适配器)将单频网适配器输出的TS流适配成符合分配网络传输标准的数据流。

单频网TS流信号分配网络的作用就是将前端的TS流送给单频网内处于不同位置的每台发射机,通常使用光纤传输网络,也可以使用微波线路。TS流送到单频网的每台发射机后,首先通过接收端网络适配器(RX网络适配器)接收,然后送到同步系统中进行单频网同步。一般来说,要求单频网内所有发射机同步发射信号(也有一些特殊情况需要人为调整发射机,使其不同步发射,这种情况在后面图6-10单频网案例3-2中另有论述),但是有很多环节会造成TS流信号到达发射机的时间不同步,例如网络传输时延不同、设备信号处理时延不同,等等。这样就需要在同步系统中,根据MIP包的参数进行自动调整,对时延差异进行补偿,使每台发射机可以同时发射相同信号。而其中MIP包的生成和时延差自动调整都需要GPS系统给予统一的时间参考。经过同步调整的信号通过激励器进行OFDM调制、上变频、功率放大等环节,最后通过天线发射出去。

6.1.2　单频网的规划设计

1. 建设前期的准备工作

单频网建设前期要进行一些准备工作,首先是覆盖需求分析,明确单频网系统建设的目标和要求,包括单频网系统传输节目的数量、信号服务对象、覆盖范围、覆盖质量、建设经费,以及建设周期等方面的因素。

接下来要对覆盖目标区域进行实地考察,例如,有没有明显的遮挡物(如山丘、高楼)、建筑物密度(城市还是乡村)、覆盖地物环境(是否有树林、湖泊),等等。这些环境因素可能导致单频网发射机覆盖范围、覆盖效果的实际值与理论值有很大的偏差,因此需要根据具体环境进行调整,形成初步的设计方案。

在单频网初步设计方案制订后,需要对其覆盖效果进行理论预测,以便调整和优化网络参数,为工程调试和实施提供参考依据。对某个地区单频网覆盖效果的粗略预测可以根据当地的地貌数据、工作频率等首先确定合适的电波传播模型(如人口建筑稠密的城市常用Okumura-Hata模型),然后结合发射天线方向图、增益和高度等相关参数对覆盖区域中各个接收点的场强进行理论计算,在此基础上进行干扰分析,确保接收地点的信噪比能够满足用户终端的接收需求,单频网的覆盖目标能够基本实现。但这种理论分析一般比较粗略,为了更详细、准确地对覆盖区内的场强进行预测,需要使用专业的仿真软件,比如法国ATDI公司设计的地面数字电视网络规划设计仿真软件ICS Telecom NG。

单频网的组网一般需经过发射站点勘察、理论分析、覆盖预测、实际接收效果测试、覆盖预测效果与实际接收效果的对比、单频网网络优化与调整、重新选择发射站点，以及回归性测试等主要阶段的工作。

2. 单频网设计方案

在单频网原理中已介绍过，单频网的工作基础就是 OFDM 信号对多径传播的抵抗能力。因此，在构建单频网时最先考虑的问题就是要使各个发射机发射的信号到达接收机时的最大时间差不能超过 OFDM 允许的最大时延，也就是不能超过 OFDM 的保护间隔。

由此可知，采用大的保护间隔可以补偿长距离的反射波，但是同样会降低有用码流的使用率，因为保护间隔一般是使用“循环前缀”的方法形成的，也就是将 OFDM 符号后面固定长度的部分原封不动复制到整个 OFDM 前面形成保护间隔（我国数字地面电视标准使用的不是循环前缀，但是保护间隔内传送的依然不是节目内容）。如果降低保护间隔，那么有用码流的使用率就可以提高。如果既想提高保护间隔，又不想降低有用码流的使用率，就只有提高有限带宽内的载波数，缩短载波间距，增加接收端的运算处理负担，但这样又提高了终端成本。因此，保护间隔的选取，既要能保证信号不受多径传播的影响，又要能最大限度地保留有用符号的持续期，这需要多方面的权衡。

目前，数字广播系统中都使用了 OFDM 传输方式，而每个标准，如 DVB-T、DTMB、DAB/DMB、CMMB 等，都根据自身系统的运行环境规定了独特的保护间隔长度。为方便论述，本文以 DVB-T 为例，描述单频网参数的选择。其他标准下单频网的设计只要考虑保护间隔的不同，而设计方法完全一致。

DVB-T 标准中规定了四种保护间隔，分别是 OFDM 符号长度的 1/4、1/8、1/16 和 1/32。而在 DVB-T 中有两种 OFDM 符号模式：8k 模式和 2k 模式，它们的符号长度分别是 896μs 和 224μs。表 6-1 给出了 DVB-T 不同符号模式下，不同保护间隔的长度，即标准信号参数。

表 6-1　DVB-T 标准信号参数

模式	8k				2k			
保护间隔	1/4	1/8	1/16	1/32	1/4	1/8	1/16	1/32
字符长度（μs）	896				224			
保护间隔长度（μs）	224	112	56	28	56	28	14	7
总长度（μs）	1120	1008	952	924	280	252	238	231

大的保护间隔适合发射塔之间距离较长的大型网，小的保护间隔适合小范围网。保护间隔的范围越大，允许的两个发射机的间距越大，但是带宽的利用率越低。8k 模式可以支持较长的保护间隔，发射机的间距也大，功率要求高些；2k 模式的保护间隔较小，发射机间距小，功率要求低些。

根据电波传播速度，我们可以计算出在单频网中两个相邻发射机的最小和最大距离：2k 模式下的最小保护间隔是 7μs，它对应的距离是 2.1km；8k 模式下的最大保护间隔是 224μs，它对应的距离是 67.2km。当然这是两种最极端的情况，表 6-2 给出了 DVB-T 两种模式下不同保护间隔允许的相邻发射机之间的最大距离。

表 6-2　DVB-T 两种模式下允许的最大发射机距离

模式	8k(896μs)				2k(224μs)			
保护间隔	1/4	1/8	1/16	1/32	1/4	1/8	1/16	1/32
保护间隔长度(μs)	224	112	56	28	56	28	14	7
最大距离(km)	67.2	33.6	16.8	8.4	16.8	8.4	4.2	2.1

但是在实际应用中，发射机到接收机之间还不可避免地存在着多径传播，这些多径的存在相当于增加了传输距离。因此，上面这些数据只是计算出来的理论值，在实际应用中要为多径传播考虑一定量的冗余，发射机之间的距离要略小于理论值。

以上是最“保守”的一种情况，如图 6-5 所示（案例 1），一个发射机所处的位置肯定在另一个相邻发射机 OFDM 信号保护间隔所覆盖的范围之内。在这种情况下，无论以哪个发射机为主发射机，或者从任何方向上计算覆盖距离，两台发射机所造成的信号时间差都不会大于保护间隔。

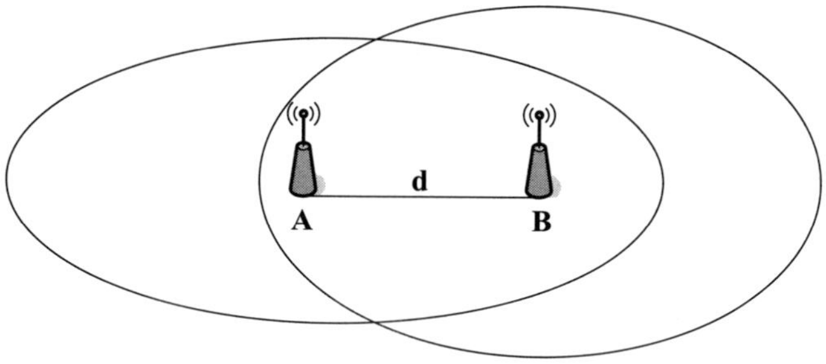

图 6-5　单频网案例 1 示意图

图 6-5 中椭圆表示覆盖范围，里面有两个发射机 A 和 B。A、B 发射机的覆盖范围不重要，重要的是它们之间的距离 d 要小于保护间隔支持的范围，用这种方式安排发射机是最保险的。如果有多个发射机，那么就要使任意两个发射机之间的距离不超过保护间隔的允许范围，如图 6-6 所示（案例 2）。

图 6-6 中 3 个发射机之间的距离都在保护间隔的允许范围内，因此，在中间交汇区域的接收机，尽管能够同时接收到三个发射机同时、同频发射的相同信号，也不会产生同频干扰或码间串扰的问题。反而会因为有多个发射机同时提供覆盖功率而使此处的接收效果要好于其他地区，这个现象称为单频网的网络增益。

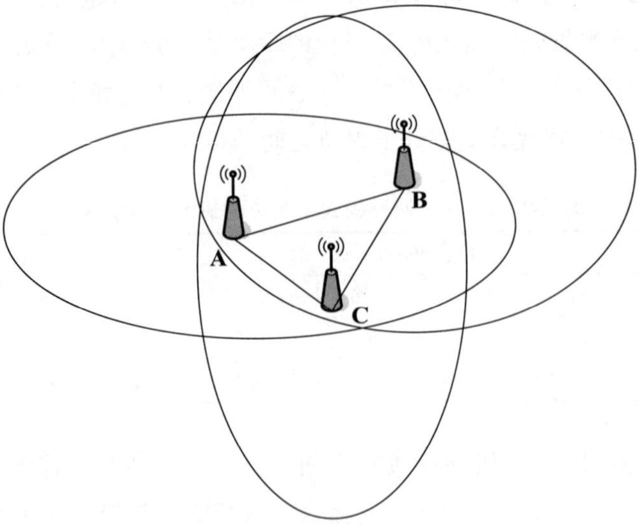

图 6-6　单频网案例 2 示意图

但在某些情况下,发射机之间的距离不一定在保护间隔的允许范围内,如图 6-7、图 6-8 所示(案例 3、案例 4)。图 6-7 中两个发射机之间的距离 d 大于保护间隔允许的范

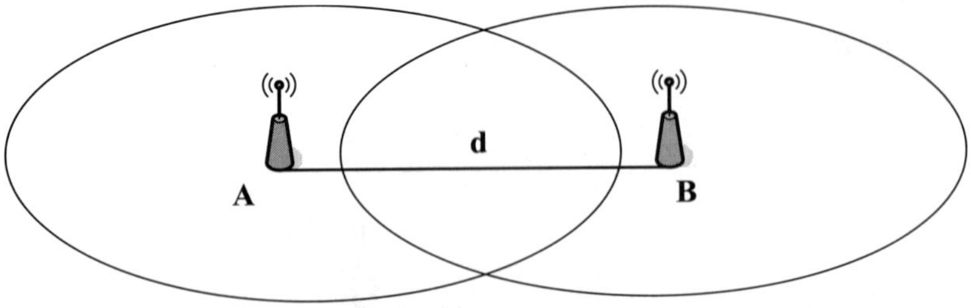

图 6-7　单频网案例 3 示意图

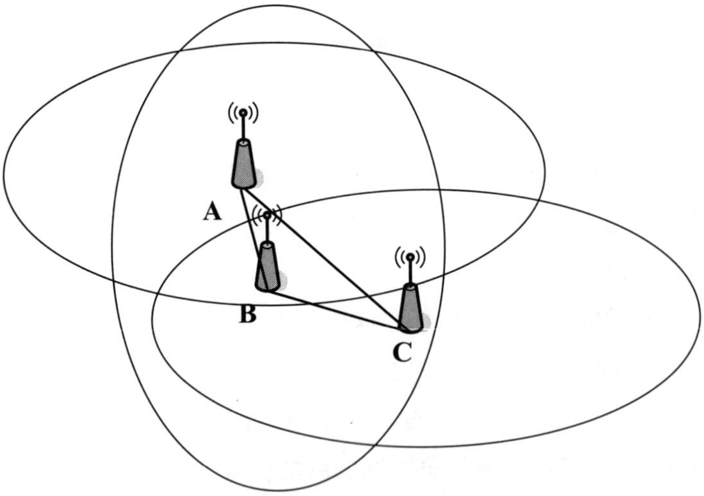

图 6-8　单频网案例 4 示意图

围,那么在交汇区就有可能出现同频干扰。图 6-8 中发射机 B 与发射机 A 和 C 之间的距离都保持在规定范围之内,但发射机 A 与 C 之间超出保护间隔允许的范围,更重要的是发射机 A 和 C 在覆盖范围上有重叠。

案例 3 和案例 4 在实际网络建设中都是有可能出现的,最典型的就是在一个狭长的区域进行连续覆盖,多个发射机不得不在一个方向上排成一排同时工作,这就是案例 4 所描述的。而案例 3 描述的情况则可以尽量利用发射机的覆盖范围,节省发射机的使用。以上两个案例都需要对网络进行仔细设计,否则就会在不同发射机覆盖范围的重叠区域产生同频干扰。下面对案例 3 和案例 4 进行详细分析。

先分析案例 3。首先在重叠区域选取一个点,使两个发射机到达这个点的距离差最大。这在地图中根据发射机的覆盖范围可以轻易地找出来,一般来说它位于发射机的覆盖边缘处,我们把这一点叫作 F(见图 6-9):

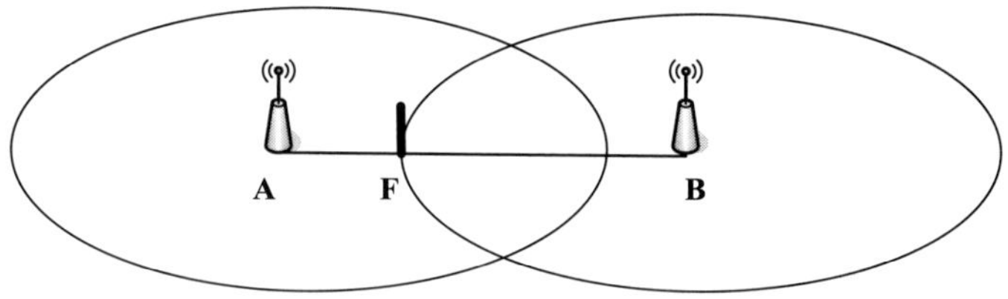

图 6-9　单频网案例 3-1 示意图

这样又分成三种情况:一种情况是 $|AF - FB| < D$ (D 为保护间隔允许的距离差),记为“案例 3-1”(图 6-9)。这种情况比较容易处理:发射机 A 和 B 不用作任何处理,只需要同时、同频发射信号即可。实际应用中,只需对单频网络适配器进行调整,使两台发射机能够同步工作。因为即使在差距最大的 F 点,两台发射机信号仍然不会产生同频干扰。而第二种情况(记为“案例 3-2”)则比较麻烦,如图 6-10 所示。

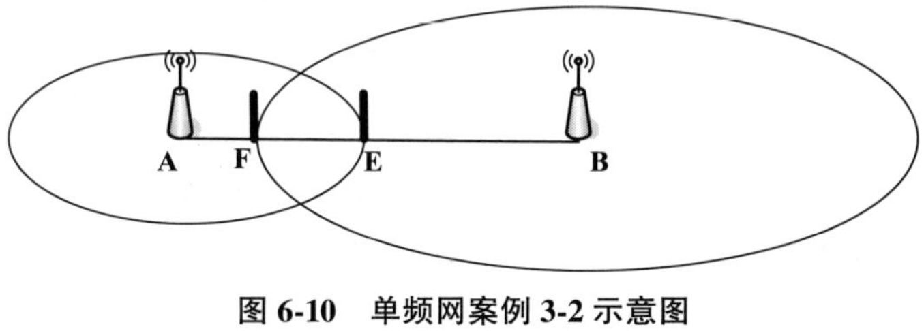

图 6-10　单频网案例 3-2 示意图

在图 6-10 中, $|AF - FB| > D$,而且 A、B 发射机覆盖范围有重叠。其实这种情况可以通过选用发射功率合适的发射机来尽量避免(一般来说,发射机功率在出厂时就固定好了,可调范围有限,因此要选用功率合适的发射机,而不是对发射机进行调整)。可以选用功率较高的发射机放在 A 点,选用功率较小的发射机放在 B 点,将案例 3-2 转变为案例 3-1,就比较容易处理了。

如果 A、B 两台发射机的功率覆盖范围就如图 6-10 中描述的那样 $|AF - FB| > D$，就需要对发射机 A 的信号作延迟处理。假设延迟的时间为 Δt，那么延迟的原则就是使下面的不等式成立：

$$|FB - \Delta t \times 3 \times 10^5 - AF| < D \tag{6-1}$$

同时

$$|EB - \Delta t \times 3 \times 10^5 - AE| < D \tag{6-2}$$

也就是说发射机 A 信号延迟相当于增加了发射机 A 到重叠区域的距离，而这个距离与 A 到重叠区域任意一点的距离的和与 B 到该点的距离的差要小于保护间隔允许的范围。但是这个延时的调整是十分有限的。例如：DVB-T 单频网络适配器所能调整的范围在 1 秒之内，而且这个时间还要算上节目信号到达不同发射机之间的时间差，因此可调整的时间范围很小。如果时延比较大，就只能加入专门的时延器了。因此，最好能选用功率合适的发射机，将情况控制在案例 3-1 的描述里。

第三种情况（记为“案例 3-3”）如图 6-11 所示：

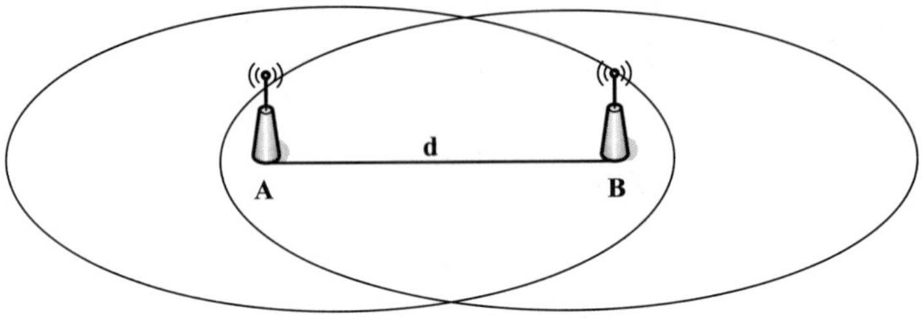

图 6-11　单频网案例 3-3 示意图

图 6-11 看上去与案例 1 很类似，但是图中发射机 A、B 之间的距离依然大于 D。在这种情况下只能选择功率较小的发射机，使之改变为案例 3-1 或 3-2 的情况，或者将两个发射机的位置重新设计，使之成为案例 1 的情况。不过，如果在发射机 A、B 之间有山丘等大型障碍物的阻挡，两个发射机的功率虽然比较大，但是相互之间的影响却不大，此时的单频网可以正常运行。其实在这种情况下，案例 3-3 已经转变为案例 3-1 或 3-2 的情况了。

下面我们再来分析案例 4。案例 4 实际上主要考虑的是发射机 A 和 C 之间的情况。而这两者之间的情况在案例 3 中已经作了详细的分析。其中需要注意的是，当发射机 A 与 C 之间的情况属于案例 3-2 的时候，其中一个发射机作了延迟（假设 A 作了延迟），那么，此时除了要考虑发射机 A 与 C 之间的关系外，还要考虑发射机 A 与 B 之间的关系。在原始的案例 4 中，发射机 B 与 A 和 C 之间都符合保护间隔允许的范围，但是当 A 产生延迟后，相当于增加了发射机 A 与 B 之间的距离。设 O 点为发射机 A、B 交汇区域的任意一点，那么对于区域内所有可能的 O 点，必须满足公式

$$|BO - \Delta t \times 3 \times 10^5 - AO| < D \tag{6-3}$$

才能保证发射机 A、B 之间不会出现同频干扰。因此，在设计单频网时要结合覆盖区域的

地形图，仔细选择发射机的功率和放置位置。当然，在实际应用中，绝大部分情况属于案例 1 和案例 2。

以上方案描述的是单频网内发射机位置的安排。当前数字地面覆盖的广播主要应用在大城市中，在这种应用环境下，高楼林立，阻挡物众多，必然会造成信号覆盖的阴影区，因此有限的几个发射天线是不可能做到 100%覆盖的。

面积比较小的阴影区不必专门设置发射机，可以使用“补点器”。补点器实际上就是由一个接收天线、一个信号放大器和一个小功率定向发射天线组成的。将接收天线装置在高楼顶端，以便接收大面积覆盖的单频网的节目信号，接收信号后不需要解调，而是经过功放直接放大后由小功率定向发射天线发送到阴影区。发射天线指向阴影区，发送频率与单频网频率相同，功率只要能覆盖阴影区就可以了，如图 6-12 所示。实际上即使补点器的覆盖范围超出了阴影区也没有关系，在单频网内同频信号重叠是不会受到影响的。

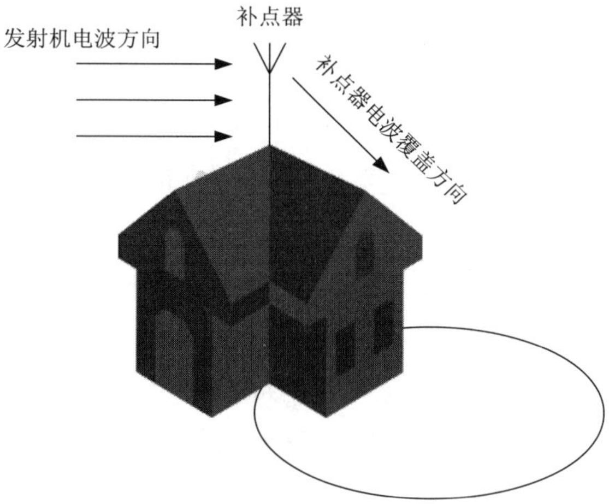

图 6-12　单频网补点器功能示意图

6.2　无线局域网规划与设计

6.2.1　无线局域网简介

无线局域网（Wireless Local Area Network，WLAN）是指以无线信道代替传统有线传输介质所构成的局域网络。它利用无线通信技术将计算机设备互联起来，构成可以相互通信和实现资源共享的网络体系，是计算机网络与无线通信技术相结合的产物。

WLAN 的主流标准由 IEEE 802.11 工作组负责制定和发布，较成熟的标准有 IEEE802.11a、IEEE802.11b、IEEE802.11g 和 IEEE802.11n 等，相关技术参数如表 6-3 所示。

表 6-3 WLAN 主流标准参数

标准号	IEEE 802. 11a	IEEE 802. 11b	IEEE 802. 11g	IEEE 802. 11n
发布时间	1999 年 9 月	1999 年 9 月	2003 年 6 月	2009 年 9 月
工作频率范围（GHz）	5. 150~5. 350 5. 475~5. 725 5. 725~5. 850	2. 4~2. 4835	2. 4~2. 4835	2. 4~2. 4835 5. 150~5. 850
非重叠信道数	24	3	3	15
最高速率（Mb/s）	54	11	54	300~600
实际吞吐量（Mb/s）	24	6	24	100 以上
受干扰几率	低	高	高	低
环境适应性	较好	差	好	很好
调制方式	OFDM	CCK/DSSS	CCK/OFDM	MIMO/OFDM
兼容性	802. 11a	802. 11b	802. 11b/g	802. 11a/b/g/n

从表 6-3 中可以看出，IEEE 802. 11b/g 标准工作在 2. 4GHz 频段，带宽为 83. 5MHz。该带宽中可以容纳 14 个子信道，每个子信道带宽为 22MHz，相邻信道的中心频点间隔 5MHz，而且相邻的一些信道之间频谱是重叠的（如 1 信道与 2、3、4、5 信道都有重叠）。实际应用中只能同时选取 3 个互不重叠的频点，一般选取 1、6、11 这 3 个频点。在其他规定的频段内，划分的子信道也有重叠，在应用中也只能选取互不重叠的信道进行覆盖。

除了以上 4 种常见的标准外，还有 IEEE 802. 11e、IEEE 802. 11h 和 IEEE 802. 11i 几种标准。其中 IEEE 802. 11e 将服务质量（QoS）纳入无线局域网，并使用时分多址（TDMA）取代了现有的 MAC 子层管理，为重要的数据增加了额外的纠错功能。IEEE 802. 11e 不但向后兼容 IEEE 802. 11a 和 IEEE 802. 11b，还增加了对多媒体数据的支持。

IEEE 802. 11h 引入了动态频率选择（DFS）和发射功率控制（TPC）这两项关键技术，克服了现有 IEEE 802. 11 其他标准在使用频段内相互干扰或者与雷达等其他无线系统相互干扰的缺点。IEEE 802. 11i 标准则定义了“强健的安全网络（RSN）”的概念，增强了 WLAN 中的数据加密和认证性能，并且针对 WEP 加密机制的各种缺陷作了多方面的改进。

为了适应多种用户和多种业务的不同需求，WLAN 使用多种物理层关键技术来保证数据的顺利传输，如图 6-13 所示。

这些关键技术是掌握 WLAN 设计原则和设计方法的关键，接下来对其中几种关键技术作一个简单的解释。

（1）跳频扩频技术（FHSS）

FHSS 是一种利用频率的活跃性进行数据扩展的扩频传输技术。“频率的活跃性”指的是微波在射频应用的频率波段中突然改变传输频率的能力。这种技术只在 IEEE 802. 11 中作了规定，在实际应用中很少，因此不作过多解释。由这种技术组建的 WLAN

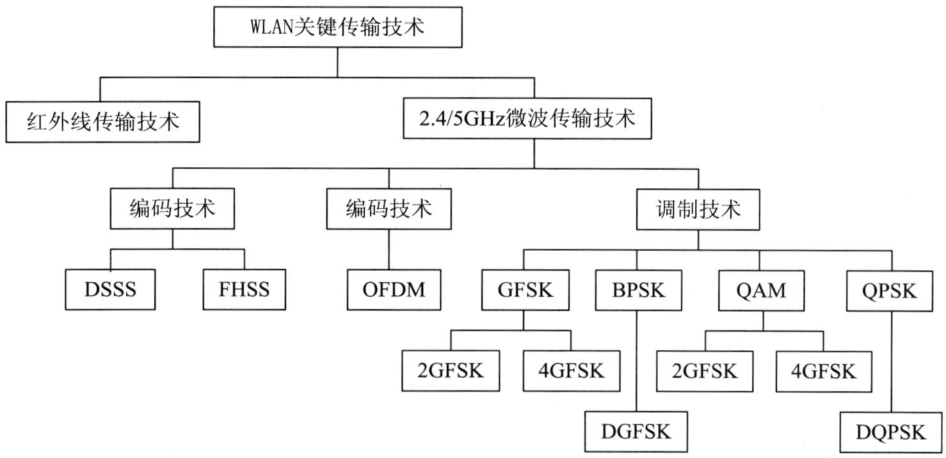

图 6-13　WLAN 关键传输技术

可以支持 1Mb/s 和 2Mb/s 的速率。

(2) 直接序列扩频传输技术(DSSS)

DSSS 是指直接采用具有高码率的扩频码序列对所传输信息进行调制,从而达到在发射端扩展信号频谱的技术。接收端采用相同的扩频码序列对接收信号进行解调,把被扩展的高速数据流还原为原始信息。DSSS 通常使用一个伪随机二进制串来调制原始信号,这个二进制串称为扩展码。通过调制可以将低速的原始信息调制成高速的扩展数据,这样做虽然增加了信号传输所需的带宽,但是也大大增强了信号对噪声和多径传播的抵抗能力。在 WLAN 中使用的扩展码类型主要有三种:巴克码(Barker Code)序列、补码键控(CCK)和分组二进制卷积编码(PBCC)。

(3) 载波调制技术

该技术是指使用高频振荡信号的某些特性表示要传输的数字信号的技术,其中高频振荡就称为载波。根据载波的三要素(幅度、频率、相位),基本的调制手段包括幅移键控(ASK)、频移键控(FSK)和相移键控(PSK)。在较高比特率时,还可以采用 ASK 和 PSK 的结合——正交幅度调制(QAM)技术。

(4) 正交频分复用技术(OFDM)

OFDM 是一种多载波调制技术,它使用多个子载波来代替传统单载波中的唯一载波,每个子载波之间频率间隔相同,这样就把原来的宽带信道转换为多个正交的子信道,使传输数据由原来的在一个载波上的时域串行信号,变为在多个子载波上的频域并行信号。OFDM 使得每个子载波上携带的数据的持续时间要大大长于单载波的持续时间,因而对多径传播的抵抗能力大大增加,并且每个子载波都是一个窄带信号,避免了信号受频率选择性衰落的影响。

(5) 多入多出技术(MIMO)

MIMO 可以在不增加带宽和发射功率的前提下成倍地提高通信系统的信道容量。它实际上是一种特殊的分集技术,在发射端和接收端使用多根天线构成 MIMO 系统。每一对收发天线都是一个独立的无线信道,具有独立的衰落特性。该技术将多个独立的无线信道综合到一起,因此其中一个信道发生严重衰落的同时另一个信道也发生严重衰落的概率是很低的,这样综合起来,在接收端每根天线上看,就会产生一个相对平坦得多的“综合信道”,从而克服信道衰落对信号造成的损害。这对于 WLAN 主要的应用场景——室内覆盖来说尤其重要,因为室内覆盖环境由于多径传播、使用者位置变化相对天线很明显等原因造成信道衰落非常剧烈。MIMO 将信道与发射、接收视为一个整体进行优化,从而可以实现高的信道容量和频谱利用率,是一种近于最优的空域、时域联合的分集和干扰对消处理。MIMO 还可以和 OFDM 联合使用,使信号在空域、时域和频域上进行三维分集,这样既可以通过 OFDM 避免多天线均衡带来的巨大的复杂性,又可以通过 MIMO 增加有限带宽的信道容量。

在 WLAN 领域还有一个与其相关性很高的概念:Wi-Fi。Wi-Fi 英文全称是“Wireless Fidelity”,意思是“无线保真”。就目前来看,Wi-Fi 已经被公认为 WLAN 的代名词,但实际上两者有着根本差异:Wi-Fi 在无线局域网范畴是指“无线相容性认证”,实质上是一种无线局域网产品的认证标准,即符合这个标准的设备才能进行无线局域网的互联;而 WLAN 标准则是无线局域网的技术标准,例如 IEEE 802.11 系列标准。

6.2.2 WLAN 系统组成

WLAN 系统主要由无线网卡、无线接入点、无线路由器、无线交换机、无线网关、无线网桥等设备,以及相应的服务器组成。

1. 无线网卡

网卡又称为“网络适配器”,是连接计算机和网络线缆之间的基础设备,为计算机之间相互通信提供一条物理通道,并通过这条通道进行数据传输。

无线网卡是 WLAN 的终端设备,一般集成在笔记本电脑、PDA 等移动设备中。无线网卡不提供网线接口,而是通过天线用无线信号进行网络连接。无线网卡必须支持 IEEE 802.11 系列标准。目前市场上常见的外接无线网卡有 PCI 接口无线网卡、USB 接口无线网卡、PCMCIA 接口无线网卡(又称为“PC 卡”)、SD/CF 接口无线网卡和板载特殊接口无线网卡(图 6-14)。

无线网卡和无线上网卡是两种完全不同的设备:无线网卡主要应用在无线局域网中,用于局域网连接;而无线上网卡就像是一个调制解调器,可以在手机信号覆盖的任何地方进行 Internet 接入。

2.无线接入点

无线接入点(Access Point,AP)是 WLAN 业务网络的小型无线基站设备,用于完成

PCI 接口无线网卡

USB 接口无线网卡

PCMCIA 接口无线网卡

SD 接口无线网卡

图 6-14　各种无线网卡

IEEE 802.11a/b/g/n 标准的无线接入。随着网络设备集成化的加强，AP 不仅包含单纯性无线接入功能的设备，也同样包含无线路由器（无线网关、无线网桥）等设备，本书中所讲的无线 AP 是指仅具有单纯性无线接入功能的设备。

AP 是连接有线网络与无线局域网的桥梁，任何 WLAN 终端设备都可以通过 AP 接入外部的网络资源，如图 6-15 所示。AP 在 WLAN 中的作用类似有线网络中的集线器，逻辑上它是一个无线单元的中心点，该单元内的所有无线信号都要通过它才能进行交换。无线网卡之间可以通过点对点的方式实现电脑之间的信息互通，但是这种方式仅限于临时的、局部的无线连接，只能形成一个封闭的无线网络环境，而无法连接到外部的 Internet。使用 AP 后则可以得到永久性的无线连接服务，而且能集中管理用户，大大提高

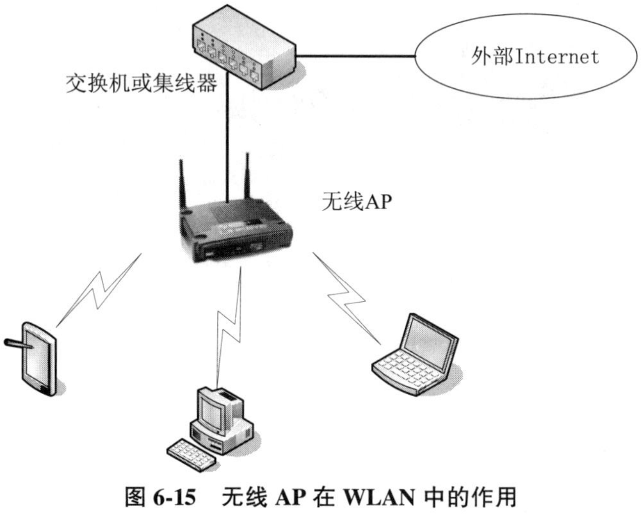

图 6-15　无线 AP 在 WLAN 中的作用

了网络的安全性。

AP 一般采用无方向性的天线，其覆盖范围是一个向外扩散的圆形区域，一般放置在 WLAN 的中心位置，同时覆盖区域内的每个移动终端与无线 AP 之间的距离最好不要超过 30m，以避免无线信号过度衰减，从而获得稳定连接。

实际应用中，AP 分为“瘦”AP 和“胖”AP 两种。所谓“瘦”AP 是指 AP 仅具有无线接入功能，类似无线的“集线器”。“瘦”AP 使用方便，但是对接入的用户、网络的状况都不做判别，其网络安全和管理功能交给“无线交换机”来完成。

“胖”AP 是指在 AP 中加入安全认证、QoS、接入控制等功能。“胖”AP 的复杂度较高，安装难度和造价大大增加。由于 AP 能够支持的用户数只有 10~20 个，对于大型企业来说可能需要上百个 AP 才能满足所有用户的需求，使用“胖”AP 会使网络建设成本急剧上升，而且其功能的复杂性也造成维护费用增加，所以“胖”AP 不适合大型的 WLAN。

3. 无线路由器

无线路由器(Wireless Router)在无线网络中起着主导地位，它是单纯型 AP 与宽带路由器的结合体。无线路由器利用路由功能实现共享 WLAN 中的 Internet 连接，实现 ADSL 和小区宽带的无线共享接入。另外，无线路由器可以把通过它进行无线和有线连接的终端都分配到一个子网，有利于子网内的各种设备进行数据交换。

无线路由器通常有两种端口：一种是 WAN 口，另一种是 LAN 口，如图 6-16 所示。其中 WAN 口用于连接 Internet 设备，直接接入 Internet 的接口；LAN 口用来连接局域网内的有线设备，再加上由天线信号覆盖的无线设备，共同形成一个有线、无线共享的 WLAN。图 6-16 所示的无线路由器共设置了 4 个 LAN 口，即该无线路由器可以带 4 个有线设备。

图 6-16　无线路由器端口

无线路由器不仅具有单纯的 AP 功能，例如支持 DHCP 客户端、VPN、防火墙、WEP 加密等，还具有网络地址转换(NAT)、域名服务器(DNS)设置、MAC 地址克隆等功能，可以支持局域网用户的网络连接共享。

4. 无线交换机

“瘦”AP 构成的 WLAN 需要增加无线交换机才能完成网络管理和安全的功能,其基本结构如图 6-17 所示。无线交换机具有两大功能:第一是集成“胖”AP 中存放的 IP 地址、密码、安全认证、访问控制列表(ACL)、QoS 等,在一定程度上解决了 WLAN 安全性的问题;第二是能够动态智能地调整“瘦”AP 的信道和功率,当 WLAN 中某个“瘦”AP 发生故障,无线交换机可以调整附近的“瘦”AP 进行补充覆盖,防止网络中断。

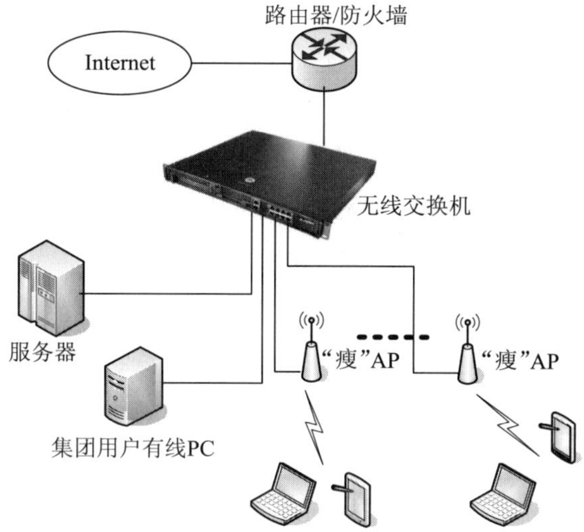

图 6-17　由“瘦”AP 和无线交换机构成的 WLAN

AP 接入点作为一台转发器向无线交换机转发 802. 11 连接请求,无线交换机对该请求应答。无线交换机通过 802. 1x 协议对用户证书进行验证,以实现对无线用户的认证。认证完成后,服务器将加密密钥传送给无线交换机。用户独立获得密钥,开始发送加密数据。认证服务器的主要功能是接受来自 AP 的用户认证服务请求,对 WLAN 用户进行认证,并将认证结果通知无线交换机。

随着硬件成本的下降、芯片计算能力的提高以及功能集成的加强,许多 WLAN 设备在功能上发生了重叠。例如,目前许多无线交换机和无线路由器在功能上多有重叠,甚至一个硬件产品就能完成两个设备的所有功能。

5. 无线网关

广义上的网关是指一个网络连接到另一个网络的接口,可以支持不同协议之间的转换,实现不同协议网络之间的互联。例如,一个企业的内部网络与外部网络相连,就需要一个网关加以管理和控制。无线网关是指集成有简单路由功能的无线 AP,可完成无线网桥和无线路由器的功能,也可以直接连接外部网络(如 WAN),同时实现 AP 功能。

无线网关和无线路由器与传统网关和路由器的差别仅仅是有没有无线收发设备,在网络功能上没有任何差别。无线网关和无线路由器之间的差别是网关与路由器之间的差别。路由器和网关都是网络中连接不同子网的主机,二者都可对到达该主机的数据包进行转发,但二者又有本质区别:路由器将来自某个网络的数据包路由到互联网上任何可能的目的网络中,但是路由器只能在使用相同协议的网络中转发数据包;而网关是一个协议转换器,可以接收一种协议的数据包(如 AppleTalk),然后将其转换成另一种协议的数据包(如 TCP/IP)发送出去。但在实际应用中,很多路由器都集成了网关的功能,如防火墙、VPN 等。

6. 无线网桥

无线网桥又叫无线桥接器,顾名思义就是无线网络的桥接,它利用无线传输方式,在链路层实现两个或多个网络之间的通信。无线网桥的基本功能是对信号进行存储转发,在不同的 WLAN 之间实现信号再生,有效地连接两个 WLAN,使本地通信限制在本地网段内,并转发相应的信号至另一网段。无线网桥的这种存储转发并不涉及网络数据中高层协议的信息,通常只用于连接数量不多、类型相同的网段。

无线网桥主要由无线收发器和天线组成,其中无线收发器由发射机和接收机组成。发射机将本地 WLAN 中的数据编码调制到特定频率,再通过天线发射出去;接收机则从天线获取这个特定频率的信号,解调并解码后还原为原数据,送到 WLAN 中。

实际应用中无线网桥有两种工作方式:一种是点对点方式,另一种是中继方式。点对点是指通过一对网桥将两个距离较远的 WLAN 直接连在一起,这种方式要求两个网桥天线之间能够互相收发信号;中继方式是指两个 WLAN 之间无法互相通信,但都可以和第三点进行通信,这第三个点称为中继点,可以将其中一个 WLAN 的信号存储转发给另一个 WLAN,反之亦然。

无线网桥严格意义上是指连接两个距离较远(1~20km)的 WLAN 的设备。而相距如此远的 WLAN 通常都会独立地通过无线路由器接入 Internet,很少出现将两个 WLAN 直接连到一起的情况,因此这种设备实际应用较少。

6.2.3 无线局域网的拓扑结构

在学习设计无线局域网之前,首先要了解无线局域网的组网结构。现有的无线局域网在结构上基本可以分成两大类:无中心拓扑结构和有中心拓扑结构。无中心拓扑结构也被称为点对点模式;有中心拓扑结构包括基础结构模式、多 AP 模式、无线网桥模式、无线中继器模式和 AP Client 客户端模式。

1. 点对点模式

点对点模式是在某个区域内的移动设备通过自身配置的无线网卡进行自组网的一种无线网络构成形式,是属于 WLAN 拓扑结构中的无中心拓扑结构,又称为“基于对等的结构模式”。

点对点模式如图6-18所示，网内的每一台移动上网设备都称作“工作站”，它们之间是对等的，相互之间可以直接通信，这种网内没有类似于AP或无线路由器的中心基站，只是在有限范围内实现了多个移动工作站的互联，因此这种模式又叫作移动自组网。这种组网方式虽然很灵活，但仅能实现网内站点信息的共享，而不能接入有线网络，是一种仅供独立使用的网络，且网内的安全由各个工作站自行维护。

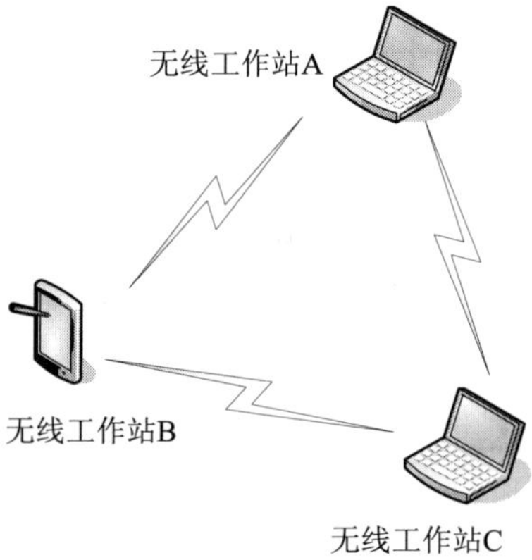

图6-18　点对点模式

点对点模式以其快捷、灵活的特点广泛应用于临时移动通信环境，例如，局部军事通信、自然灾害现场和事故的处理现场等。

无中心拓扑结构网络除了不能与外网相连外，还有两个较大缺陷：一个是网内信道竞争会随着网络的增大、用户数量的增加而越来越激烈，当用户多的时候这种竞争会严重影响网络性能；另一个是这种网络的路由比较复杂多变，路由信息会随着网内用户的增加而急剧上升，严重时路由信息会占用大部分有效通信信号。因此，点对点模式通常用于少数用户临时组网环境，一般为4~8个用户。

2. 基础结构模式

基础结构模式由AP、无线工作站（STA）和分布式系统（DSS）组成，如图6-19所示。AP用于在STA和有线网络之间接收、缓存和转发数据，无线网内所有通信必须通过AP来完成，AP就相当于整个WLAN的通信中心，因此这种模式又叫作有中心拓扑结构。DSS一般指以太网。

AP的覆盖半径可达上百米，并且可以连接到有线网络，实现无线网络和有线网络的互联。在这种结构中，大部分网络协议由AP来完成，移动工作站只需要执行很少的一部分，所以复杂性大大降低。该模式的弱点是抗毁性差，AP发生故障就会导致整个网络瘫痪。

3. 多AP模式

多AP模式是指由多个AP以及连接它们的分布式系统组成的基础结构模式网络，

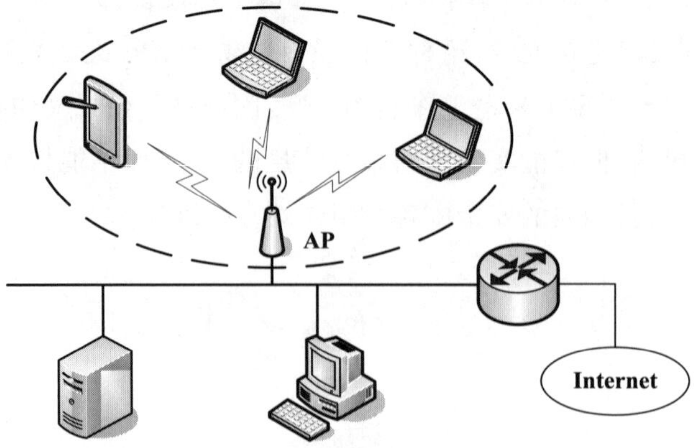

图 6-19 基础结构模式

如图 6-20 所示。这种模式由多个基础结构模式(也称作“蜂窝”)组成,拥有多个中心,每个 AP 都是一个独立的无线网络基本服务集。网内所有 AP 共享一个分布式系统,因此它们具有相同的扩展服务集标识符(ESSID)。相同 ESSID 的无线网络之间可以进行漫游,不同 ESSID 的无线网络可以形成逻辑子网。

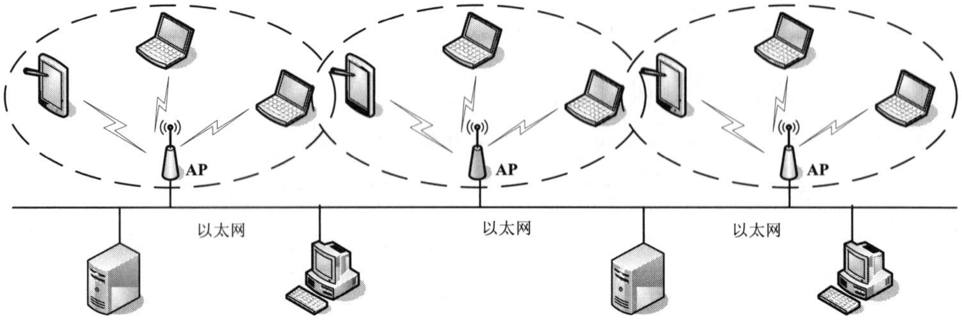

图 6-20 多 AP 模式

需要注意的是,在实际建设中,不同的网络基本服务集之间有重叠区域,目的是让整个网络中的用户可以在不同的网络基本服务集之间无缝漫游切换,这个重叠区域大约是覆盖范围的 15%。

在实际建设中,如果 DSS(以太网)的覆盖范围不能保证所有的 AP 都能直接接入,则可以使用多蜂窝无线中继的方式进行 WLAN 延伸覆盖,如图 6-21 所示。

需要注意的是,这种结构虽然在无线网不能覆盖的情况下提供了延伸覆盖,但它要求两个蜂窝之间的重叠范围比多 AP 模式要大得多,大约需要 50%的重叠,这意味着该结构下无线客户端的使用效率也会下降 50%。

4. 无线网桥模式

无线网桥模式就是指在无线网覆盖中使用一对无线网桥将两个处于不同位置的

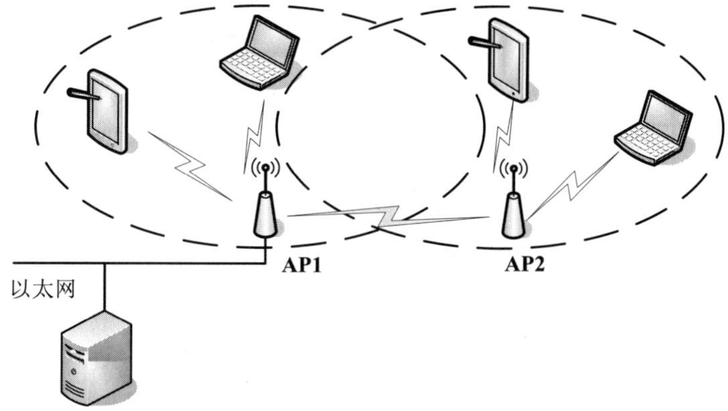

图 6-21　多蜂窝无线中继结构

WLAN 连接到一起,实现资源共享的组网模式,如图 6-22 所示。由于无线网桥通常用于远距离传输,因此在使用定向天线的情况下,两个 WLAN 之间甚至可以相距 50km。

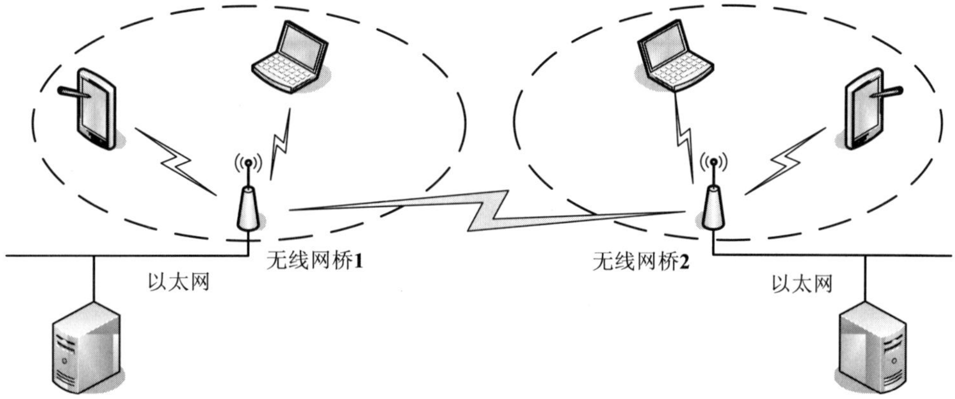

图 6-22　无线网桥模式

5. 无线中继器模式

无线中继器模式的结构如图 6-23 所示,它与无线网桥模式工作原理相似,都是连接

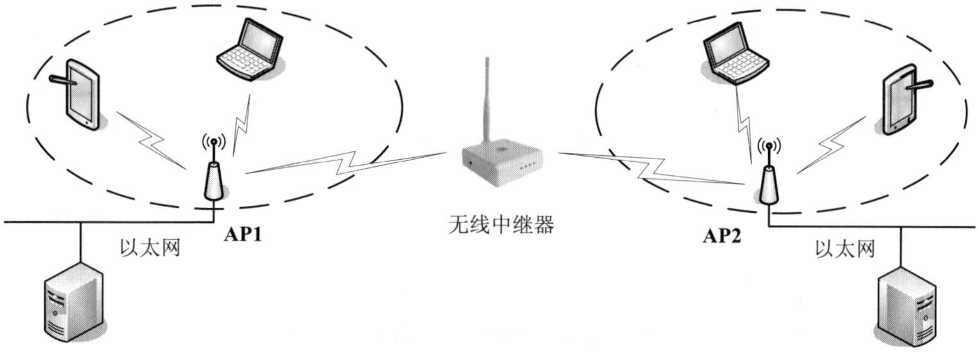

图 6-23　无线中继器模式

两个距离较远的 WLAN,但是因为网桥和中继器的工作原理不同,这两种网络连接也有本质区别。无线网桥连接的是两个不同网段的 WLAN,而无线中继器只是对信号进行接收转发,并不改变任何网络设置,它所连接的两个 WLAN 实际上是在一个网段内,可以看作处在不同位置的一个大的 WLAN。

6. AP Client 客户端模式

AP Client 客户端模式由中心无线 AP 和远端无线 AP 构成,如图 6-24 所示。中心无线 AP 设置为 AP 模式,可以提供中心有线网络连接和自身无线局域网覆盖范围内无线终端的接入服务。远端无线 AP 设置为 AP Client 客户端模式,这样远端 WLAN 就可以通过访问中心无线 AP 的方式上网。

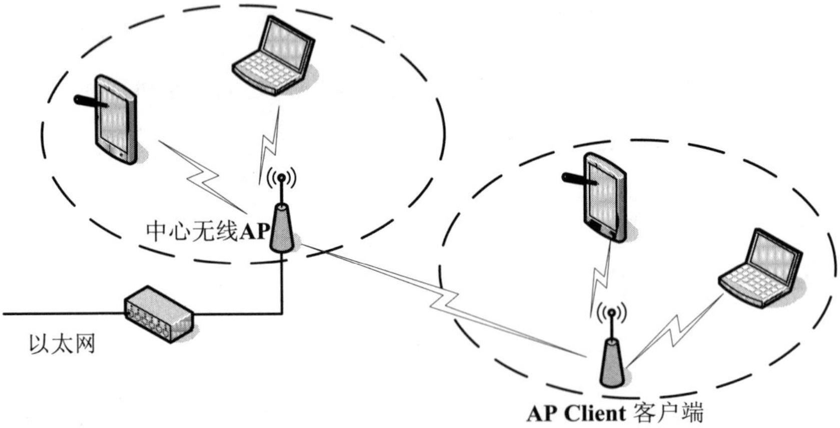

图 6-24 AP Client 客户端模式

AP Client 客户端模式看上去跟多蜂窝无线中继结构很相似,但是两者有本质区别。在多蜂窝无线中继模式中,相邻两个无线 AP 之间采用中继方式连接,该模式下每个蜂窝都是对等的 WLAN,只要其中一个能接入有线网络,那么所有的蜂窝都能对等地接入。

在 AP Client 客户端模式中,中心无线 AP 覆盖形成的无线网络是一个完整意义上的 WLAN,而客户端 AP 形成的网络在中心无线 AP 是看不到的。中心无线 AP 把客户端 AP 看作一台无线客户端,跟一个无线网卡地位相同,即俗称的"主从模式"。客户端 AP 如何组织自己的 WLAN、里面用户有多少、连接方式如何,等等,都是由客户端 WLAN 自己决定的。不过,在设计时还需考虑客户端 WLAN 不能太大,否则会严重影响客户端 WLAN 的网络速度。这种模式的好处是可以分级管理整个 WLAN,方便网管统一管理子网络。

以上介绍了 6 种 WLAN 的主要结构。在实际应用中,由于覆盖环境多种多样,往往不是一种模型就能完成整个目标区域的覆盖。所以,在建设 WLAN 时,要深刻把握各种模型的结构特点和优势,灵活、综合运用各种模型,共同完成覆盖。

6.2.4 无线局域网规划设计

无线局域网的设计是一项复杂的工作，其原因在于无线信道的传输环境与有线相比要复杂得多，而且无线信号的覆盖不像有线信号那么精确，同时使用无线网的用户往往其移动性和加入/退出的随机性也比较大。

设计一个覆盖良好的 WLAN，需要根据特定环境和测试结果作出相应的调整，这就要求设计者在掌握设计理论的前提下还要拥有丰富的调试经验。

一般来说，一个 WLAN 的设计需要遵循以下流程：首先由 WLAN 用户根据实际需要提出需求；其次由负责设计 WLAN 的人员到现场勘查。在设计时需要充分考虑覆盖区域的大小形状、容纳的用户数量、未来使用情况变化等多方面因素，针对覆盖区域内每个站点进行个性化设计，保证建设方案科学合理。一般来说设计过程要遵循覆盖设计、频率规划、容量规划和网络优化等几个步骤。审核时，由项目负责人、WLAN 建设人员和集成厂家等共同对设计方案进行审核，综合考虑各方面是否合理，最后制订设计方案。

1. 设计目标

设计一个 WLAN 首先要确定设计目标。WLAN 比有线网络建设更具复杂性，例如，自由接入带来用户管理的复杂性、无线移动带来的对目标区域覆盖的复杂性等。同时，目前多媒体服务占据了网络应用的主要份额，多媒体业务的业务多样性、实时性也对 WLAN 提出了更高的要求。

一般来说，WLAN 的建设目标有以下几个：

第一，可实现数据业务与多媒体业务的同时运行，保证诸如语音、视频等业务的实时性要求。

第二，可方便地进行集中管理，WLAN 和其接入的有线网络采取统一认证，两者的计费系统要保持一致，能无缝连接，以方便运营。

第三，要具有方便、成熟的扩展性。

第四，如果在已存在的网络上架设新的 WLAN，则要求所设计的 WLAN 不能改变原有网络的规划和配置。

第五，要具有较好的安全性，可以对入侵和威胁作出有效地防护。

第六，要采用国际统一标准设计 WLAN，以获得广泛的支持。同时，要尽可能采用同一厂家的设备，以获得最大限度的兼容性和扩展性。

2. 设计原则

一个成功的 WLAN 设计方案应该要遵循以下几个设计原则：

(1)实用性

充分了解用户的需求和 WLAN 覆盖环境等因素,注重实效,建设性价比最高的 WLAN。

(2)安全性

要有完善的加密机制、灵活方便的权限设定和控制机制,使系统拥有多种手段防范非法入侵和信息泄露。

(3)可维护性

具有良好的网络管理、网络监控、故障分析和处理能力,使系统具有很高的可维护性。

(4)可靠性

网络系统的可靠、稳定是系统正常运行的关键保证。在网络设计时,应选用可靠性高的产品进行合理的网络架构,同时关键的、主要的设备要有备份,接入链路也要有备份,保证系统具有较高的故障容纳和自我修复能力。

(5)可扩展性

WLAN 是一项发展十分迅速的技术,所承载的业务日新月异。因此,在设计时要尽可能考虑到其扩展性,包括网络拓扑结构扩展、硬件的增加和更新、系统容量和处理能力的提高等方面。

(6)标准化

WLAN 所使用的技术要尽可能支持国际标准,而不是某个厂商或机构的协议。这样可以保证网络建设能够获得最广泛的技术支持和设备支持,也有利于多厂商设备的互通应用。

(7)技术先进性

尽可能采用目前最新的、成熟的 WLAN 技术和产品,使系统在相当长的时间内保持先进性。同时,还要考虑到网络业务的最新进展,使 WLAN 可以承载高性能要求的业务。最后,在设计 WLAN 时还要尽可能考虑到网络及其业务的未来发展,留适当余地,使网络具有前瞻性。

3. 调研勘察

首先通过调研了解客户需求,明确网络覆盖目标、应用背景,分析用户对象群、数量和业务特征等;然后对 WLAN 覆盖现场进行勘查,获得现场环境参数、传输和点位等资源情况;最后在此基础上制定合理的 WLAN 网络规划总体原则和策略。

(1)环境勘察

WLAN 容易受到各种环境因素的影响,因此对周围环境的调查是必不可少的。现场环境包括网络环境和空间环境两个部分。

网络环境是指欲覆盖区域内目前的网络覆盖情况,其中包括有线网络覆盖与已存在的无线网络覆盖情况。对网络覆盖情况的勘察既可以明确WLAN接入点的设置位置,又可以避免重复建设,节约建设成本。

空间环境分为室内覆盖和室外覆盖。WLAN的室外覆盖主要是完成数据链路的功能,因此要仔细勘察链路区域内的环境。如果室外环境较开阔,那么覆盖就比较简单,只需要考虑无线网桥和天线之间的距离就可以。如果室外环境中有障碍物,如树木、建筑物等,那么就需要仔细设置传输路径,尽量避开障碍物。室内覆盖是WLAN的主要应用方式,室内环境的建筑结构、房屋材质可以对WLAN信号产生很大影响。实验表明,在10m的距离内,无线信号穿过两堵砖墙后,仍然可以达到标称的最高传输速率,但再穿过一层楼板后,传输速率就只有标称速率的一半了。因此室内覆盖需要进行现场勘查,必要时需通过专用仿真软件进行信号覆盖仿真。

(2)覆盖范围

根据用户要求和勘查结果,确定WLAN的覆盖范围,在此基础上初步确定AP点位和数量。在多个AP共同覆盖的WLAN里,相邻AP的覆盖范围互相重叠是很有必要的,因为这样可以使用户无中断地在网内漫游。当然,这些AP必须工作在不同的信道上,以减少干扰。有条件时,可以进行WLAN仿真,预测规划效果,根据仿真结果进行调整,直到各项参数达到目标值。

覆盖范围确定之后根据前面初步确定的AP点位和数量进行合理的频率规划,避免频率干扰,力求将干扰降到最小。若频点始终无法合理规划,则需重新调整AP点位和数量。

(3)用户数量

用户数量包含两层含义:一个是设计的WLAN覆盖范围内有多少用户,另一个是用户行为分析。

确定给定区域中的用户数量,主要是为了计算每一个用户将拥有多少吞吐量,这个信息也用于决定使用哪种标准和设备建设WLAN。

用户行为分析是确定WLAN中可以容纳多少用户的重要因素,具体来说就是在线率和申请流量率两个参数。

在线率是指WLAN覆盖区域内通信设备使用WLAN上网的概率,不是所有网内的设备都随时在线,有些可能在浏览本地文件,这些设备虽然在网内,但是并不占用网络资源。在线率设得越高,用户在网内上网越畅通,但是也越有可能造成流量浪费。

申请流量率是指在线用户中申请网络流量的概率,不是所有用户都随时申请网络流量。例如当用户在浏览网页时,网页是下载到本地机器上的,因此在看网页的时间段内,这个用户就没有申请网络流量。如果另外一个用户正在在线看视频,那么这个用户时刻都在申请网络流量。因此,要对网内的用户群进行合理的预计,这样才能比较正确地计算吞吐量及数据速率。

(4)现有网络

如果在设计 WLAN 的区域已经存在有线或无线网络,那么必须要对其仔细考察,因为现有网络往往对新设计的 WLAN 有很大影响:第一,有线网络的结构会决定无线 AP 的设置,只有通过对现有网络运行状况的精确评估,才能消除或校正新设计的 WLAN 中潜在的风险;第二,新设计的 WLAN 可以充分利用现有的网络节约建设成本,优化设计方案。

4. 方案设计

全面的调研勘探为接下来的方案设计提供了充分的保障和依据,但还需要考虑到很多实际建设中可能遇到的问题。

(1)拓扑结构与链路预算

WLAN 网络建设要从覆盖范围和负载能力两个方面进行考虑。实地环境勘察可以让我们大致判断所设计的 WLAN 需要什么类型的拓扑结构。例如一个写字楼,每个办公室都需要无线上网,那么我们可以采用多 AP 的方式,每个房间放置一个 AP,所有房间的 AP 都连接到布在房间的以太网中。如果其中有两个部门相隔较远,我们可以采用无线中继的方式进行 WLAN 延伸,甚至采用无线网桥的方式连接。因此,仔细考察覆盖范围可以让我们大致了解什么样的拓扑结构能满足用户的需求。

确定好 WLAN 的部署方式后,就需要进行链路预算。设发射机的输出功率为 P_t,空间路径衰耗为 $PL(d)$,电缆及各类器件的损耗为 L_s,发射天线增益为 G_t,接收天线增益为 G_r,则接收机接收的功率电平 P_r 可用下面公式表示:

$$P_r = P_t + G_t - PL(d) - L_s + G_r \tag{6-4}$$

其中:

$$PL(d)[\mathrm{dB}] = PL(d_0) + 10N_{MF}\lg\left(\frac{d}{d_0}\right) \tag{6-5}$$

式 6-5 中 d_0 为单位距离, $PL(d_0)$ 为单位距离上电波的损耗, N_{MF} 表示多楼层路径损耗。

根据式 6-4 和 6-5 可以计算出覆盖范围内任何一点的信号场强,进而确认 AP 的覆盖范围。但是需要说明的是,这个计算结果只是一个统计值,而不是精确值,即这个计算结果是该测试地点场强的理论值,而实际值是不稳定的,会以理论值为中心上下波动,这个现象叫作无线信号的衰落。一般来说,衰落值会以理论值为均值,上下波动范围成正态分布。这个波动越缓慢、幅度越小,说明这个地点的信号越稳定。

WLAN 信号在室外和室内的覆盖情况是不一样的。WLAN 用于室外覆盖时,覆盖范围不大(指 AP 的覆盖,中继器是数据传输,不属于覆盖),因此一般按照自由空间电波传播的方式计算就可以了。在工程上,2. 4GHz 电磁波的损耗可以按照下式计算:

$$L_0(\mathrm{dB}) = 92.4 + 20\lg(d) + 20\lg(f) \tag{6-6}$$

其中:L_0 为自由空间损耗, d 为传输距离,单位为 km,f 为信号工作频率,单位是 GHz。

室内环境下信号接收场强可以按照式 6-4 和 6-6 计算，其中一些参数按照下式计算：

$$PL(d_0) = 20\lg\left(\frac{4\pi d_0}{\lambda}\right) \tag{6-7}$$

其中 λ 为信号波长，一般取 $d_0 = 1\text{m}$。当频率为 2.45GHz 时，其值为 40dB。

式 6-5 中参数 N_{MF} 此时按照表 6-4 取值。

表 6-4　典型建筑物路径损耗指数

建筑物	路径损耗指数（N_{MF}）
混合地点	3.14
同层	2.76
穿过一层	4.19
穿过两层	5.04
穿过三层	5.22

经过链路预算，基本上就可以确定每个 AP 的位置和覆盖范围。然而由于一个 AP 所承载的数据吞吐量和用户数量都是有限的，因此在确定大致结构后，还需要细化每个 AP 的使用情况。这就需要了解用户对象群及网络使用习惯。例如，在学生宿舍和旅馆就有很大差别。学生上网经常使用下载、网络视频、聊天、网络游戏等服务，这些业务的数据流量很大，所以需要设置更多、更密集的 AP 来保证网络的畅通性和业务的实时性。而旅馆住的大多是商务人士，这些用户更常使用 WLAN 收发邮件、处理商务事件等，这些业务所要求的流量比学生宿舍要小得多，因此不需要太多的接入热点就能满足用户需求。

WLAN 物理拓扑结构的设计是一个由上而下的过程，先确定基本结构，再细化 AP 的分布。一个好的 WLAN 既能保证良好的覆盖，又能按需配置 AP，从而节约建设成本。

（2）数据传输率

数据传输速率是 WLAN 一个很重要的指标。在设计时，并不是只要在信号覆盖范围内，传输速率就是一定的。每个标准都规定了几个“速率增量”，也就是速率等级。例如，在 IEEE802.11b 中，规定了 4 个速率增量，从 1～11Mbps 不等；在 IEEE802.11a 中，规定了 7 个速率增量，从 6～54Mbps 不等。

每个传输速率都有其特定的覆盖范围。具体来说就是速率越高，覆盖范围越小。因此，任何给定区域的最低数据传输速率都必须在设计阶段作出决定。在设计时，可以将不同传输速率覆盖的范围看作一系列同心圆，速率低一等级的覆盖区域包围在高一等级的外围。如果在一个标准中希望选择更高等级的传输速率，则必须设置更多的接入点以覆盖给定区域，这必然会增加建设成本。因此，设计者必须在传输速率和成本之间寻找最佳平衡点。

(3)AP 的安装位置

对于大型的 WLAN 来说,组网的主要技术难点在于 AP 的设置。因为它不但关系到 WLAN 内众多无线设备互联互通,也关系到无线网络和有线网络及其设备的互联互通。AP 的位置首先应根据实际的场景和需求进行初步选择,然后通过实地测量进行调整。在选择 AP 安装位置时,需要注意以下几点:

①AP 要尽可能安装在较高的位置。WLAN 信号是视距传播信号,遇到障碍物阻挡会产生较大的衰减,选择较高的位置可以尽可能避开障碍物阻挡,使信号覆盖效果更好。

②AP 应安装在覆盖区域的中心位置。绝大部分情况下,AP 的覆盖区域是圆形的,将 AP 放置在中心区域,会得到更均匀的覆盖效果,但在特定区域使用定向天线覆盖除外。

③要注意穿墙衰减。WLAN 主要的应用场景是室内建筑物内的墙体,尤其是钢筋混凝土墙体,对信号的衰减很大。如果 WLAN 的覆盖区域包括两层以上的楼层,那么建议每层都单独放置 AP;在同一层 AP 和其覆盖的终端之间不要间隔超过两道墙体。信号透过墙体后究竟衰减多少,剩余的场强能不能满足覆盖要求,需要根据墙体材质、厚度,以及信号强度等因素综合估量,必要时应做实验确定。AP 的覆盖区域一般呈圆形,而由于有墙体等障碍物的干扰,导致实际覆盖区域呈现不规则形状。在设计时要综合考虑,多方测试、仿真,尽可能让信号均匀覆盖。

④多 AP 之间的重叠。当多个 AP 共同完成一个区域覆盖时,相邻的 AP 之间要有一定的重叠面积。这样做有两个原因:一是 AP 的覆盖区域往往不是理想的圆形,因此,重叠一定的面积,能消除覆盖死角;二是重叠一定的面积可以使覆盖范围内的用户无间断地在多个 AP 之间漫游。但是在设置重叠区域时还要在不影响使用的情况下使 AP 之间重叠区域尽可能小,这是为了减少 AP 的使用量,降低成本。

⑤AP 的供电。AP 一定要安置在能够方便获得电源的位置,设计者必须对覆盖区域内原有的电源配置、电力走线等进行仔细考察,尽量减少 WLAN 建设中电力改造的投入。除此之外,还可以选择具有以太网供电功能(符合 IEEE802.3af 标准)的设备,这样可以省去很多外接电源的费用,也为 AP 布放提供了极大的便利。

覆盖范围内所有 AP 位置设计完成后还要进行实验测试。测试有两个内容:一个是通过测定信号场强确定 AP 覆盖边界,凡是低于设计要求场强的区域就确定为未覆盖区域;另一个是测试数据包的丢包率(一般不能超过 10%),凡是高于丢包率门限的区域就确定为未覆盖区域。测试场强之后还要测试丢包率的原因,因为信号在传输过程中除了衰减外还会受到各种各样的干扰。受到干扰的信号可能强度还能满足接收条件,但是信号内容已经遭到破坏,无法正常接收,这些区域也要重新布置 AP。

(4)天线的选择

不同的 AP 设备有不同的天线系统与之相配。有的天线固定安装在设备上,有的天线与设备是分离的,两者之间需要使用天线电缆连接。高频率的信号在电缆中的衰减是很大的,为了保证信号质量,分离天线距离的 AP 设备不能太远。同时,正确安装天线,可以获得最大的覆盖范围,有效减少 AP 的使用数量,从而降低系统建设的总成本。

(5)干扰规避及容量提升

不同的应用场景对 AP 的密度要求是不一样的。对于家庭应用来说,单个 AP 一般就能满足覆盖要求,所以 AP 的吞吐量不是限制应用的关键。用户数量多的大型应用场所(例如机场、车站、写字楼等)网络应用业务模式复杂,WLAN 一般采用 CSMA/CA 机制。如果接入用户过多,那么同一时刻发生冲突的概率明显增大,也必定会延长每个用户等待的时间,使得系统带宽闲置。严重时,如果用户超过一定的限度,会导致系统瘫痪。因此,在大型 WLAN 中,AP 必须密度足够高才能满足众多用户的接入。

高密度 AP 必然带来较大的干扰,因为在频谱上相互不重叠的信道较少,例如在 802.11b 中,一个信号覆盖范围内最多仅可容纳 3 个互不重叠的子信道:1、6、11 子信道。所以,通过规避干扰提升网络容量,尤其是在小范围内提供大容量的无线局域网是 WLAN 设计的难点。

网络容量受到在线用户数量的影响,为了增加更多的用户,就需要更多的 AP,这样才能保证用户访问网络。无线 AP 的设置要注意以下几点:

①单 AP 支持的并发用户数根据应用标准的不同而不同:IEEE802.11g 标准的并发用户数为 10 左右,IEEE802.11n 标准的并发用户数为 15 左右(注意,这个数据是指同时上网的人数)。

②为了能够安装更多的 AP,可以降低每个 AP 的反射功率,按照“多天线、小功率”的原则进行建设。

③单天线覆盖半径:在半开放环境、单天线情况下,覆盖半径一般取 10~16m;在较封闭环境、单天线情况下,覆盖半径一般取 6~10m。多天线连续覆盖时,可以取覆盖半径的 1/5~1/3 作为重叠区域。

④若因容量等原因需要在同一楼层放置多个 AP,需要进行合理的频点规划及功率控制,降低干扰水平。

要想规避干扰,提升 WLAN 容量,可以使用扇区天线或智能天线。但由于 WLAN 覆盖半径一般不大于 200m,在室内或是地形复杂的情景下,折射、反射等因素会使在如此小的范围内精确控制天线方向图变得比较困难,扇区天线或智能天线带来的容量提升会大打折扣。所以,定向天线更多地应用于信号回传和增大覆盖范围。

总体来说,目前实际应用中主要采用 3 种手段来规避干扰,增大系统容量:充分利用天然隔断(如建筑物、墙体等)、降低 AP 发射功率,以及使用扇区天线或智能天线。

(6)设备选型

在设备选型方面应注意以下几点:

①设备功率要根据 WLAN 的实际情况进行选择,不是功率越大越好。AP 射频功率越大,覆盖范围就越大,用户在覆盖区域内的移动性就越好。但是,对于 AP 密度较大的区域,功率过大会带来不必要的干扰,反而降低 WLAN 的效率。另外,AP 射频功率太大,电磁辐射对人体也是一种伤害,因此,国际标准在考虑了对人体无害的基础上,规定 AP 信号最强的功率为 100mW。

②尽量选择大厂商生产的知名产品。这些产品除了质量稳定之外,还具有良好的售后服务和技术保障。

③注意数据传输速率。目前,各大厂商推出的产品支持的传输速率越来越高。但是由于 WLAN 在应用中会受到各种因素的干扰,以及不同厂商的生产工艺不同等原因,实际速率和标称速率会有一定的差距。

6.3 无线城域网规划与设计

6.3.1 无线城域网及 WiMAX 简介

无线城域网(WMAN)是指介于广域网和局域网之间,通过无线技术在城市及郊区范围内实现信息传输与交换的宽带网络系统。WMAN 是移动通信网络的重要组成部分,向上与国家骨干网互联,向下通过各种无线通信手段完成无线用户"最后一公里"的信息接入。

随着各种无线技术的发展,移动办公的流行和便携设备的普及,用户对随时随地、永远在线的要求越来越高,因此 WMAN 必将成为大范围无线宽带覆盖的主要手段。与蜂窝移动通信的大范围、低数据速率、高移动性,以及无线局域网的小范围、高数据速率、低移动性相比,宽带 WAN 主要定位在城市或郊区范围内汇聚宽、窄带用户的高速无线接入和传输,支持一定的移动性,从而满足各类用户的需求。

从技术角度讲,WMAN 与 WLAN 类似,也是计算机通信与无线通信技术相结合的产物。WMAN 开始是作为有线城域网的补充提出来的,但是随着技术的进步和应用的发展,WMAN 不仅可以将 WLAN 无线接入热点连接到互联网,还可以将公司、家庭等接入网连接到有线骨干网,同时具备为校园、家庭及各大企事业单位提供高速的无线接入能力,真正实现了无线宽带网络互联。

目前,宽带无线城域网技术主要以 IEEE 802.16 系列标准为基础。1999 年,IEEE 成立了 IEEE 802.16 工作组,专门研究宽带无线接入技术规范,目标是建立一个全球统一的宽带无线接入标准:IEEE 802.16-2004,即 IEEE 802.16d 固定宽带无线接入标准和 IEEE 802.16e-2005 支持移动特性的宽带无线接入标准。目前,IEEE 802.16 系列一共制定了 7 个标准,如表 6-5 所示。

表 6-5　IEEE 802. 16 系列标准

标准编号	描述
802. 16	10～66GHz 固定宽带无线接入系统空中接口标准
802. 16a	2～11GHz 固定宽带无线接入系统空中接口标准
802. 16c	10～66GHz 固定宽带无线接入系统关于兼容性的增补文件
802. 16-2004	10～66GHz、<11GHz 固定宽带无线接入系统空中接口标准
802. 16e-2005	<6GHz 固定和移动宽带无线接入系统空中接口标准
802. 16f	固定宽带无线接入系统空中接口 MIB 要求
802. 16g	固定和移动宽带无线接入系统空中接口管理平面流程和服务要求

在 IEEE 802. 16 系列标准规定的各种应用频段中，10～66GHz 频段波长较短，要求视距传播，多径衰落可以忽略，而 2～11GHz 频段信号可以通过反射、散射等方式进行非视距传播，但必须考虑多径传播引起的衰落。然而，在应用频段之内，标准并未规定信号带宽，系统可以采用 1. 25～20MHz 之间的带宽。IEEE 802. 16 工作组建议了几个带宽系列：1. 25MHz 系列包括 1. 25MHz、2. 5MHz、5MHz、10MHz、20MHz 等；1. 75MHz 系列包括 1. 75MHz、3. 5MHz、7MHz、14MHz 等；此外，对于 10～66GHz，还可以采用 28MHz 的信号带宽，以提供更高的接入速率。

全球微波互联接入（Worldwide Interoperability for Microwave Access，WiMAX）与 IEEE 802. 16 系列标准的关系如同 WiFi 与 IEEE 802. 11 系列标准的关系，以其广泛的应用性和巨大的影响力，几乎成为无线城域网的代名词。

WiMAX 数据传输距离最远可达 50km，具有 QoS 保障、传输速率高、业务丰富多样等优点。WiMAX 的技术起点较高，采用了代表未来通信技术发展方向的 OFDM/OFDMA、AAS、MIMO 等先进技术，随着技术标准的发展，WiMAX 将会实现宽带业务的移动化，而 3G 则会实现移动业务的宽带化，两种网络的融合程度会越来越高。

WiMAX 技术应用可以分为两大部分：固定接入和移动接入。

固定接入是 WiMAX 基于 IEEE 802. 16-2004 标准的最基本业务模型。组网模式与现在的点对多点固定无线接入相似。在这个场景下，不支持切换和小区间用户数据交换，终端设备可以选择连接到信号最好的中心站。

移动接入基于 IEEE 802. 16e-2005 标准，可以使终端从不同的接入点接入到同一个运营商的 WiMAX 网络，但不支持不同基站之间的切换。

6. 3. 2　应用频段分析

从理论上分析，WiMAX 技术对频率有以下需求：对于固定接入，需要大信道带宽支持高容量传输，此时对频段高低要求不敏感；对于移动类接入，需要带宽尽可能大，但更重要的是使用频率要尽可能低，以降低成本，提高服务质量。频率是影响移动组网成本的重要因素,尤其是对于覆盖面积大的 WiMAX 来说,频率问题就是成本问题。

IEEE 802.16 标准中没有规定特定的频点和频率间隔,只是给出了在 2~66GHz 中不同频段的使用方式:10~66GHz 用于视距传播,2~11GHz 用于非视距传播。如果需要支持移动性,则推荐采用 6GHz 以下的频段。

WiMAX 建议用于固定方式下的频点为 3.5GHz 和 5.8GHz 频段,在支持移动性的环境下,则考虑采用 2.5GHz 甚至是 1GHz 以下的频段。根据我国的频段划分现状和相关设备制造商提供的频率需求来看,2.5~2.69GHz、3.3~3.4GHz、3.5GHz、5GHz、5.15~5.725GHz、5.8GHz 和 26GHz 都是 WiMAX 关注的重点。

1. 2.5~2.69GHz

从移动通信的电波传播特性和空间衰减特性来看,2.5GHz 是这些频段中最好的选择。该频段具有较好的非视距传播能力,可以有效地提高基站的覆盖距离和传播效果,降低基站和终端设备的研发成本,真正让宽带无线接入产品具有移动能力,但是该频段目前已经划分给了空间业务,例如卫星广播和无线电定位等。因此,在此频段内使用 WiMAX 的难度较大。

2. 3.3~3.4GHz

该频段是分配给时分双工(TDD)方式的许可频段,但是目前这个频段使用得并不多,还处于电磁兼容试验阶段。国家原信息产业部无线电管理局明确规定,在该频段进行宽带无线接入时,不得对同频段内的无线电定位业务和射电天文业务产生有害的干扰。

3. 3.5GHz

该频段是典型的多路微波分配系统(MMDS)频段,覆盖能力及性价比较好,传播时雨衰性能好,适合 WiMAX 使用,可以实现较大面积的覆盖。然而 3.5GHz 的网络建设和运营并不太理想,主要是因为该频段的带宽资源太有限,每一个运营商在每个城市仅能得到 10.5MHz 带宽,难以实施较大规模的网络规划和多业务运作。此外,3.531~3.6GHz 是 C 波段卫星的扩展频段,虽然现在还没有使用,但是要考虑未来对于 WiMAX 的影响。

4. 5GHz

5GHz 频段(4900~5000MHz)可用于固定业务,但是该频段也有一些微波和射电天文业务,在使用时需要规避。

5. 5.15~5.725GHz

在 WRC03 无线电大会上,IEEE802.16 工作组对该频段的无线电业务进行调整,增加了固定和移动业务。在动态频率选择技术、发送功率控制、限于室内使用及有效全向辐射功率(EIRP)密度限制等条件下,无线接入获得5151~5250MHz(室内)、5250~5350MHz(室内/室外)和5470~5725MHz(室内/室外)共455MHz的带宽。

6. 5.8GHz

5.8GHz(5725~5850MHz)是非认证频段,审批手续相对简单,大大降低了WiMAX运营的准入门槛。与3.5GHz相比,5.8GHz频段实现无线宽带接入具有设备成本较低、安装容易、投资回收快等特点,有利于大规模推广使用,且该频段大气衰耗每10km仅有0.1dB。同时,在5.8GHz频段使用OFDM技术可以实现40~50km的无线连接。但是不同的WiMAX运营商都可以使用这个频段的125MHz带宽,不同系统间有可能出现频段重叠的现象,不可避免地会产生干扰。其他无线应用系统也可以使用这个频段进行通信,该频段会变得相当拥挤,所以需要根据每个地方当前的频率占用情况来决定是否使用该频段。

7. 26GHz

该频段的本地多点分配系统(LMDS)是点对多点固定无线接入技术。LMDS可以工作在20~40GHz,工作频率高,频谱资源丰富,可用带宽充足,系统容量大,业务能力强。但是该频段要求视距传输,很容易受到雨衰等环境因素的影响,限制了其覆盖范围和适用区域。它的典型覆盖范围为3~5km,并且不支持移动性,投资成本相对较高,一般适用于相对平坦、降雨不频繁、无障碍物阻隔、用户密集、业务需求高的热点地区。

6.3.3 网络构成与应用模式

WiMAX的技术特性决定了其能适应各种应用环境,并具有不同的应用模式。下面就对WiMAX宽带无线接入的应用模式进行分析。

1. PMP应用模式

点对多点(Point to Multi-Point,PMP)应用模式以基站(Base Station,BS)为核心,采用点到多点的连接方式,构建星型结构的WiMAX接入网络,如图6-25所示。

作为业务接入点(Service Access Point,SAP)的BS,通过动态带宽分配技术,根据覆盖区域的用户情况,灵活选用定向天线或全向天线,使用多扇区技术满足用户站(Subscriber Station, SS)接入核心网的需求。必要时,可以通过中继站(Relay Station,RS)扩大无线覆盖范围,还可以根据用户群数量的变化,灵活划分信道带宽,对网络进行扩容。

PMP模式是一种常见的接入网应用模式,其特点在于网络结构简单,应用模式与xDSL等有线接入形式类似,因此它是一种理想的有线替代方案。

2. Mesh应用模式

Mesh应用模式采用多个基站,以网状网方式扩大无线覆盖区域,如图6-26所示。其

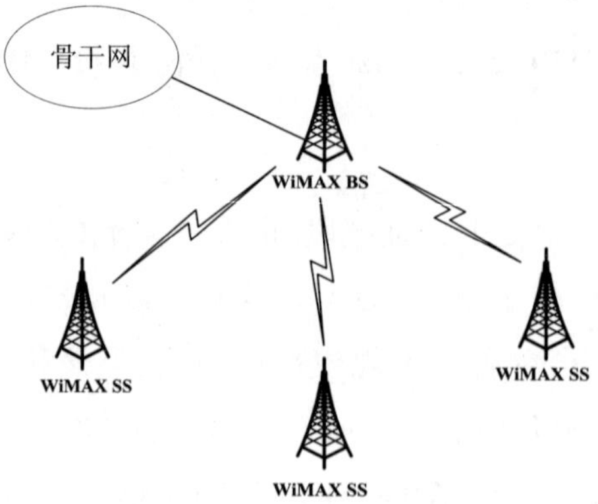

图 6-25 PMP 应用模式结构

中,有一个基站作为业务接入点与核心网相连,其余基站通过无线链路与该业务接入点相连。因此,作为业务接入点的基站,即是业务的接入点,又是接入的汇聚点,而其余的基站既是中继站,又是业务的接入点。

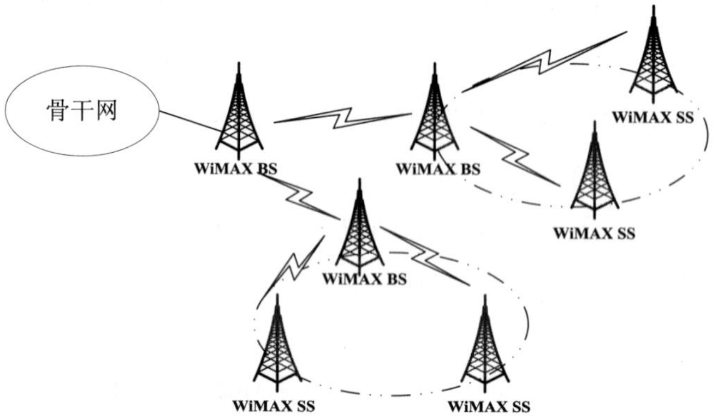

图 6-26 Mesh 应用模式结构

Mesh 应用模式的特点在于网状网结构可以根据实际情况灵活部署,实现网络的弹性延伸。对于市郊等远离骨干网络并且有线网络不易覆盖的地区,可以采用该模式扩大覆盖范围。该模式的规模取决于基站半径、覆盖区域大小等因素。

3. 热点回传模式

热点回传模式利用 WiMAX 无线接入网络把远端的 WiFi 热点业务回送到核心网,如图 6-27 所示。WiMAX 基站的作用仍为业务接入点,而 WiMAX 的用户站是热点侧的无线接入设备,提供标准接口与热点相连,并作为 WLAN 接入点 AP 的热点设备,再通过 IEEE 802.11a/b/g 无线链路与无线终端连接。

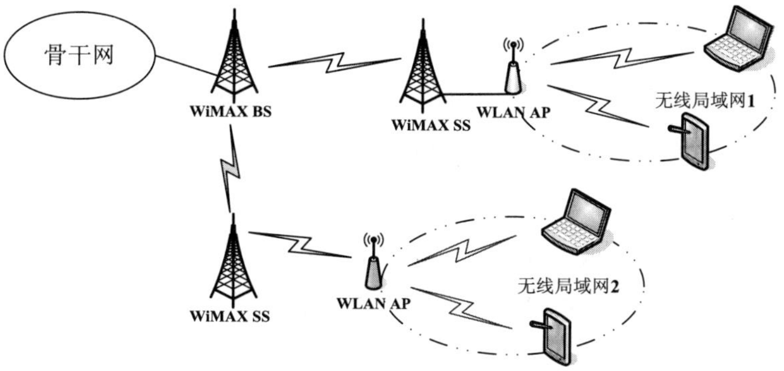

图 6-27 热点回传模式结构

WiMAX 接入网络部分可以根据实际情况灵活采用 PMP 或 Mesh 应用模式。移动运营商也可以采用热点回传模式,把各小区移动基站业务回传到移动交换中心。

WiMAX 热点回传模式的主要特点在于作为业务回传应用,采用的是无线传输方式。与传统的有线回传模式相比,其优点显而易见。因此,该模式可作为传统有线回传模式的补充甚至替代方案。

4. 终端接入模式

在终端接入模式下,用户终端设备(Terminal Equipment,TE)直接通过作为业务接入点的 WiMAX 基站接入核心网,如图 6-28 所示。用户终端设备若要直接接入 WiMAX 网络,则必须配置符合 WiMAX 技术标准的用户单元(Subscriber Unit,SU),SU 一般是 WiMAX 无线网卡或无线模块。

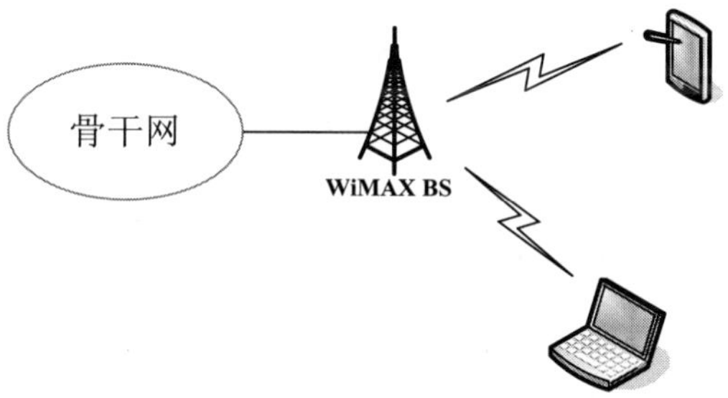

图 6-28 用户终端接入模式结构

由于 WiMAX 接入速率很高,而且支持城域范围内终端设备的移动(基于 IEEE 802.16e 标准),因此特别适合对接入速率要求高,并且具有一定移动性要求的终端应用。

该模式的特点在于允许用户终端直接高速接入网络,并支持便携式终端在城域范围内的移动和漫游。

5. 驻地网接入模式

驻地网接入模式主要针对的是集团用户，其目标是把诸如企业、校园等用户驻地网通过 WiMAX 基站接入城域网，进而接入 Internet，如图 6-29 所示。与其他应用模式相同，基站作为业务接入点，与核心网相连，提供无线接入服务。在用户侧，用户无线接入设备在一侧通过无线接口上连基站，另一侧通过标准接口（以太网接口等）与用户驻地网设备相连。一般情况下，用户终端采用定向天线以及各种自适应技术，可灵活调整工作方式，保证用户的正常接入。

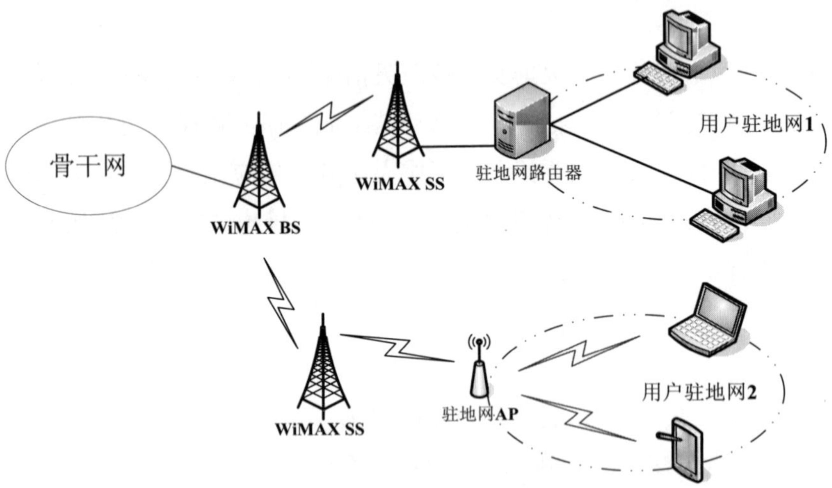

图 6-29　驻地网接入模式结构

用户侧驻地网设备可以是用户路由器、交换机、集线器等网络设备，也可以是另一种无线接入点（与 WiMAX 接入点相区别，如 WiFi 热点），用于组成用户专用局域网。其典型实例是目前广泛存在的校园网、企业网和政府网等。

驻地网接入模式特别适合于线缆接入不方便、对接入带宽要求不高的驻地间接入应用。与线缆接入方式相比，部署快捷是该模式的竞争优势。

6. 无线桥接模式

无线桥接模式是一种点到点的无线连接方式，目的是把地理位置分离的两个子网通过 WiMAX 无线链路连接在一起，如图 6-30 所示。由于无线网桥采用点到点的连接方式，两端 WiMAX 无线网桥设备天线的方向可以彼此对准固定，因此传输性能比较稳定，部署也相对简单。

采用 WiMAX 无线桥接模式的优势在于可以避免难度较大的专线铺设施工或昂贵的线缆租金，并能迅速开通使用，连接带宽完全能满足一般的应用需要。在用户专网建设方面，无线桥接模式比有线桥接模式更具备竞争力。

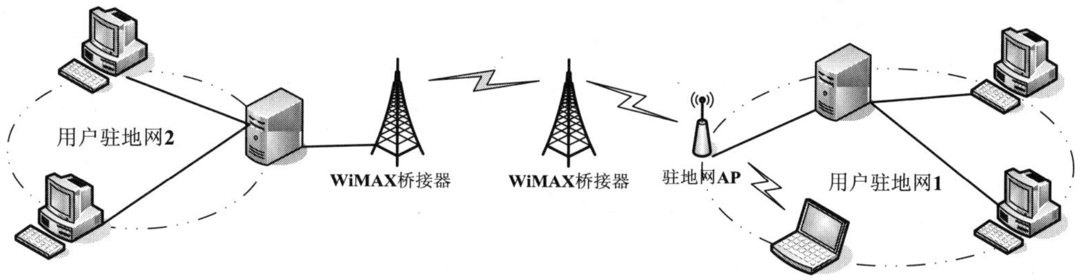

图 6-30　无线桥接模式结构

6.2.4　WiMAX 网络规划与设计

WiMAX 网络系统的规划与建设应尽量利用现有的移动网的站址,并且充分利用现有的计费、认证和授权平台,充分依托现有的网络和业务平台资源(如 NGN 等)来开展新业务。

1. WiMAX 网络构成

WiMAX 网络结构主要包括接入业务网络(ASN)和连接业务网络(CSN)。

(1) ASN

ASN 的功能是管理 WiMAX 网络空中接口,为 WiMAX 用户提供无线接入。其主要功能包括以下几个方面:

①发现网络,根据策略限制选择某个基站,获得无线接入服务,在基站和用户终端之间建立二层连接,并进行无线资源管理。

②将 AAA(认证、授权、计费)控制消息传递给用户的归属网络业务提供商(NSP),协助其完成认证、业务授权和计费等功能。

③协助高层与用户终端建立三层连接,分配 IP 地址,并完成 ASN 和 CSN 之间的通道建立和管理。

④根据分级结构进行 ASN 内移动性管理,包括所有类型的切换、ASN 内的寻呼和位置管理等。

⑤存储临时用户信息列表。

ASN 由基站和接入业务网关组成,一个 ASN 可以连接到多个 CSN,并为不同网络业务提供商的用户提供无线接入业务。

基站用于完成 WiMAX 网络空中接口的功能,包括物理层、MAC 层的调度,以及切换、功率控制和网络接入功能,并可更新无线资源管理和用户活动状态(激活和优先),支持密钥管理和会话管理等。

ASN 网关主要负责实现 CSN 的接口功能和对 ASN 的管理,并实现两类逻辑功能:ASN 网关决策点和 ASN 网关执行点。前者负责承载平面的功能,后者负责控制平面的功能，如无线资源管理等。ASN 网关的主要功能包括以下几个方面：

①ASN 间位置的管理和寻呼、无线负载均衡、切换判决，以及离线无线统计等。

②认证密钥产生和分发，作为 AAA 客户/代理向选定的 CSN AAA 服务器发送 RADIUS（远程认证拨入用户服务）或 DIAM-ETER（RADIUS 协议的升级版本）消息。

③会话和管理移动性的客户端，与基站协作建立和管理移动通道。

④QoS 和策略执行。

（2）CSN

CSN 定义了一套网络功能的组合，为 WiMAX 用户提供 IP 连接。CSN 由路由器、AAA 代理或服务器、用户数据库，以及 Internet 网关设备等组成。CSN 可以是全新的 WiMAX 系统的一个新建网络实体，也可以利用现有的部分网络设备来实现，主要功能包括以下几个方面：

①为用户会话建立连接，给用户终端分配 IP 地址并提供 Internet 接入，完成 ASN 和 CSN 之间的通道建立和管理。

②实现 Internet 接入，并作为 AAA 代理或者服务器，完成用户计费和结算。

③基于用户属性的能力控制和管理。

④ASN 网和核心网之间的通道建立和维护。

⑤满足漫游需要的 CSN 之间的通道建立和维护。

⑥接入网之间的移动性管理。

⑦为用户提供 WiMAX 业务，如基于位置的服务、点对点业务、多媒体多播（组播）业务、IP 多媒体业务和紧急呼叫服务等。

在 WiMAX 单独建网时，CSN 作为独立的网络进行建设。与 3G 互联混合组网时，CSN 可以与 3G 核心网共享一些实体功能。

2. WiMAX 网络规划流程

WiMAX 网络规划流程包括目标规划、网络调研、网络规模估算、预仿真、站址勘察、网络详细规划等 6 个阶段，如图 6-31 所示。

（1）网络目标规划

运营商的战略定位及目标规划决定了网络需要达到的性能指标，包括信号覆盖、系统容量和业务质量等，这些也是 WiMAX 网络规划的具体指标，需要在规划前明确下来。

（2）网络调研

网络调研是无线网络规划的基础，通过调研可以制定适当的网络规划原则和长期发展策略。调研主要通过与运营商、设备制造商沟通，对现有网络运营情况进行调查，以确定目标规划区域、用户群和预期网络质量等。

对于 WiMAX 网络而言，首先要通过调研确定覆盖热点，包括密集住宅小区、大型公司企业、宾馆饭店、体育场，以及部署和即将部署的 802. 11 热点等；然后根据不同的规划

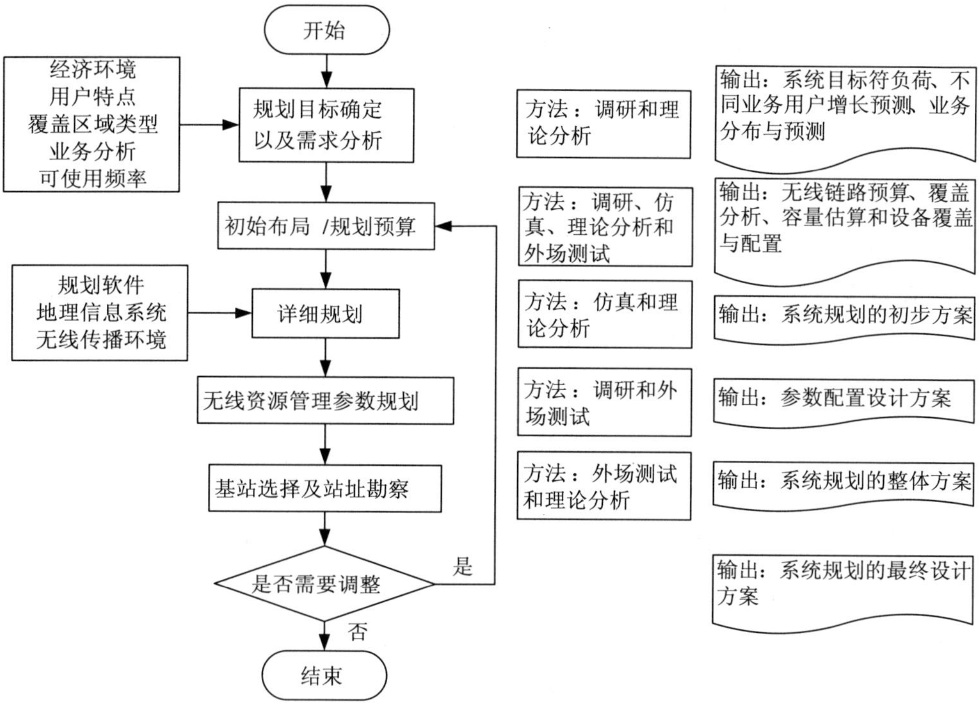

图 6-31　WiMAX 网络规划流程

区域确定网络可以提供的业务组合，各种业务的覆盖率、阻塞概率和各种业务可以接受的时延等指标。

(3) 网络规模估算

根据网络调研结果进行网络规模估算，通过对目标规划区域进行覆盖和容量两方面的分析，最终获得网络的建设规模。网络估算应该在链路预算的基础上进行，以确定小区半径和单个小区的有效覆盖面积，然后检验热点密集小区是否满足容量需求，并通过覆盖和容量的迭代验证，最终确定建设规模。

(4) 预仿真

预仿真是指根据网络性能指标和预期网络规模，通过仿真软件来完成基站的初始布局方案。

(5) 站址勘察

站址勘察是指基于网络规模估算和预仿真结果，对候选站址进行实地勘测，以便选择无线环境和地理环境俱佳的站址。

(6) 网络详细规划

网络详细规划是指基于预仿真结果和站址实勘结果来设置 WiMAX 基站站址、工作参数、系统参数，分配频率资源以及信道资源，通过网络仿真和优化分析来判断规划结果是否符合网络指标要求。如果不符合指标要求，则要从预仿真步骤开始重新迭代设计，直至满足网络规划指标，达到容量、覆盖、成本和服务质量的最优配置。

无线网络的特点是规划的基础,不同的无线网络特点决定了网络规划中的重点和难点。对于WiMAX网络来说,频率规划和系统仿真是无线网络规划中的重点和难点。

①频率规划

为了获得更大的数据吞吐量,WiMAX设备使用了OFDM或OFDMA技术,因此频率规划成为WiMAX网络面临的关键问题。

频率规划方案要在已有频率资源的基础上,充分考虑天线配置的灵活性和热点分布的特点,在满足覆盖和容量的前提下高效地使用频率资源。频率规划时,要确保同一基站的相邻扇区以及相邻基站的相邻扇区采用不同的频率,也可以采取相邻扇区使用相同频段的不同子载波的频率资源分配方案。网络建设初期,在容量允许的条件下,尽可能减少频率复用度,为后期网络扩容和优化预留资源。

②系统级仿真

系统实际运行效果与地形、基站设置、设备参数配置、实际用户的分布,以及用户行为特征等诸多因素密切相关,因此在完成无线网络规划后,还应模拟实际网络的运行情况,对规划结果进行系统级仿真。

无线网络的系统级仿真一般有静态仿真和动态仿真两种方法。对于WiMAX来说,因为网络覆盖区域比较大,对于仿真区域内每个很小的地点的仿真精度要求相对不高,因此采用静态仿真的方法比较合适。

一次完整的静态仿真首先要对系统进行多次独立采样,每次采样称为一次“快照”,每次快照都独立产生用户分布、用户和基站之间的衰落环境,然后计算用户和基站之间的传播损耗,迭代计算出基站和用户的发射和接收功率,从而统计出各项系统的性能指标,包括导频覆盖分析、不同业务对应的C/I覆盖、最佳服务小区覆盖、不同业务的时延和用户接入成功率等。

一个新兴网络和一项新技术的成败最终还是取决于该网络的质量和技术的应用能力,WiMAX技术在应用模式、组网方式、规划方法等方面还需要在实际操作中不断总结和完善。

6.4 本章小结

本章主要介绍了广电单频网、WLAN和WiMAX三种无线网的规划与设计。

单频网部分首先介绍了单频网的概念,单频网相对于多频网的优势,并简述了单频网的工作原理;然后介绍了单频网的构成和工作流程;最后介绍了单频网的设计方法和单频网组网模式,以及每种模式的注意事项。

WLAN部分首先介绍了WLAN的概念和主要执行标准,WLAN所使用的设备及相应的功能;然后总结了6种WLAN的组网模式,在实际建设中,大多数WLAN不会是单一的模式,而是多种模式的组合;最后介绍了WLAN的设计方法和流程,以及在设计过程中需要注意的细节问题。

WiMAX 部分首先介绍了 WiMAX 的标准及工作频段；然后描述了 WiMAX 常见的 6 种工作模式，它们也是网络建设的模型；最后介绍了 WiMAX 的设计流程，以及在设计过程的每一步需要完成的工作。

思考题

1. 单频网的优势有哪些？
2. 举一个单频网组网实例，并分析其组网特点。
3. WLAN 有哪些组网模式？分别用在哪些环境下？
4. 设计一个 WLAN 需要考虑哪些情况？
5. WiMAX 有哪些组网模式？分别用在哪些环境下？
6. 结合校园具体情况，设计一个全无线接入的网络。

第7章 IPTV网络规划与设计

本章要点：

1. IPTV 的业务形式与系统架构
2. IPTV 业务网规划设计
3. IPTV 承载网主要技术
4. VLAN 规划和接入认证
5. IPTV 组播方案设计

7.1 IPTV 概述

7.1.1 IPTV 基本概念

IPTV 是互联网协议电视(Internet Protocol Television)的缩写,是指利用宽带网络的基础设施,以电视机或计算机作为主要显示终端,集互联网、多媒体和通信等多种技术于一体,通过互联网协议(IP)向用户提供包括数字电视在内的多种交互式数字媒体服务技术。与传统的电视传播技术相比,IPTV 最大的特点在于其交互性和实时性,用户可按需获取宽带 IP 网提供的媒体节目,实现实质性互动。因此也有一种说法是把 IPTV 解释为交互式个性化电视(Interactive Personalized Television)。

IPTV 是"三网融合"的最佳切入点之一,它融合了电信、广电和互联网三方面的技术,集中了三方面的优势,创造了新的价值。广电运营商拥有丰富的内容资源和稳定的用户,而电信和互联网运营商则拥有交互技术和网络基础设施。电信运营商与电视内容提供商合作,不仅有助于丰富网络业务和应用,拓展更多用户,还将极大地促进用户对带宽的需求,从而产生巨大的经济效益。因此,IPTV 不仅是一种技术发展方向,更代表了"三网融合"的一种趋势。

在产业政策方面,我国 IPTV 业务主要由广电和电信两方共同运营,其中电信在基础网络提供和宽带业务运营方面具有优势，而广电则更偏重于内容制作、审查和控制。当然，广电也拥有相当规模的广电网络，但在数字化和双向化改造，以及网络资源整合方面还有很多问题需要解决。目前，从事 IPTV、手机电视等业务需要取得国家新闻出版广电总局发放的信息网络传播视听节目许可证，CNTV、百视通、南方传媒、中国国际广播电台等广电组织已经获得了 IPTV 牌照，一些地方性牌照也已发放。各地的电信运营商在开展 IPTV 业务时，需要从拥有 IPTV 牌照的运营商处获取节目的内容资源。

IPTV 还有一个重要的特征，即 IPTV 是通过可以管控的、有质量和安全保证的 IP 网络进行视频传输的业务，因此并不是所有通过 IP 传输的视频节目都叫 IPTV。这一点区别于使用公共网络的 OTT(Over The Top)业务。OTT 是指在运营商的网络之上叠加上去的业务(视频业务只是其中之一)，与网络运营商和接入无关，只要能够接入公共互联网就可以开展业务。两者本质的区别是 IPTV 需要通过专用保障的网络传输，因此与运营商和网络紧密相关，并且能够保证业务提供的质量，但是建设 IPTV 网络需要较大的前期投入；OTT 是通过公共的互联网承载业务，前期投入少，但是受网络基础设施所限，并不能有效保障服务质量。在运作模式上，IPTV 用户是运营商的宽带用户，内容直接来自运营商或者合作伙伴；而 OTT 的用户则非常广泛，可以是内容运营商的用户，也可以是网络运营商的用户，还可以是终端厂商的用户，内容来源也更加广泛。

7.1.2 IPTV 的业务形式

依托宽带 IP 网络，现阶段 IPTV 提供的业务分为基础业务和增值业务两大类。基础业务主要指基于流媒体技术的视音频类业务，如电视直播、视频点播、时移电视等；增值业务主要指基于互联网接入的应用，如机顶盒上网浏览、网络游戏、信息服务、通信服务、远程教育、卡拉 OK、互动广告等。

1.基础业务

(1)电视直播

电视直播是电视技术最基本的功能之一。IPTV 作为一种新技术，替换老技术的前提是要能够提供传统电视原有的功能。对用户来说，电视直播业务就是实时收看电视台制作播出的节目内容，频道切换和频道选择通过屏幕菜单形式实现；对运营商而言，直播业务是吸引传统电视用户的有效手段，业务收入包括月租、广告收益等，运营的关键是打造频道特色。从技术实现角度看，直播业务需要对电视播出前端的源信号进行编码、转码，经过直播流媒体服务器封装成 IP 数据报，用 IP 承载网络传输到收看终端。终端一般使用机顶盒进行解码播放。由于直播业务是一种广播式服务，通常在同一时间有很多用户收看同一节目，因此一般采用 IP 组播技术进行传输。

(2)视频点播

视频点播是 IPTV 的另一种基础业务。用户可以根据自己的需要收看相应的视频节目,通过屏幕菜单选择播放内容,按内容支付费用。这从根本上改变了用户过去被动式看电视的不足,变被动收视为主动点播,把播放内容的选择权交给了用户,极大地满足了用户的个性化需求,是完全有别于传统电视的崭新业务形式。

视频点播系统是一套基于流媒体和网络技术的包括多种硬件和软件的系统。组成部分主要包括视频节目库、流媒体服务器、点播管理服务器和客户端播放设备等。

(3)时移电视

时移电视是一种交互式视频业务形式。传统电视只能在固定时间、固定频道收看特定节目,一旦错过就无法观看,而时移电视可以在一定时间内回看任意频道中的节目或片段,并且可以随时对所收看的电视节目进行暂停、快进、快退等功能操作。比如,某一用户由于某些原因不能准时收看一场重要比赛,当他打开电视机的时候比赛已经开始很久了。此时,他就可以利用时移电视从头播放这场比赛,在回放过程中还可以对节目进行快进、快退等操作。当然,快进有一定的限制,不可能超过直播节目的进度。时移电视结合了视频直播和点播技术,使用视频切片技术对直播的视频流进行切片及缓存,当用户进行视频业务请求时,以点播的方式传输视频数据。

2.增值业务

增值业务主要是指非视音频类的应用,虽然不是 IPTV 系统的主要业务,但丰富多彩的增值业务正是 IPTV 相比传统广播电视的突出优势。IPTV 基于宽带互联网接入,能够提供的增值业务包括以下几类:信息类服务,如互动广告、网页浏览等;通信类服务,如语音、视频通信,短信等;电子商务类业务,如电视购物、在线支付等;游戏类业务,如在线游戏、互动游戏等。增值业务是未来 IPTV 的主要发展领域,可以显著提高用户的参与程度,满足用户个性化、便捷化、交互式的业务需求。对运营商来说,增值业务也是运营商经验和优势的体现,已成为吸引用户的业务增长点和盈利点。

7.1.3 IPTV 系统架构

1. IPTV 系统的层次结构

IPTV 系统可以划分为 4 个层次:支撑层、业务层、承载层和终端层,层次结构如图7-1所示。

(1)支撑层

支撑层是 IPTV 平台的运营支撑系统。包括运营商管理、用户管理、网络管理、账务管理、数字版权管理和认证授权等模块。

(2)业务层

业务层为 IPTV 平台提供业务应用服务。IPTV 系统可提供基本业务,如 VOD 点播、直播节目等,也可提供各种扩展业务,如可视电话、网络游戏和网络邮件等。不同的业务

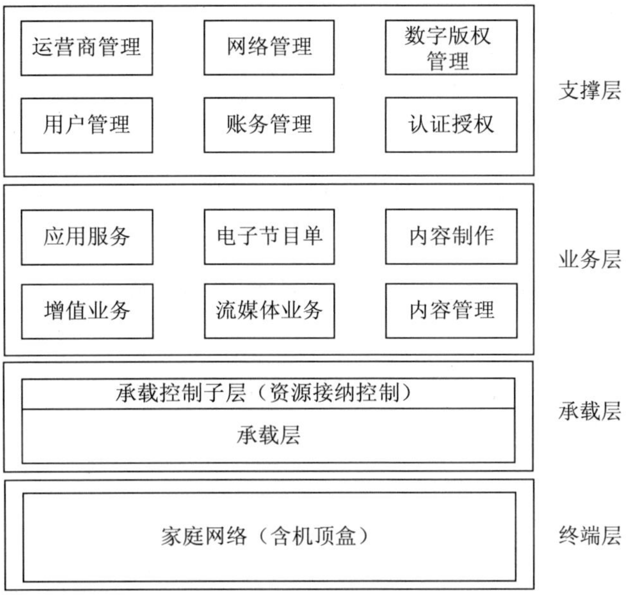

图 7-1　IPTV 系统的层次结构

有不同的业务管理逻辑，业务层为这些业务的开展提供支持。对于基于流的相关业务，业务层提供节目编码处理、节目加密、媒体存储和分发等相关功能的支持。

(3) 承载层

承载层提供各种 IPTV 业务从终端层到具体业务层的网络承载服务，是承载 IPTV 业务的 IP 网络。根据业务层边缘节点所处网络位置的不同，承载层网络的范围可以包括骨干网、城域网和宽带接入网 3 个部分，或仅包括城域网和宽带接入网。

(4) 终端层

IPTV 用户使用机顶盒，通过 ADSL、LAN、WLAN、G/EPON 等宽带接入方式接入网络，在电视机上实现 IPTV 业务。终端有多种形式，如机顶盒和个人电脑等。

2. IPTV 功能模型

IPTV 系统功能涉及 8 个功能集，分别是：内容运营、网络管理、业务管理、安全管理、门户导航、媒体交付、客户端、运营支撑。

(1) 内容运营功能集为 IPTV 业务提供电视节目源，包括内容获取、内容安全、内容编码/转码、内容编辑、运营维护和内容管理等功能模块。

(2) 网络管理功能集负责对 IPTV 业务系统的各个组成部分进行监测和管理，提供有效的业务质量监测手段、故障检测和定位手段，保障 IPTV 业务的顺利运行。该功能集包括网络管理功能，系统中设备的监控、管理和配置功能，以及终端的管理功能。

(3) 业务管理功能集负责 IPTV 业务系统中与业务密切相关的管理工作，包括策略管理、用户管理、业务定制、内容服务引擎、用户认证、业务供应商管理和计费等功能模块。

(4)安全管理功能集负责整个 IPTV 业务系统的安全管理工作,包括内容安全、设备认证和内容监控 3 个功能模块。

(5)门户导航功能集为用户提供访问业务的界面,包括统一界面、业务导航和节目导航(EPG)等功能模块。

(6)媒体交付功能集负责内容从节目源到客户端的传送,包括分发/传送、存储、调度控制和流服务等功能模块。

(7)客户端功能集完成用户侧的用户信息管理,包括终端管理、业务管理、安全管理、编/解码等功能模块。

(8)运营支撑功能集完成非 IPTV 业务特定的用户信息管理,包括业务供应商管理、结算,以及用户服务等功能模块。

3. 通信协议栈

IPTV 系统中,终端通过 IP 网络和系统中各个功能模块进行通信,其中主要应用的通信协议栈如图 7-2 所示。

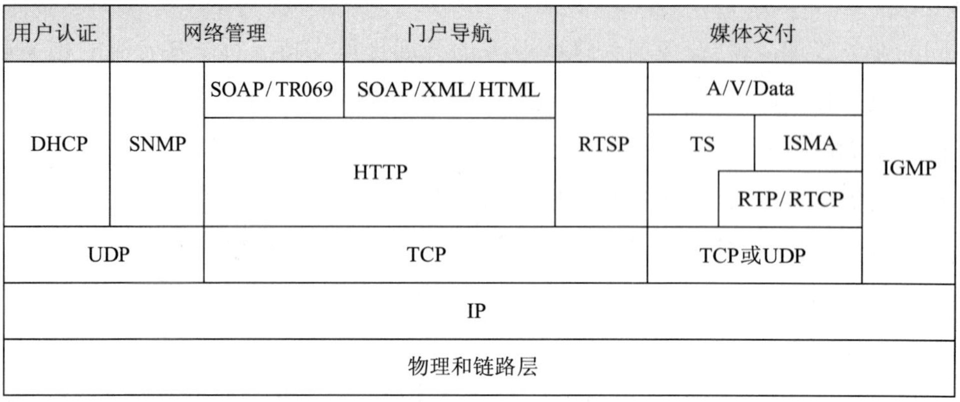

图 7-2 终端和各功能模块之间的通信协议栈

IPTV 终端进行用户认证的方式主要有 IPoE 和 PPPoE 两种,其中 IPoE 认证主要依靠 DHCP 协议加上 DHCP Option60 和 Option82 扩展字段的信息实现,DHCP 协议运行于 UDP/IP 协议栈之上。PPPoE 认证使用的网络协议栈是 IP/PPP/PPPoE/Ethernet。

对终端进行网络管理的传统协议是运行于 UDP 协议之上的简单网络管理协议(Simple Network Management Protocol,SNMP)。为实现对大量终端进行批量自动化管理,IPTV 系统中应用了基于简单对象访问协议(Simple Object Access Protocol,SOAP)的 TR069 协议。TR069 协议和其他相关协议一起定义了一套全新的网管体系结构,包括管理模型、交互接口及基本的管理参数。TR069 是 DSL 论坛(现已更名为 Broadband 论坛)于 2004 年 5 月推出的,其协议全称为用户终端设备广域网管理协议(CPE WAN Management Protocol,CWMP),因文档编号为“Technical Report 069”而被简称为 TR069 协议。

TR069 协议和 SOAP 协议运行于 HTTP/TCP/IP 协议栈之上。

客户终端通过与门户导航模块的交互获取业务的入口,使用的网络协议主要是基于 HTTP 的 SOAP、XML、HTML 等。

媒体交付模块负责把内容从节目源传送到客户端,主要应用流媒体相关的协议。视音频和数据被封装成流媒体形式进行传输,有两种主流的流媒体规范:一种是互联网流媒体联盟(Internet Streaming Media Alliance,ISMA)制定的一系列规范;另外一种是在 ISMA 成立之前,活动图像专家组(Motion Pictures Experts Group,MPEG)制定的一套基于传输流(Transmission Stream,MPEG-2 TS)的复用视音频和数据的规范。流式传输的实现需要合适的传输协议。ISMA 规范中使用实时传输协议(Real-time Transport Protocol,RTP)和实时传输控制协议(Real-time Transport Control Protocol,RTCP)作为流数据的传输协议,而 TS 封装之后的数据可以直接由 UDP 数据报承载,也可以经 RTP 封装后再由 UDP 传输。流媒体应用具有交互性,对播出内容的控制信息经由实时流协议(Real Time Streaming Protocol,RTSP)进行传输,这是一个客户端/服务器模型的应用层协议,基于 TCP/IP 协议栈。TCP 包含较多的开销,故不太适合传输实时数据。因此,在流式传输的实现方案中,一般采用 HTTP/TCP 等协议来传输控制信息,用 RTP/UDP 等来传输实时多媒体数据。此外,IPTV 直播节目主要应用组播的方式实现,需要支持 Internet 组管理协议(Internet Group Management Protocol ,IGMP)等组播协议。

7.1.4 IPTV 规划方案

IPTV 规划方案主要有以下几方面的内容:首先是业务规划。包括对业务需求的预测和对市场引导能力的预测,从而决定规划与投入的规模和目标。其次是网络规划。网络规划主要是根据业务规划的结果,结合技术发展应用情况,考虑如何以最小的建设投资最大限度地实现业务规划的目标。网络规划更多的是在现有的网络基础上进行规划,所以在考虑新技术应用的同时还必须考虑充分利用现有的网络资源。最优方案往往需要对网络容量、技术先进性、可靠性、安全性、性价比等因素进行综合比较和折中。由于分析的角度和侧重点不同,得到的结论可能有较大差异,需要不断修正。最后是发展规划。网络建设有轻重缓急之分,发展规划就是根据业务规划和网络规划的结论,最优地利用有限的资源,有针对性地分期分批建设,争取最大的效益。

网络建设的科学规划应遵循以下步骤:(1)对网络、业务、市场的现状进行调查研究;(2)确定规划目标,包括社会需求目标、技术发展目标、经济发展目标等;(3)对网络用户规模、业务量,以及技术发展的动向、趋势和前景进行科学的预测;(4)对网络的发展进行规划,不同的网络有不同的规划方法和优化模型,可以采用定量分析,结合计算机进行辅助优化。

IPTV 网络的规划包括业务发展的需求分析、技术发展趋势研究、网络发展目标的制定等,需要对网络现状进行充分的调查研究,掌握准确的数据,以作出科学的预测,并制定合理的目标和评价体系。然后才是有重点、分步骤地进行网络工程建设。IPTV 网络工程建设规划分为业务网规划设计和承载网规划设计两个主要部分。

7.2 IPTV 业务网规划与设计

IPTV 业务网为电视节目直播、点播、时移,以及其他增值业务提供了一个统一的系统平台,其中重要的组成部分包括业务门户、业务分发交换、业务运营,以及相关的支撑功能等。IPTV 业务网的设计应当具有灵活性、开放性、可扩展性和可管理性。IPTV 业务网的规划设计依赖于对用户需求的把握以及对市场和技术发展趋势的分析和判断,业务网的规划设计会影响承载网的设计与建设。

7.2.1 IPTV 业务系统组网

1. IPTV 业务系统组网结构

IPTV 业务系统按照地域进行组网部署,其结构主要由 3 部分构成:IPTV 内容源、IPTV 区域网业务系统和 IPTV 业务管理中心,组网模式如图 7-3 所示。内容源提供原始媒体内容和存储服务;区域网业务系统包括本区域的业务管理系统、媒体交付系统、门户导航和安全管理;业务管理中心负责各 IPTV 区域网的业务管理。

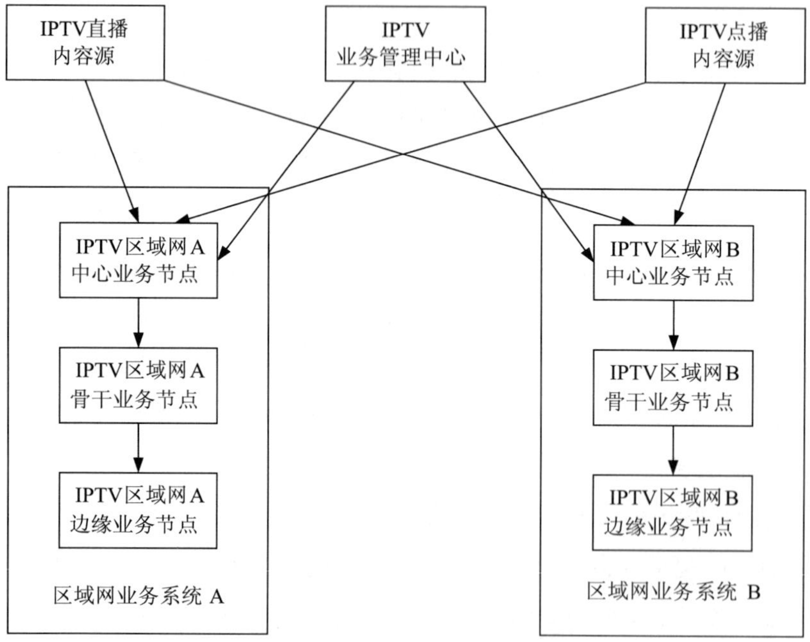

图 7-3 IPTV 业务系统组网

(1)IPTV 内容源

IPTV 内容源包括直播内容源和点播内容源,由内容运营商提供。

直播内容源可以通过光纤、卫星或者同轴电缆等传输手段向媒体交付系统实时注入内容。因为直播业务具有高度重复性和实时性,因此采用组播技术能够有效提高承载网络带宽的利用率,组播复制点应尽可能靠近用户。

点播内容源的储存方式有集中式储存和分布式储存。点播内容源向媒体交付系统注入内容时不需要实时传输,因此不必基于特定的流式媒体分发协议,可以采用 FTP 等文件传输协议。

为了避免不同的 IPTV 媒体交付系统在内容分发、存储协议和调度机制上出现互通困难(如采用了不同的分发机制和通信协议),每一个 IPTV 区域网业务系统的媒体交付系统应直接与 IPTV 内容源相连。

(2)IPTV 区域网业务系统

IPTV 区域网业务系统一般分为三级:中心业务节点、骨干业务节点和边缘业务节点。当 IPTV 区域网业务系统的覆盖范围比较小时,可以简化网络层次,成为两级架构的区域网业务系统。

中心业务节点作为整个 IPTV 区域网业务系统的核心,一般在一个区域网部署一个。中心业务节点对上提供到 IPTV 业务管理中心的接口,完成如节目内容管理、节目元数据管理、用户管理、资费信息管理等功能;对下则提供骨干业务节点和边缘业务节点全部点播内容源的内容,并负责直播源录制内容的存储。中心业务节点根据预设的策略更新节目内容和节目指南,并预先分发到下级骨干业务节点和边缘业务节点。中心业务节点负责向管理中心实时上报计费数据和统计信息。

骨干业务节点一般在一个城市范围内只部署一个。骨干业务节点原则上存储全部点播内容源的内容和直播源的录制内容,主要为下级边缘业务节点服务,包括提供内容,对边缘业务节点各种服务器进行认证与配置,完成骨干业务节点覆盖范围内所有用户的认证、计费和管理,同时也可以直接为用户提供流媒体播放服务。

边缘业务节点的主要功能是直接为终端用户提供流媒体服务、生成用户导航界面,以及对机顶盒进行在线管理,以响应大部分的用户交互请求。边缘业务节点一般靠近宽带接入网设备部署,以节省汇聚层或核心层的网络带宽。边缘业务节点比骨干业务节点覆盖的范围小,服务的用户少,建设成本和设备规模有限,因此只需要存储部分收视率比较高的点播内容和最近录制的直播电视内容,具体的存储策略可以根据使用环境和媒体交付机制的不同进行调整。当用户点播的内容在边缘业务节点没有存储时,该点播请求将被转发到上级骨干业务节点。

(3)IPTV 业务管理中心

IPTV 业务管理中心负责对整个系统内各 IPTV 区域网的业务系统和 IPTV 内容源进

行统一的业务管理,包括各区域内的媒体资产管理和全网范围内的内容源管理。并与运营支撑系统相互同步必要的业务管理数据,如各区域网的用户数据、认证授权、计费、账务和业务应用信息等。

2. IPTV 业务网建设发展策略

IPTV 网络要随着业务开展和用户规模的发展逐步建设,不可能一开始就按照最大规模的系统进行设计和部署。在业务发展的初期,用户规模较小,可以采用两级架构。一个城市范围内的用户先直接由一个骨干业务节点提供服务,即骨干业务节点实际作为边缘业务节点直接服务用户,待后期用户规模扩大时再逐步增加边缘业务节点的建设。

两级架构的网络结构如图 7-4 所示。用户的 IPTV 业务和宽带上网业务经过接入网到达城域网汇聚层,由 IPTV 业务路由器(SR)和宽带接入服务器(BRAS)对两种业务流量进行分离。用户的 IPTV 业务请求经城域网直接到达骨干业务节点,由骨干业务节点的服务器直接提供流服务。为保证系统和网络的可靠性,用户到各级业务节点需要两条以上的路由。

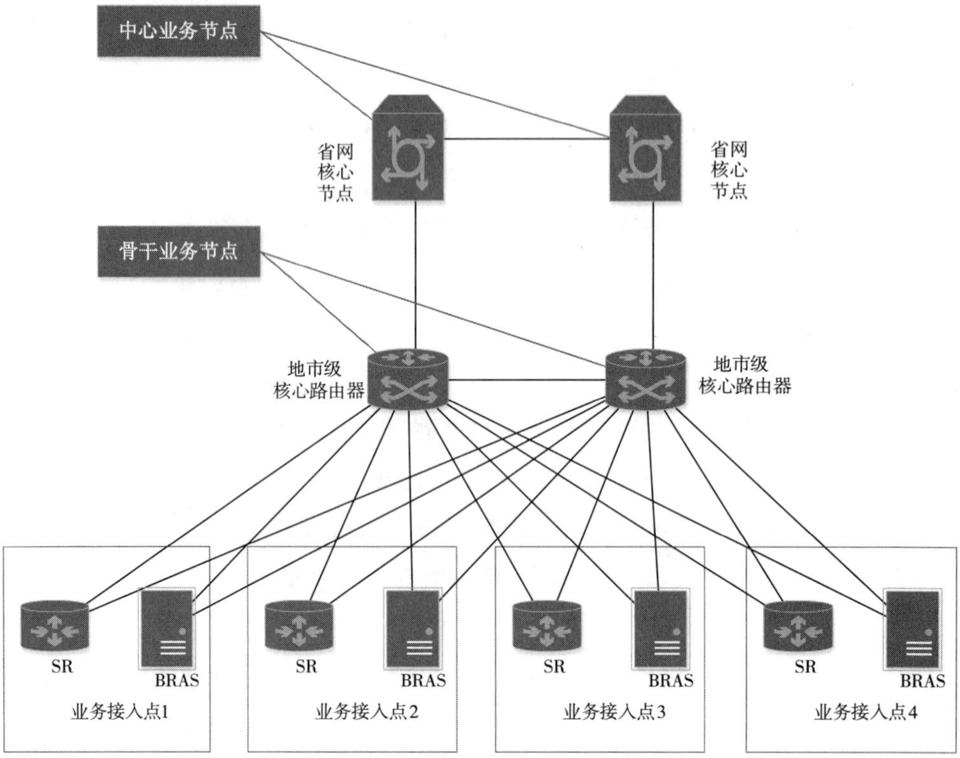

图 7-4 发展初期的业务网结构

当用户规模发展到一定程度时,可以设置三级架构(图 7-5)。在用户较多的热点地区设置边缘业务节点,由边缘业务节点服务该热点地区,可以有效减轻城域网的压力,用户也能就近获得更好的服务质量。无边缘业务节点的非热点地区用户仍由骨干业务节点提供业务。

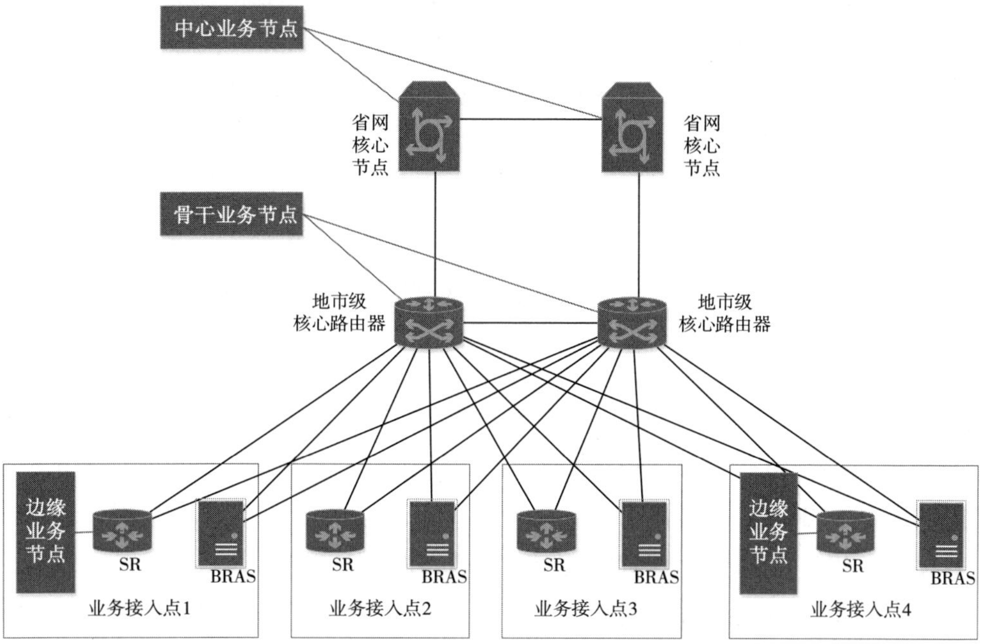

图 7-5　发展中期的业务网结构

当用户规模较大时,采用三级架构设置,所有用户都由边缘业务节点提供业务,骨干业务节点只负责边缘业务节点未命中的点播用户(图 7-6)。当用户点播的内容在边缘业务节点没有存储时,该点播请求将被转发到上级骨干业务节点,由骨干业务节点提供业务。

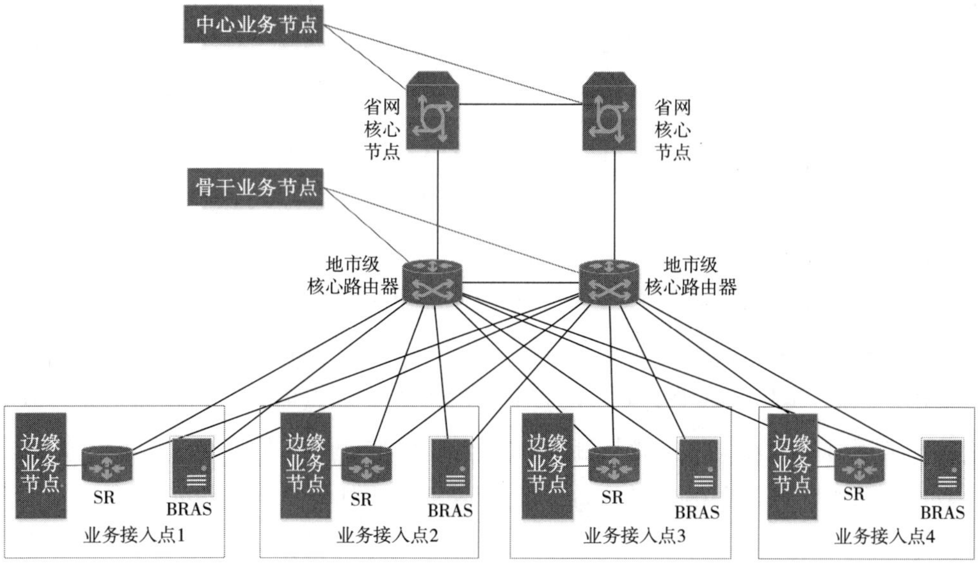

图 7-6　发展后期的业务网结构

节点的业务提供能力必须适应覆盖用户的规模，综合考虑接入层和汇聚层带宽、EPG 服务器并发量，流媒体服务器 I/O 能力等因素，当用户达到一定规模时，需要增设边缘业务节点甚至骨干业务节点。当用户规模较大时，出于网络安全性的考虑，需要设置两个省级区域中心业务节点。

7.2.2 视音频业务实现方式

IPTV 系统的核心业务是视音频类业务，包括直播业务、点播业务和时移业务。

1. 直播业务

直播节目是由 IPTV 系统实时提供的视频节目，主要有直播频道和虚拟频道两种方式。直播频道是指由广电运营商提供实时流媒体内容作为节目源；虚拟频道是指将预先制作好的流媒体内容作为节目源。

直播业务的分发方式有全网单播、全网组播和直播中继三种。

全网单播方式是指直播节目源自中心业务节点至用户终端的分发过程均采用单播方式。该方式适用于用户规模较小，承载网络不支持组播的地区。单播方式的优点是对网络设备的依赖性较小，网络环境适应性好；缺点是对服务器和网络带宽的消耗较大。由于单播采用的是点对点的机制，因此每个单播流都相当于一个点播流，占用网络带宽和系统资源。为了避免网络流量过于集中、中心业务节点访问量过大，可以由中心业务节点将直播节目源以单播方式分发至边缘业务节点后，再由边缘业务节点转发至用户终端。

全网组播要求从直播内容源到区域业务网的各级节点，以及到达用户终端的 IPTV 承载网络全部支持组播应用，即要求城域骨干网和宽带接入网络都支持组播，以完成视频直播业务的推送。建立组播网络的一种方式是通过各级网络设备，启用动态组播路由协议，建立组播源到业务接入点间的组播树；另一种方式是通过静态组播配置，在城域网范围内建立组播数据的透明通道，将 IPTV 业务内容按照静态配置的组播树路径送至业务接入点。在宽带接入网中，由宽带接入服务器、DSLAM 或接入交换机等设备进行组播复制，再将内容下发给用户。

当 IPTV 区域网络覆盖范围较大时，其 IP 承载网络的情况可能会比较复杂，比如出现业务跨多个不同架构的城域网或新旧设备共存等情况，很难保证在广域网中对全网组播的支持。因此，实际系统中更多采用直播中继方式实现直播业务。直播中继方式是中心业务节点通过单播方式将直播节目源推送至下级骨干业务节点或边缘业务节点，骨干业务节点或边缘业务节点接收到直播节目源后，通过组播方式进行转发。

2. 点播业务

IPTV 业务系统可以根据用户的点播选择向特定用户提供预先存储的视频内容。点播业务具有动态的突发性和交互性，用户的每个点播请求都是独立的，需要由一个单播流提供支持。当大量用户同时使用点播业务时,将会对流媒体服务器和各级承载网络形成巨大压力。因此需要将点播节目内容按一定的分配策略预先分发并存储在各级业务节点中。

根据用户的业务请求,以单播方式优先由最靠近用户的边缘业务节点提供点播业务内容,如无法满足,再逐级地由上一级业务节点提供节目内容。在考虑业务流量边缘化原则的情况下,中心业务节点需要存储全部的点播业务内容,骨干业务节点或边缘业务节点根据事先确定的业务模型存储全部或部分的点播业务内容。

单个节目源被访问的概率根据其访问热度的排名有很大的差别,其规律符合 Zipf 分布:点播数据的访问具有很强的局部性,大量的访问集中在少部分热点资源。一种可供参考的分配比例是在边缘节点存储访问最频繁的 20%热点节目内容,即能够在本地满足 80%的点播访问请求,其余 20%未命中的请求将由上级节点提供服务。当边缘节点存储量达到 50%时,能够满足约 90%的点播访问,上级节点只需承担其余 10%的业务量。

3. 时移业务

时移电视业务使用户可以不受电视台播出时间的限制,收看过去一段时间内系统提供的直播视频节目,并允许用户在直播节目的收看过程中进行暂停、回放等操作。时移业务是通过对直播业务的点播化来实现的,即直播业务在由直播节目源向用户终端逐级分发的过程中,各级业务节点在转发播出的同时进行录制并存储一定的时间。当用户提出时移业务的访问请求时,为用户建立一条单播流,以点播的方式将存储的节目内容播发给用户,并且可以响应用户的交互操作请求。

直播电视业务中,信息是持续不断的,相当于一个没有结尾的巨型“视频文件”, 因此必须使用视频切片技术对直播的视频流进行切片及缓存。各级业务节点由于设备能力的不同也要按照一定的策略进行直播视频的缓存,中心业务节点和骨干业务节点存储较大的时移节目内容,边缘业务节点存储则较少。与点播业务类似,时移业务根据用户的业务请求,以单播方式优先由最靠近用户的边缘业务节点提供业务内容,如无法满足,再逐级地由上一级业务节点提供业务内容。

7.2.3　视频服务网络

IPTV 系统最主要的任务是提供视音频服务,因此由 IPTV 各级业务节点组成的业务网络也被称为视频服务网络(Video Service Network)。视频服务网络是位于视频源系统和宽带接入网之间的一段网络,是在现有宽带骨干/城域网络基础上,通过层次化部署流媒体服务器的方式构建而成的一个分发网络,负责视频数据的导入、存储、分发和服务,从而为用户提供优质的视频服务。视频服务网络的基本原理是把视频内容推送到网络边缘,为用户就近提供服务,从而有效提高服务质量,降低骨干网络的传输压力,为 IPTV 业务的规模应用提供支持。

视频服务网络主要应用的技术包括流传输技术、内容分发技术、负载均衡技术和海量存储技术等。

1. 流传输技术

IPTV 提供的视频服务是实时传输到用户终端的,需要通过流传输技术实现。流传输技术主要是将流媒体数据从头端(服务器端)以流方式传输到用户端。流传输包括流会话的建立、数据包封装格式、数据包传输格式、用户的交互请求处理等。相应地,流传输技术包括流控制协议、文件格式、流传输协议等。目前,IPTV 主要有两种流传输的解决方案:MPEG-2 TS over IP 方式和 ISMA 方式。

(1)MPEG-2 TS over IP

MPEG-2 是由动态图像专家组(Moving Picture Experts Group,MPEG)开发的第二个标准,于 1994 年正式确定为国际标准,也是目前广播电视行业的通用标准。TS 是 MPEG-2 系统层中定义的一种复合信息流格式,支持多种基本媒体流和多种媒体编码标准。

MPEG-2 系统标准定义了复用一个或多个音频、视频和数据元素流的方法。数据流被打包,加上时间标识,形成一个被包装的元素流(PES)。音频、视频和数据的 PES 被复用在一起,形成可存储和传输应用的单一输出流,输出流有节目流(PS)和传输流(TS)两种,如图 7-7 所示。

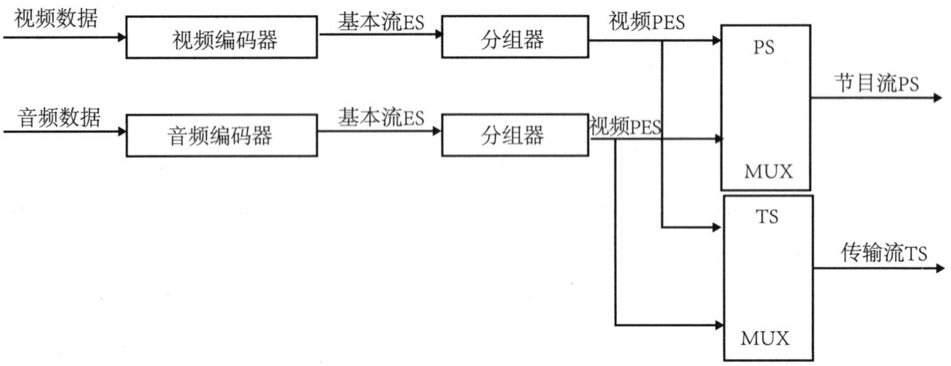

图 7-7　MPEG-2 编码复用

PS 为可变长度包, TS 为固定大小包。PS 通常用于 DVD 类的存储应用中,TS 通常用于错误发生较多的传输场合。TS 复用那些没有共同时间基准的数据流,固定长度为 188 字节。在这 188 字节的包中,包头长 4 字节,其余字节用作扩展包头信息,存储数据、音频和视频信息。TS 的包头扩展信息可提供时间信息。

TS 具有很好的开放性。它是针对多媒体数据流的一种封装形式,与具体编码方式无关。因此能支持多种编码标准,包括 MPEG-1、MPEG-2、MPEG-4、H.264、VC-1 和 AVS。TS 既可以使用单播,也可以使用组播作为下层传输协议,由于其位于 UDP 之上,因此 TS 流方式对组播的要求跟传统的 IP 包复制一样,只需简单拷贝即可。

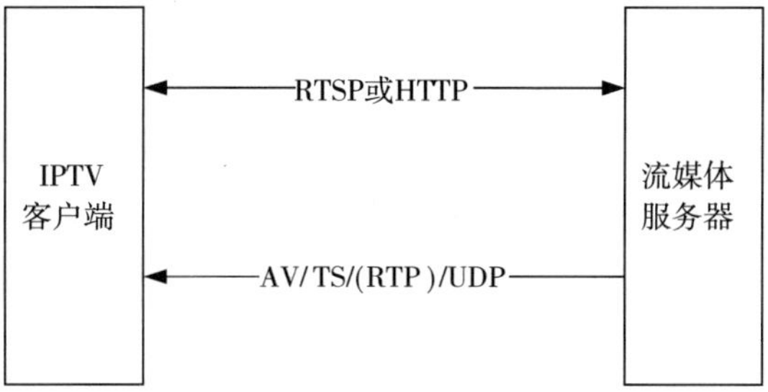

图 7-8　MPEG-2 TS over IP 流传输

如图 7-8 所示，MPEG-2 TS over IP 采用服务器/客户端结构。在控制层可采用 RTSP 或 HTTP 协议，媒体数据采用 MPEG-2 TS 封装后，一般承载在 UDP 上。为了减轻网络抖动等因素的影响，也可在 UDP 之上采用 RTP 协议封装 TS 包。

(2) ISMA

互联网流媒体联盟(Internet Streaming Media Alliance，ISMA)成立于2000 年。致力于制订基于 IP 协议之上的端对端的流媒体解决方案。ISMA 结合已被广泛使用的现有技术，制定流媒体技术的标准化规范，以确保不同厂商的视音频系统与设备在基于 IP 的互联网上可以互联互通。

ISMA 先后制定并发布了 1.0.1 和 2.0 两个版本，分别针对 MPEG-4 和 H.264 的编码方式。因此 ISMA 规范与具体采用的编码方式有关。ISMA 的基本传输过程如图 7-9 所示。

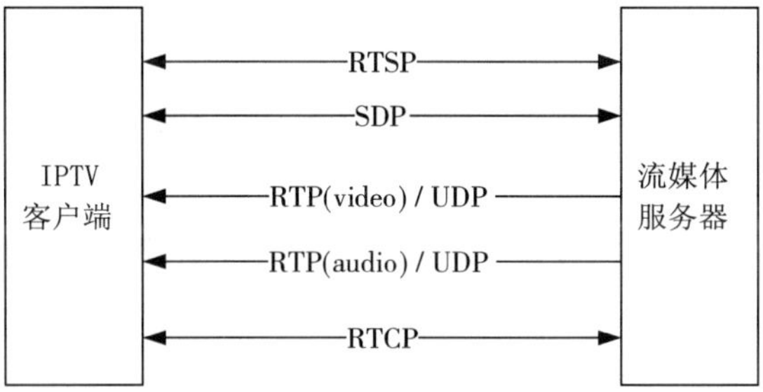

图 7-9　ISMA 流传输过程

ISMA 同样通过服务器/客户端结构实现流数据的传输，在应用层采用 RTSP 控制协议，以会话描述协议(SDP)描述流媒体初始化参数的格式。媒体数据采用 RTP 封装后承载在 TCP 或 UDP 上，并通过 RTP/RTCP 协议进行传输质量的监测。ISMA 中，媒体数据按照视频流和音频流分开传输。

(3) 两种方式的选择

MPEG-2 TS over IP 对编解码标准无限制，可支持多种编解码标准。但由于是将视频流和音频流复用成单一流传输，MPEG-2 TS over IP 对于多音轨、多字幕和未来交互式场景的支持并不灵活，必须封装成单一流，从而会增加部分开销。对于通信类业务，MPEG-

2 TS over IP 也需做扩展才能支持。由于采用固定长度的包结构,MPEG-2 TS over IP 需要更多的开销,这也导致了其传输效率比 ISMA 低。

ISMA 目前支持 MPEG-4 和 H.264,不支持其他编码标准。由于将视频流和音频流分开传输,ISMA 对于多音轨、多字幕等媒体形式和未来交互式场景的支持更加灵活,且无须占用额外带宽资源。由于 ISMA 采用互联网已有协议,对于互动性业务的支持也更灵活。对于视频通信、VOIP 等通信类业务,ISMA 的协议栈在视音频数据封装上也可直接支持,无须做扩展。ISMA 通过 RTCP 来监测网络状况,便于对业务进行 QoS 控制。接收端通过 RTP 协议的时间戳来实现视频和音频数据流的同步。但由于采用了 SDP 描述流建立所需要的信息,所以当进行直播频道切换时,客户端需要重新获取 SDP 文件,可能会带来一定的切换时延。ISMA 的封装协议开销主要来自 RTP、TCP/UDP 和 IP 的包头,开销相对较小,传输效率较高。

总体来说,ISMA 的优势在于是面向互联网应用而制定的开放标准,IP 网的双向互动性使其对未来增值业务的支持更灵活。而 MPEG-2 TS over IP 最大的优势是成熟,尤其适合广播类业务,对互动性业务的支持则需要做一定的扩展。TS 已经大规模普遍性应用了十多年,得到了全球广播行业和互联网行业的一致认可。目前 IPTV 的主要内容来源是广电节目运营商,考虑到和数字电视系统之间的兼容性和技术的成熟度,多数 IPTV 系统选择的是 MPEG-2 TS over IP 方式。

2. 内容分发技术

内容分发技术主要包括 PUSH 分发、PULL 分发和镜像分发。

(1)PUSH 分发

PUSH 分发是一种主动分发技术。通常,PUSH 由内容管理系统发起,将内容从源或者中心业务节点分发到各边缘业务节点,分发的协议可以采用 HTTP 或 FTP 等。通过 PUSH 方式分发的内容一般是比较热点的内容,需要考虑的主要问题是分发策略,即在什么时候发什么内容。一般来说,PUSH 内容分发主要用人工设定分发策略,也可以采用智能分发的方法。

(2)PULL 分发

PULL 分发是一种被动的分发技术,通常由用户请求驱动。当用户请求的内容在本地边缘业务节点上不存在时,该节点会使用 PULL 方法,按照一定的规则寻找另一个业务节点(上级业务节点或按分发策略预设的其他业务节点),并向其发送节目请求。拥有内容的业务节点按请求实时地向用户提供视频服务,同时该节目也可以缓冲在之前的边缘业务节点上,为其他用户的点播请求服务。

(3)镜像分发

镜像分发主要指通过设置源视频服务器和目标视频服务器的镜像关系,完成视频服务器之间的内容镜像和同步。

3. 负载均衡技术

IPTV 应用的飞速发展给网络带宽和视频服务器带来巨大的挑战。从网络技术的发展来看,网络带宽的增长远高于服务器运算速度和内存访问速度的增长。所以,越来越多的瓶颈出现在服务器端。视频业务具有实时性和持续性,要求节目数据必须在指定的时间内到达用户端,并且这个带宽需求要持续很长时间,这不仅对网络带宽提出了较高要求,同时也对视频服务器的存储系统的 I/O 性能提出了较高要求。为了使系统可以同时满足大量并发的用户请求,采用分布式 IPTV 视频服务系统是一个有效的解决方案。实现负载均衡是 IPTV 系统中的一个重要任务。

负载均衡的主要功能是将用户的请求分配到整个视频服务网络的一个合适的节点上,并将用户请求最终分配到一个最优的服务引擎上。从逻辑层次上可以将负载均衡机制分为全局负载均衡机制(Global Server Load Balancing,GSLB)和节点内的本地负载均衡机制(Server Load Balancing,SLB)两大类。这两种机制相互配合,最大限度地为 IPTV 用户提供高质量的服务。

GSLB 是指在放置在不同地理位置、有不同网络结构的服务器群之间作负载均衡,将用户的访问导向到离用户最近的访问站点。GSLB 的首要原则是就近性判断,即实现用户对内容的就近访问。

SLB 的目标是平衡同一节点内的服务器群中所有服务器和应用之间的业务负载,将任务交由最适合的服务器设备来处理,以实现真正的智能通信管理和优秀的服务器群性能。由此,在充分利用现有设备的条件下,有效地解决数据流量过大、网络负荷过重的问题,避免因服务器单点故障造成的数据流量损失。SLB 能够根据实际的流量和负荷状况,将用户的请求在不同服务器或缓存之间合理分配。

一般来说,IPTV 系统负载均衡的工作流程如下:

第一,认证用户通过 IPTV 业务系统点播视频服务,该请求会被导向到视频服务网络的全局负载均衡设备 GSLB 上;

第二,经 GSLB 根据预设策略判断,用户被导向到一个最佳的业务节点的本地负载均衡设备 SLB 上;

第三,经 SLB 根据服务器群的实时工作负载情况判断,用户被导向到一个最佳的流媒体服务器,由该设备向用户提供业务服务。

实现负载均衡可以采用的技术有 DNS 重定向、反向代理、NAT 负载均衡,以及应用软件等。

4. 海量存储技术

数字视频文件一般需要占用大量的存储空间,因此必须建立高效、低成本的存储和分发机制。这样一方面可以优化系统对数据网络的带宽占用,另一方面可以提高 IPTV

系统的安全稳定性和客户端的响应速度。IPTV 系统在存储上有两种方式:一种是内容源和业务节点内的集中式存储,另一种是内容在节点间的分布式存储。

IPTV 系统主要采用的是集中式存储,包括直接外挂存储、网络附加存储和存储区域网络。

(1)直接外挂存储

直接外挂存储(Direct Attached Storage,DAS)的服务器结构如同 PC 机架构,外部数据存储设备(如磁盘阵列、光盘机、磁带机等)都直接挂接在服务器内部总线上,数据存储设备是整个服务器结构的一部分。同样,服务器也担负着整个网络的数据存储职责。DAS 这种直连方式,能够解决单台服务器的存储空间扩展、高性能传输需求。此外,DAS 还可以构成基于磁盘阵列的双机系统,提高数据存储的安全性和可靠性。DAS 依赖服务器主机操作系统进行数据的 I/O 读写和存储维护管理,数据备份和恢复需要占用服务器主机资源(包括 CPU、系统 I/O 等)。这种方案主要用在早期的计算机和服务器上。

(2)网络附加存储

网络附加存储(Network Attached Storage,NAS)采用独立于应用服务器,单独为网络数据存储而开发的一种文件服务器。NAS 服务器集中连接了所有网络数据存储设备(如各种磁盘阵列、磁带、光盘机等),可以很好地扩展存储容量。同时由于这种网络存储方式是 NAS 服务器独立承担的,所以对原来的应用服务器性能没有太大影响。NAS 设备内置为存储优化的独立操作系统,可以高效地使用系统总线资源,全力支持 I/O,同时 NAS 操作系统一般集成备份软件,可以不经过服务器将 NAS 设备中的重要数据进行本地备份,而且 NAS 设备提供硬盘 RAID、冗余的电源、风扇,以及冗余的控制器,可以保证应用的稳定性和可靠性。NAS 设备可以在不同操作系统平台下提供文件共享应用。与传统的服务器或 DAS 存储设备相比,NAS 设备的安装、调试、使用和管理非常简单。NAS 数据存储方案是基于局域网设计的,按照通用的 TCP/IP 协议进行通信,以文件 I/O 的方式进行数据传输。NAS 设备可以直接连接在网络交换机上,通过简单的设置就可以在网络上即插即用地使用存储,采用 NAS 可以节省一定的设备管理与维护费用。

(3)存储区域网络

存储区域网络(Storage Area Network,SAN)能够在服务器共享存储设备的同时保持数据的高速传输。SAN 不是把所有的存储设备集中安装在一个专门的 NAS 服务器中,而是将这些存储设备单独通过光纤交换机连接起来,形成一个光纤通道网络,这个网络再与服务器所在的局域网进行连接。采用光纤通道(Fiber Channel)接口的光纤交换机在其中起着核心作用。SAN 通过高速连接的 SAN 网络把存储设备与服务器相连,当有海量数据的存取需求时,数据可以通过 SAN 网络在相关服务器和后台的存储设备之间高速传输,对于局域网的带宽占用很少,而且服务器可以访问 SAN 上的任何一个存储设备,提高了数据的可用性。在对性能和可靠性要求较高的场合,采用先进的 SAN 数据存储网络,可以使数据的存储、备份等活动独立在原先的局域网之外，从而减轻局域网的负载，保证原有网络应用的顺畅进行。SAN 方案简化了管理和集中控制，数据以集中方式进行存储，加强了数据的可管理性，同时可以使多操作系统下的数据共享同一存储池，降低了总拥有成本。

IPTV 系统对网络资源的要求很高，大规模部署必须考虑分布的存储方式，通常是以中心业务节点和多个边缘业务节点组成多级存储结构，以降低成本。但是这种方式会带来时延增大和网络负担加重等问题，因此必须采用适当的存储管理机制。目前 IPTV 系统对存储内容的组织和管理有文件和切片两种方式。文件方式是以文件作为网络的最小存储单元，将视频流按照文件的方式存储在磁盘上，但文件方式对实时业务的反应能力较差，不适合大规模应用的 IPTV 系统。切片方式的基本原理是将体积巨大的视频文件切分成一个个固定大小的视频切片，然后以切片为基础进行存储、分发和服务。视频切片技术使 IPTV 系统的处理特别灵活，可以很好地满足多媒体业务实时性的要求，能够支持更加灵活的内容交换及路由策略，大大提升了网络的负载均衡和快速响应能力。

IPTV 系统在不同的媒体引擎上智能地存储节目片段，媒体位置寄存器（MLR）负责记录所有节目片段的位置，当用户播放节目的请求被送到媒体控制器时，媒体控制器根据 MLR 中该节目片段位置的记录，控制存储该节目片段的媒体引擎为用户提供流服务（如图 7-10 所示）。所有的媒体内容首先存放于中心层中，然后按照一定的策略推送并存储到下级存储节点中。其中热点资源片段可以在各级节点 100%存储，而不常被访问的内容片段只需存储节目的起始片断，当节目被访问时，再从上层业务节点传送节目的剩余部分。这样不仅缩短了应答时延，同时也减少了对边缘业务节点存

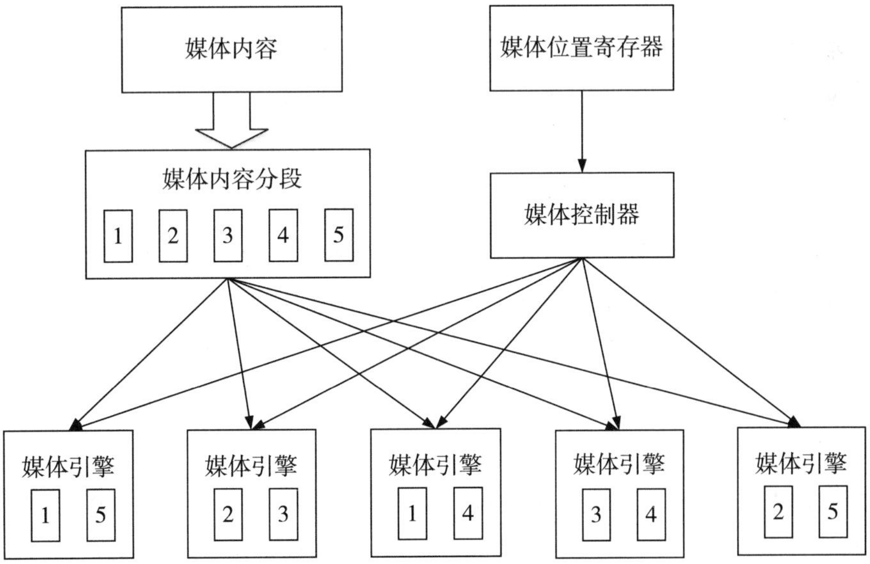

图 7-10　IPTV 的切片存储结构

储空间的要求。另外,IPTV 系统还设有媒体存储冗余,每个片断在不同的媒体引擎中有两个以上的备份,当一个媒体引擎出现故障时,存有相同片断的其他媒体引擎能够不中断地继续提供服务。

7.2.4 业务模型的制定

业务模型在 IPTV 的组网中具有关键性作用。它将直接决定网络建设的规模、业务的发展状况、投资的大小,以及项目的经济效益。

IPTV 的业务模型主要包括用户并发模型、业务使用模型和业务分发模型。

用户并发模型是指用户同时使用 IPTV 业务的预计比例。

业务使用模型是指 IPTV 各项业务被用户使用的预计比例。

业务分发模型是指 IPTV 业务提供给用户的实现方式。

IPTV 的业务模型参数均为预估的数据,因此必须在对当地用户消费行为进行充分分析和调研的基础上,制定相应的业务模型。一个典型的中型城市 IPTV 系统业务模型的主要参数示例如下。

(1)用户并发模型:IPTV 机顶盒的开机并发率为 30%。

(2)业务使用模型:单播业务占 60%,组播业务占 30%,增值业务及其他业务占 10%;其中,单播业务中 60%为时移业务,40%为点播业务;增值业务中 90%为非流媒体业务,10%为流媒体业务。(如果业务需求量不变,当直播业务以单播方式实现时,组播业务比例为 0%,单播业务比例为 90%,增值业务及其他业务占 10%;其中,单播业务中直播、点播、时移所占的比例分别为 33%、27%、40%。)

(3)业务分发模型:边缘业务节点存储 20%的点播内容,满足 80%的访问量;骨干业务节点/中心业务节点存储 100%的点播内容,承担 20%的访问量。时移业务的存储分发模型与点播业务一致。增值业务量较少,完全由中心业务节点提供。

7.2.5 业务网链路带宽的计算

1. 业务带宽估算

IPTV 业务网中,各级节点间的带宽需求可以根据业务模型参数估算出来,其中不同业务的码率与其采用的视音频编码技术和流媒体传输协议有关。例如一路 MPEG-4 编码的标清节目流,采用 TS 封装,由 RTP 协议承载,在传输过程中各协议层需要的带宽可以用如下方式估算。

(1)媒体基本流码率

视频经 MPEG-4 编码后图像效果要达到标清(DVD 质量),则纯视频流码率约为 1.5Mbps。

媒体流码率=视频流(1.5Mbps)+音频(96Kbps)+编码器编码误差(约 150Kbps)=

1.75Mbps

(2)TS 流码率

视音频基本流(ES)采用 MPEG-2 TS 流封装时加入了 TS 包头以及复用层业务信息表(SI)等开销。

TS 流码率=媒体流码率(1.75Mbps)+TS 流封装和复用开销(约 100Kbps)= 1.85Mbps

(3)MPEG-4 编码器输出码率

编码器输出的数据是经过 MPEG-2 TS 流传输技术封装后的数据,视频和音频数据分别被包装成 PES(打包基本流),视频和音频的 PES 被复用在一起,封装形成传输流 TS。TS 包长固定长度为 188 字节,包含 4 个字节的包头和 184 字节的载荷。编码器设备的输出为以太网接口,使用的网络协议栈为 UDP/IP/Ethernet。各部分固定开销:UDP 包头开销为 8 字节,IP 包头开销为 20 字节,以太网帧开销为 26 字节(7 字节前导码+1 字节帧起始标记+6 字节目的 MAC 地址+6 字节源 MAC 地址+2 字节长度/类型+4 字节 FCS 校验)。考虑到以太帧最大有效数据长度为 1500 字节,因此 1 个以太网帧最多能封装 7 个 188 字节的 TS 包。编码器输出的数据帧结构如图 7-11 所示。

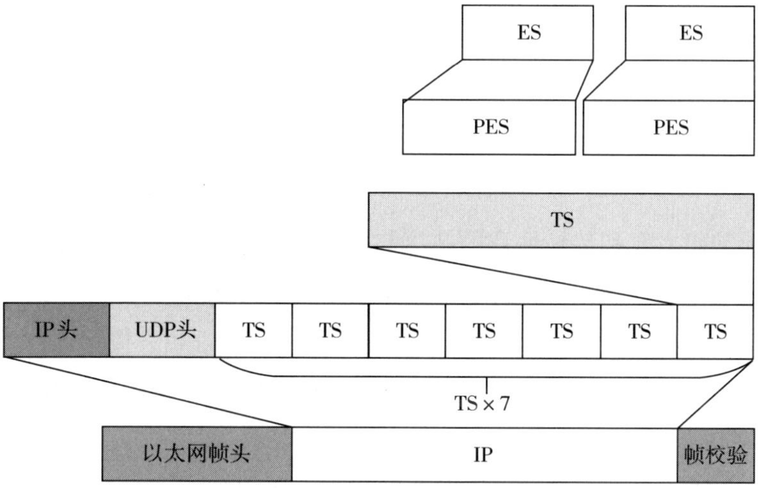

图 7-11　编码器输出的数据帧结构

编码器输出码率=1.85Mbps×(26+20+8+188×7)/(188×7)= 1.93Mbps

(4)流媒体输出带宽

编码器输出的码流进入不同的业务平台:对于直播类业务,编码后的码流经流媒体服务器封装成流业务,用组播、单播等方式向用户传输;对于点播类业务,根据业务的部署策略进入存储设备或分发到各级业务节点并存储,当用户发出点播请求时由相应的流媒体服务器提供流服务。

流媒体服务器将 MPEG-2 TS 流用实时传输协议(RTP)封装后在 IP 承载网上传送。流媒体服务器输出的数据帧结构如图 7-12 所示。

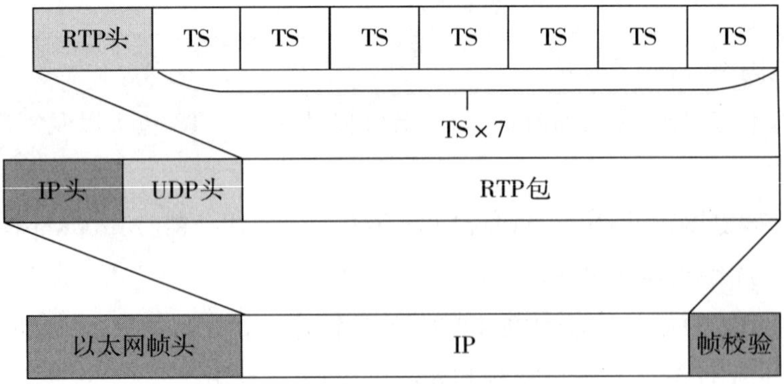

图 7-12 流媒体服务器输出的数据帧结构

RTP 封装开销为 12 字节，7 个 TS 包共 1316 字节，被封装成 RTP 包后长度为 1328 字节。

媒体服务器输出码率 = 1.85Mbps×(26+20+8+12+188×7)/(188×7) = 1.95Mbps

(5)采用 PPPoE 的接入网设备带宽

当宽带接入用户的认证方式为 PPPoE 时，从宽带网业务接入点到用户终端的数据帧格式中还需要加上 8 字节的 PPPoE 封装开销。另外，因为使用 VLAN 隔离业务和用户，还需要加上 4 字节的 802.1Q 帧标记。

接入网链路码率 = 1.95Mbps×(26+8+4+20+8+12+188×7)/(26+20+8+12+188×7) = 1.97Mbps

采用其他编码方案和传输协议的估算与此类似，如果想降低码率、节省带宽，可以采用 H.264 或 AVS 编码。采用 TS 封装方式通常是为了和数字电视系统更好地兼容，因为 IPTV 的大量节目内容来自广电节目源，也可以不经过 TS 封装直接用 RTP 包承载视音频数据。而直接由 UDP/IP 传输 TS 流也有相关标准实现，多用在业务系统设备之间的数据传输。

除了视音频业务，IPTV 系统还承载多种增值业务，增值业务可以分为基于流媒体的业务和非流媒体的业务两大类。基于流媒体的有融合通信、可视电话、监控安防等，根据业务需要使用不同的编码速率；非流媒体的业务有网页浏览、政务、股票等信息类服务，其流量通常是突发的，只会持续很短时间，因此这类业务的并发率很低，平均来看占用带宽比例很小。

2. 节点带宽估算

以三层结构的业务网为例，并参考前面的业务模型示例，中心业务节点、骨干业务节点和边缘业务节点的各种业务所需带宽可以用如下方法进行估算。

(1)中心业务节点

中心业务节点的流量主要是出流量，包括直播发送业务流量、点播发送业务流量、时移发送业务流量和增值业务流量。

①直播发送业务流量

当采用组播方式时:流量=频道数×码率

当采用直播中继方式时:流量=频道数×码率×边缘业务节点数

当采用单播方式时:流量=用户数×开机率×单播业务比例×直播业务比例×码率

②点播发送业务流量

流量=用户数×开机率×单播业务比例×点播业务比例×中心业务节点承担业务比例×码率

③时移点播发送业务流量

流量=用户数×开机率×单播业务比例×时移业务比例×中心业务节点承担业务比例×码率

④增值业务出口流量

流量=用户数×开机率×增值业务比例×(非流媒体内容比例×相应业务码率+流媒体内容比例×相应业务码率)

总出口带宽需求为上述①、②、③、④四项之和。

(2)骨干业务节点

骨干业务节点一方面接收来自中心业务节点的直播流,另一方面骨干业务节点向边缘业务节点转发直播流,并按照负荷分配的比例承担点播业务的播出。因此骨干业务节点的流量由入流量和出流量组成。入流量主要为直播流的接收业务流量;出流量主要为直播业务流、点播业务流、时移点播业务流的发送流量。当直播业务采用全网组播方式时,骨干业务节点不需要作为组播源。

①直播接收业务流量

流量=频道数×码率

②直播发送业务流量

当采用直播中继方式时:流量=频道数×码率×区域内边缘业务节点数

当采用单播方式时:流量=用户数×开机率×单播业务比例×直播业务比例×码率

③点播发送业务流量

流量=用户数×开机率×单播业务比例×点播业务比例×骨干业务节点承担业务比例×码率

④时移点播发送业务流量

流量=用户数×开机率×单播业务比例×时移业务比例×骨干业务节点承担业务比例×码率

由于出流量一般远大于入流量,因此骨干业务节点的出口带宽需求为上述②、③、④项之和。

3. 边缘业务节点

边缘业务节点的流量由入流量和出流量组成。入流量主要为直播流的接收业务流量;出流量主要为直播业务流(当需要边缘业务节点提供直播业务时)、点播业务流、时移点播业务流的发送流量。

①直播接收业务流量

流量=频道数×码率带宽

②直播发送业务流量

当采用直播中继方式时:流量=频道数×码率×组播复制点数量

当采用单播方式时:流量=用户数×开机率×单播业务比例×直播业务比例×码率

③点播发送业务流量

流量=用户数×开机率×单播业务比例×点播业务比例×边缘业务节点承担业务比例×码率

④时移点播发送业务流量

流量=用户数×开机率×单播业务比例×时移业务比例×边缘业务节点承担业务比例×码率

由于出流量一般远大于入流量,所以边缘业务节点的出口带宽为上述②、③、④项之和。

需要注意的是,上述估算中只考虑了业务流量的带宽需求,除此之外各级业务节点之间还有管理业务的流量和存储内容更新所需的流量。与业务流量相比较,这部分带宽需求较小,估算时一般可以忽略。另外,为了保障系统的可靠性,需要考虑一定比例的容灾预留带宽,即当一定数量的下级业务节点失效时,上级业务节点能承担起失效节点的业务量,不中断用户服务。综合以上几点,再考虑到实际承载网络有限的带宽利用率,链路平均负载不超过50%可以更好地保障服务质量,实际规划业务节点链路带宽时至少要求达到预估业务流量带宽的两倍以上。

7.3 IPTV 承载网规划与设计

7.3.1 IPTV 业务对承载网的需求

为实现IPTV业务的承载,IPTV承载网应当支持的功能包括:各种业务的用户接入、用户认证、内容传送等,并满足业务所需的带宽、服务质量、组播、可靠性和安全性等要求。

1. 带宽要求

IPTV业务对承载网的带宽要求主要体现在视频流媒体业务上。IPTV视频流媒体业务可以选择采用 MPEG-4、H.264 和 AVS 等编码方式。用户的带宽至少要求满足一路标清视频流的传输要求。具体地说,用户接入的下行网络带宽至少应达到 2Mbps,可以支持标清直播或点播业务;用户接入的上行网络带宽至少应达到 384Kbps,能够支持视频会议速率类的增值业务。如果要满足高清电视等业务的需求,用户接入网络要求带宽达到 8Mbps 以上。需要注意的是,IPTV 视频业务具有流量相对稳定且在线时间长的特性,因此,以上带宽需求不是网络的峰值速率,而是平均速率。

根据用户端业务所需的带宽,结合用户规模、业务特性、业务开展情况和用户使用习惯等统计信息,可以逐层对承载网各部分的带宽需求作出估计,从而指导承载网的设计和优化。

另外,承载网应提供对带宽的可控管理功能:承载网容量应根据上述用户下行带宽要求进行规划,并充分考虑用户规模、分布以及业务长时间在线等各项因素。

2. 服务质量要求

IPTV 业务具有多种类型,这些业务对承载网提出了差异化的服务质量要求,包括时延、抖动、丢包率和错误率等。

视频流媒体业务有两种提供方式:一种是单播方式的视频点播,另一种是组播方式的视频直播。视频点播对实时性的要求并不高,用户可以接受一定的等待延时,但是无法容忍抖动、误码等对观看效果的影响,因此可以通过设置适当缓存来降低抖动和误码的影响;视频直播对实时性要求较高,对传送时延比较敏感,同点播业务一样,用户要求优良的观看效果。VoIP、可视电话和视频会议等通信类业务对时延和抖动的要求都较高。在线游戏业务也是一种双向交互式数据业务,由于需要对用户操作作出快速响应,因此在线游戏业务对时延要求也较高,但游戏业务流量是突发性的,因此不需要考虑抖动等影响。

综合以上业务需求,按 YD/T 1171-2001《IPTV 网络技术要求——网络性能参数与指标》规定的可用性指标和分配,IPTV 承载网端到端的服务质量应满足的指标见表 7-1。

表 7-1　IPTV 业务服务质量要求

业务类型	时延	抖动	丢包率	错误率
视频直播	<1s	<1s	<0.1%	<0.01%
视频点播	<3s	<1s	<0.1%	<0.01%
音频电话	<150ms	<50ms	<0.1%	<0.01%
可视电话	<150ms	<50ms	<0.1%	<0.01%
视频会议	<150ms	<50ms	<0.1%	<0.01%
在线游戏	<200ms	N/A	N/A	N/A

3. 组播要求

对于直播节目,由于观看同一个频道的用户会比较多,因此适合采用组播方式。组播是指在 IP 网络中,数据包以尽力传送的形式发送到所有网络节点的某个确定子集。IP 组播的基本思想是,源 IP 主机只发送一份数据,一个或多个接收者可接收相同数据的拷贝。不同用户如果接收同一个组播流,服务器只需发送一份数据,网络只需在用户的分支点进行复制,在分支点以上的网络只需传送一个数据流。组播的最大优点是节省网络带宽及服务器资源。

IPTV 承载网中,骨干网应支持稀疏模式独立组播协议(Protocol Independent Multicast-Sparse Mode,PIM-SM),若跨域实现 IPTV 业务,还应支持跨域组播,包括 BGP 多协议扩展(MP-BGP)、组播源发现协议(Multicast Source Discovery Protocol,MSDP);城域网应支持 PIM-SM 组播路由协议和组成员管理协议(IGMP);接入网设备应支持 IGMP Snooping /Proxy,实现可控组播;对于负责组播源接入的设备还应当支持任播(Anycast)协议,以实现组播源、集合点(RP)的冗余备份功能。

4. 可靠性要求

为保证用户连续、不中断地使用 IPTV 业务,IPTV 承载网应保证网络传送的可靠性。具体要求包括:承载网发生故障时,视频流媒体业务不中断,故障恢复时间<1s;承载网发生故障时,音频电话/视频电话/视频会议业务不中断,故障恢复时间<1s;视频直播业务中,为获得与传统电视一致的用户体验,在节目切换时,频道切换时间应<1s;对业务关键设备,如组播源和 RP,实施高可靠保障,确保单节点出现故障时,能够迅速切换到备份节点,以保证业务的可靠性。

5. 安全性要求

IPTV 承载网与互联网直接相连,需要抵御各种来自外界的安全风险,不仅需要保障自身的安全,还要对 IPTV 业务网提供安全保障。

IPTV 承载网自身的安全性主要包括:保障数据平面安全,提供机制限定用户流量行为,抵御来自攻击者对数据平面的恶意攻击;保障控制平面安全,对路由分发、标签分配设备建立信任关系认证,防止路由泄漏、资源耗尽攻击,以及转发路径的欺骗等;保障管理平面安全,防止配置信息泄露、未授权的入侵,以及对管理系统的拒绝服务攻击。

IPTV 承载网保障业务网的安全性主要包括:保证业务系统的中心/边缘媒体服务器(CS/ES)、业务管理系统(SMS)和 EPG 等业务系统的安全性,防止非法入侵;用户只能有限制地访问节目 EPG 和提供流媒体的 CS/ES;保证用户 PC 或机顶盒的安全性,防止非法用户入侵;防止非法用户对 IPTV 资源进行访问。

7.3.2 IPTV 承载网架构

端到端的 IPTV 承载网包括两个层次:骨干网和城域网,其逻辑分层结构如图 7-13 所示。

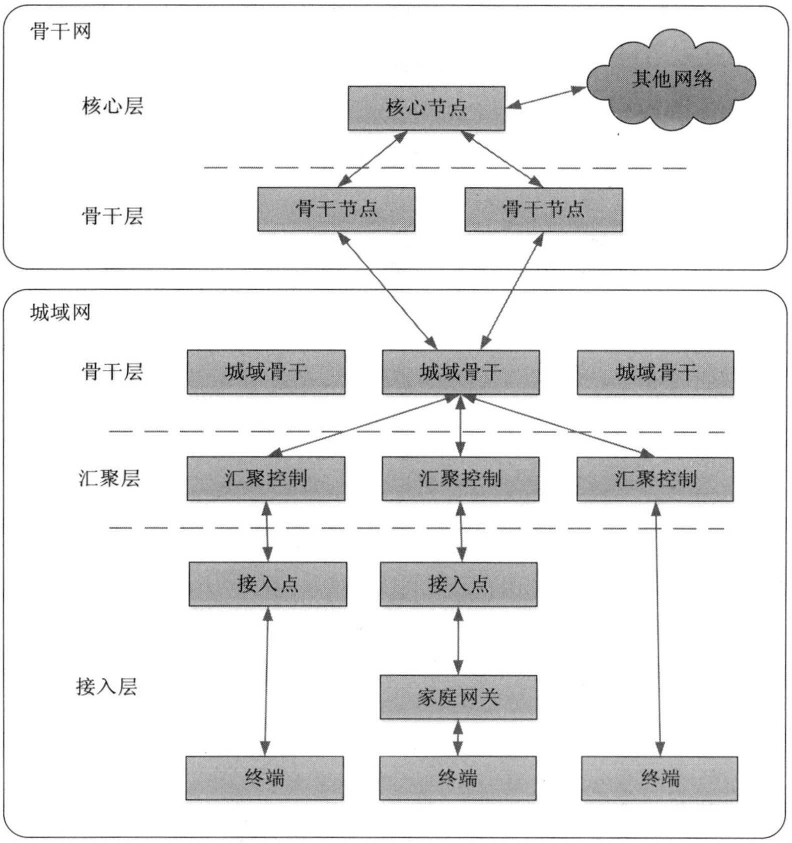

图 7-13　IPTV 承载网架构

骨干网主要负责各城域网之间的数据交换,以及与其他运营商之间的系统互通。骨干网又分为两层:核心层和骨干层。骨干网通过核心层各节点分成几个大区,核心层节点主要负责各大区之间的流量转发,以及本节点覆盖区域的业务接入与流量汇集。骨干层节点就近接入所属的核心节点,负责本节点覆盖区域的业务接入与流量汇集。

城域网也采用分层结构,分为骨干层、汇聚层和接入层。骨干层将多个边缘汇聚层连接起来,为汇聚层网络的各业务汇聚节点提供高速数据业务承载和交换通道,同时与现有其他网络互联,提供城市宽带数据出口。汇聚层主要为业务接入点提供业务的汇聚、管理和分发服务。汇聚节点同时完成用户鉴权、认证、计费管理,以及 L2TP、IPSec 等各种隧道的终结和交换等任务。接入层主要是利用多种接入技术覆盖用户,提供用户终端设备的网络接入,并进行带宽和业务分配。接入节点设备完成多业务的复用和传输,需要针对不同的业务进行隔离,保证 IPTV 业务的各项需求。接入网使用光纤、同轴电缆、双绞线等传输介质,可以通过改造原有宽带接入网实现接入,也可以根据需要新建物理或逻辑网络。

IPTV 业务网络的各级业务节点在承载网中的部署位置如图 7-14 所示,边缘业务节点一般和承载网业务接入点部署在一起,就近满足接入区域的 IPTV 用户请求;骨干业务节点负责一定区域规模的用户请求，并连接到城域网的核心路由器；IPTV 中心业务节点通过承载网的骨干网连接下级节点和外部系统。

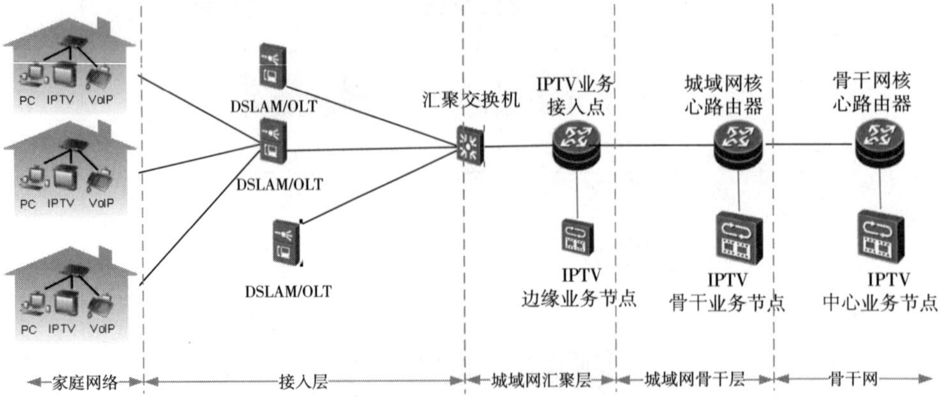

图 7-14 IPTV 业务网各级节点在承载网中的部署位置

7.3.3 主要的承载网技术

1. 骨干网技术

IPTV 骨干网要完成大容量的数据交换和长距离的网络流量传送，多采用网状结构或者网状+星型的结构。骨干网的组网主要基于光纤传输技术，典型的技术有光传送网技术和自动交换光网络技术。

(1)光传送网技术

光传送网(Optical Transport Network，OTN)技术最初是 1998 年由 ITU-T 提出的，它是继同步数字体系(Synchronous Digital Hierarchy，SDH)之后出现的新一代光纤通信传送和组网技术。ITU-T 对 OTN 技术提出的最初目标是定义比 SDH 更大的带宽容器粒度，并以此来承载传统的 TDM 业务。基于此目标的 OTN 标准最早是在 2001 年提出的，并在 2003 年左右形成了 G.872、G.709、G.798 等一系列标准。

OTN 是以波分复用技术为基础，在光层组织网络的传送网。近年来，由于在网络上传送的 IP 业务和其他基于包传送的数据业务呈现爆炸式增长，对传输容量的需求在迅猛增加，密集波分复用(DWDM)技术和光放大器(OA)技术的成熟和应用使传送网正在向以光联网技术为基础的光传送网发展。骨干传送网络必须有能力提供海量的带宽，以满足新兴业务的需要。另外，传送网在拥有大容量、大颗粒度的同时，还必须能够进行快速灵活的业务调度，具备良好的网络操作、维护及管理(Operations，Administration and Maintenance，OAM)功能，并保证网络的高可靠性和高生存性。

传统的 SDH 技术更加侧重于业务在电层的处理，并拥有灵活的调度、管理和保护能力，以及丰富的 OAM 功能。但是由于 SDH 交叉调度的颗粒度最大仅为 VC4，而且又使用单通道的线路，使其系统容量和调度颗粒度都受到很大的限制，无法满足新兴业务，特别是高带宽业务的快速发展。而波分复用（Wavelength Division Multiplexing，WDM）技术则是侧重于业务在光层的处理，多波长通道的特点使其可以实现大容量传输。然而由于 WDM 技术的组网方式主要是采用点对点的单一结构形式，对网络的维护管理缺乏有效的手段，而且传输粒度单一，调度灵活性差，不同厂家的设备之间很难实现互联互通，因此也有明显缺陷。而 OTN 技术兼具 SDH 和 WDM 技术的优点，在光层与电层都定义了完整的体系结构，不同层次的网络均拥有与之对应的监控和管理机制，并且都设计了相应的网络生存机制。OTN 技术具有良好的兼容性，可以很好地融合现有网络技术，而且有能力适应未来各种技术的要求。OTN 设备实现了大粒度业务的灵活调度和保护，将交叉颗粒从过去 SDH 的 155M 变为 1.25G/2.5G/10G/40G/100G。引入智能控制平面后，能够进一步提高 OTN 网络的灵活性以及生存能力。因此，OTN 技术是比较理想的网络技术。

（2）自动交换光网络技术

自动交换光网络（Automatically Switched Optical Network，ASON）的定义为“通过能够自动发现和动态连接建立功能的分布式（或部分分布式）控制网络，在 OTN 或 SDH 网络之上，实现动态的、基于信令和策略驱动控制的一种网络”。[①] 它的最大特点是在 OTN 中引入了控制平面，使网络资源能够动态、实时地进行按需配置，能够自动优化网络带宽资源，满足对网络的流量工程要求，从而使光网络具备智能化特征。因此，通常具备 ASON 功能的光网络也称为智能化光网络。

ASON 由智能化的光网络节点所构建的光传送网和对光传送网进行控制管理的光信令控制网络组成，分为传送平面、控制平面和管理平面。此前的光传送网只有传送平面和管理平面，没有分布式智能化的控制平面。因此，ASON 概念的提出，使传输、交换和数据网络结合在一起，实现了真正意义上的路由设置、端到端业务调度和网络自动恢复。ASON 的实现依赖于 GMPLS 等控制协议所构建的控制平面的完善，智能化光层网络节点如光交叉连接（OXC）、光分插复用（OADM）设备和波长路由器的真正实现。

传送平面是传送业务的通道，为用户提供端到端的信息传送。光节点采用支持多粒度光交换技术的 OADM、OXC 等设备，组成网状网结构（也支持环网保护）。

控制平面是 ASON 的核心，由独立的或分布于网元之内、通过信令通道连接起来的多个控制节点组成，每个节点由路由选择、信令转发和资源管理等功能模块组成。控制平面通过接口、协议和信令系统可以随时交换光网络的即时拓扑信息、路由信息和其他控制信令，它的主要功能是通过信令来支持建立、拆除和维护端到端连接的能力，选择最合适的路径，提供适当的名称和地址机制。呼叫控制可以仅仅在网络的入口/网关和网络边界处提供，中间节点只需提供必要的规程来支持交换连接即可。

管理平面是为了满足运营者的维护管理需求，采用分布式和智能化的管理方式。它与

---

① ITV-1 G.8080/Y1304 Arohitecture for the automatically switched optical network（ASON），2006.

控制平面相结合,可以实现对网络资源的动态配置、性能监测、故障管理和路由规划等。

控制平面和传送平面之间通过连接控制接口(CCI)相连,传送交换控制信息和资源状态信息;管理平面和控制平面之间通过网络管理接口(NMI-A)相连;管理平面和传送平面之间通过网络管理接口(NMI-T)相连,传送网络管理信息。

2. 城域网技术

城域网是在一个城市范围内提供宽带数据及多媒体业务,用于接入用户和发展增值业务的综合数据网络。城域网主要解决多种业务的汇聚、承载和灵活调度的问题。适合IPTV城域网承载网络的主要技术有多协议标签交换技术和弹性分组环技术等。

(1)多协议标签交换技术

多协议标签交换(Multi-Protocol Label Switching,MPLS)是一种用于快速数据包交换和路由的体系,它为网络数据流量提供了目标、路由、转发和交换等能力。MPLS技术是一种第三层路由结合第二层属性的交换技术,引入了基于标签的机制,它把路由选择和数据转发分开,由标签来规定一个分组通过网络的路径。传统的IP数据网是无连接的网络,路由器根据所收到的每个包的地址去查找匹配的下一跳,并进行相应的转发。但由于路由器使用的是最长前缀匹配地址搜索,无法实现高速转发,因此引入了MPLS技术以实现其高速转发。MPLS的运作原理是提供每个IP数据包一个标记,并由此决定数据包的路径和优先级。这样兼容MPLS的路由器,在将数据包转送到其路径前,仅读取数据包标记,无须读取每个数据包的IP地址及计算路由,可以将数据包迅速传送至终点的路由器,进而减少数据包的延迟。

IETF标准文档中定义的MPLS帧结构是在传统的第二层数据链路层包头和第三层IP包头之间插入的一个32位的字段。MPLS网络由核心部分的标签交换路由器(LSR)和边缘部分的标签边缘路由器(LER)组成。LSR的作用可以看作ATM交换机与传统路由器的结合,由控制单元和交换单元组成;LER的作用是分析IP包头,用于决定相应的传送级别和标签交换路径(LSP)。

在数据交换技术的不断发展与路由器性能的不断提高下,路由的高速转发已经不存在问题了,MPLS技术的优势更多地体现在提高数据业务的服务质量、实施流量工程(TE),以及组建VPN上。在城域网中引入MPLS技术,正是利用其在多业务区分、调度方面的优势,使城域网在高质量地支撑原有TDM业务的同时,能够高效、可靠地传送各种分组业务。

(2)弹性分组环

弹性分组环(Resilient Packet Ring,RPR)技术是由IEEE 802.17标准化的一种MAC层技术。在城域网应用中,SDH和以太网在处理城域网环型结构上的数据业务时都不是很理想。SDH具有环型拓扑结构的优势,但是不能很有效地处理数据业务,从而浪费环上的带宽。以太网本身很适合数据业务的传输,但却很难在环网结构上提供电信级的服务。RPR 技术吸收了千兆以太网经济、灵活、可扩展的特性,具有 SDH 电信级的业务特性,为运营商和专网用户提供了一个面向 IP 分组优化,同时支持 TDM 业务交换的解决方案。RPR 技术可以支持更细致的带宽颗粒,网络成本较低,可以承载具有突发性的 IP 业务,同时支持传统语音传送,有比较好的带宽公平机制和拥塞控制机制。网络管理者可以利用源节点发送数据包的速率来控制上游节点和下游节点的速率,还允许在无拥塞的情况下,把环上任意两个节点之间的所有带宽分配给这两个节点。因此,RPR 比 SDH 更灵活,同时又比点到点的以太网更有效。

RPR 定义了环型拓扑结构,以及在环型结构中如何对带宽进行统计复用,如何向不同的业务提供不同的服务策略,如何基于业务提供各种环保护机制等。RPR 利用两根光纤或其他介质连接成双环结构(内环和外环),内环和外环上的信号传送方向相反。每个 RPR 节点设备都拥有一个 MAC 地址,同时拥有环中所有节点的网络拓扑表,网络建立初始通过拓扑发现协议建立该拓扑表。利用节点管理传输协议(SMT)支持节点的即插即用功能,如果要在原有的 RPR 环中增加一个新设备,则由新加入设备发起握手协商,更新环中各设备所维护的网络拓扑表。对于共享介质的 RPR 环型网络,每一个环段既要承载本地客户的业务,又要承载来自上游其他节点的客户业务,RPR 通过链路带宽分配和介质访问速率控制来进行带宽管理,公平地分配各节点客户业务的带宽。RPR 用内在机制监测和反馈网络上的通信量和信息容量,这种反馈机制允许网络通过调整通信量来最大限度地提高带宽利用率。

RPR 的分组数据环结构能很好地支持多点传送,一旦某个节点接收到数据包,它就会查询该包的头部,如果该包是单点传送的数据包,则该节点或者从环上接收这个包,或者让它通过并进入环上的下一个节点;如果该包是多点传送的数据包,则该节点接收这个包,让它通过并进入下一个节点,直到该包在其源节点处终止。这一特性非常适合 IPTV 的组播应用。

3. 接入网技术

接入网是指城域网到用户终端之间的一段链路和设备,其长度一般为几百米到几千米,因而被形象地称为“最后一公里”。接入网的接入方式多种多样,主要采用的传输介质包括双绞线(电话线、网线)、光纤、同轴电缆等。目前广泛应用的接入网技术有 xDSL 接入技术、HFC 接入技术、PON 接入技术等。

(1)xDSL 接入技术

xDSL 是在普通电话线上高速传输数据的“数字用户线”的总称,包括 HDSL、SDSL、ADSL、VDSL 等。它采用不同的调制方式,使信息在现有的公用电话交换网(PSTN)的引入线上高速传输,其接入方式为点到点的拓扑结构,在用户侧和网络侧都要有相应的调制解调器。

非对称数字用户线(ADSL)是目前应用最广泛的电话线接入技术。利用一对电话线的不同频带,ADSL 能够同时传输电话信号、上行数据信号和下行数据信号(需要一个专用的分离器将数据、语音信号分隔开)。但上行和下行传输速率不对称:下行速率为1.5~8Mb/s,上行速率为 16~640Kb/s,传输距离为 3~6km。ADSL 用于 IPTV 系统,可以满足大多数业务的需求,但是因为受带宽所限,还不能很好地支持高清视频应用,不对称的速率设置也限制了视频通信类的应用。

通过扩展工作频段和改进编码调制方式等手段,在 ADSL 基础上又发展出 ADSL2 和 ADSL2+技术。ADSL2 在理论上的下行速率可达 12Mb/s,上行速率可达 1.2Mb/s;ADSL2+的下行速率在理论上可达 24Mb/s,上行速率也为 1.2Mb/s。

(2)HFC 接入技术

光纤同轴混合网(Hybrid Fiber Coax,HFC)是有线广播电视网中的一种主要技术形式,混合使用光纤和同轴电缆,从前端到各光节点,采用星型或环型连接光纤干线,双向信号采用空分复用方式,即正向信号与反向信号各用一根光纤来传输。从光节点到用户,采用树型连接的同轴电缆网传输,双向信号的传输采用频分复用方式,即正向信号与反向信号使用不同的频率,在同一根电缆中传输。

HFC 数据传输系统主要由两部分组成:电缆调制解调前端系统(Cable Modem Termination System,CMTS)和电缆调制解调器(Cable Modem,CM)。CMTS 位于 HFC 网络的前端,直接与本地服务器连接,或者通过主干网与远端服务器相连,并通过路由器把 HFC 网络和互联网连接在一起。CM 位于用户端,与计算机上的以太网卡连接。CMTS 和 CM 间遵循一定的数据通信协议,相关的标准有美国标准(DOCSIS)和欧洲标准(DAVIC)。

CMTS 在下行方向将来自路由器的数据包封装成 MPEG-2 标准的 TS 流,通过内置的 QAM 调制器完成数据到射频信号的转换,最后和广播电视信号混合后送入 HFC 网络。上行方向,CMTS 将来自 CM 的经 QPSK 调制的数据进行解调,转换成以太网帧的形式,再传送给路由器。同时,CMTS 还负责处理不同的 MAC 程序,这些程序包括下行时隙信息的传输、测距管理,以及给各 CM 分配 TDMA 时隙。CM 在下行方向接收来自 HFC 网络的射频信号,将信号送到解调器进行解调。解调后的信号经过去交织和纠错后成帧,最后通过网卡送入用户计算机。上行方向,用户计算机产生的上行数据经网卡送入 CM,进行编码,再经过交织/FEC 处理,调制后送入 HFC 网。

(3)PON 接入技术

引入光纤通信技术是接入网的发展趋势。根据 ITU-T G.982 的定义,光接入网是指共享相同网络侧接口,传输系统采用光纤接入的接入链路群,它包含光线路终端(Optical Line Terminal,OLT)、光分配网(Optical Distribution Network,ODN)和光网络单元(Optical Network Unit,ONU)3 个部分。根据 OLT 和 ONU 之间是否存在有源设备,光接入网可分为无源光网络(Passive Optical Network,PON)和有源光网络(Active Optical Network,AON)。其中 PON 由于具有造价低、易维护等特点,在实际网络建设中得到了广泛应用。

PON 包括 OLT、ODN 和 ONU 3 个部分。OLT 的作用是为光接入网提供网络侧与业务节点之间的接口,通过 ODN 与用户侧的 ONU 进行通信。OLT 与 ONU 为主从通信关系。ODN 是由光缆、无源光器件(光连接器、光分路器等)组成的无源光纤配线网,一般呈树型分支结构。ODN 为 OLT 和 ONU 之间提供光传输手段,主要作用是完成光信号的功率分配。ONU 为光接入网提供用户侧接口,位于 ODN 的用户侧,主要作用是接收来自 ODN 的光信号并进行处理,为用户提供业务接口。

目前广泛应用的 PON 技术包括 EPON 和 GPON 两种。EPON 的链路层使用以太网帧,上、下行带宽均为 1.25 Gbps;GPON 以 ATM 信元和 GEM(GPON Encapsulation Method)帧承载多业务,下行带宽为 2.5 Gbps,上行带宽为 1.25 Gbps。PON 技术非常适合"三网融合"的宽带业务,是未来接入网改造的主要方式。

7.3.4　IPTV 承载网组网方案

IPTV 承载网的建设可以分两个主要部分来考虑:一是视频传送网络,位于视频源系统和宽带接入网之间,主要作用是把视频内容推送到网络边缘,为用户就近提供服务;二是宽带接入网络,位于视频服务网络和用户终端之间,主要作用是配合运营管理网实现用户宽带上网接入认证管理,视频组播组的加入、离开控制功能,并将用户需要的视频流发给用户,为用户接入 IPTV 业务提供 QoS 保证和传输通道。这两部分网络有各自的侧重点和组网模型。

1. 视频传送网络

在现有的宽带城域网基础上建设 IPTV 视频业务传送网,主要有两种模式:集成模式和分离模式。

(1)集成模式

在集成模式的组网情况中,IPTV 承载网与 Internet 接入网重合,无分界点,承载所有的单播和组播的 IPTV 业务。IPTV 业务和 Internet 业务同时由宽带城域网承载,在现有城域网中建设视频服务网络(VSN),由视频服务网络将各类 IPTV 节目内容预分发到边缘流媒体服务器,再推送到接入网。集成模式组网如图 7-15 所示。

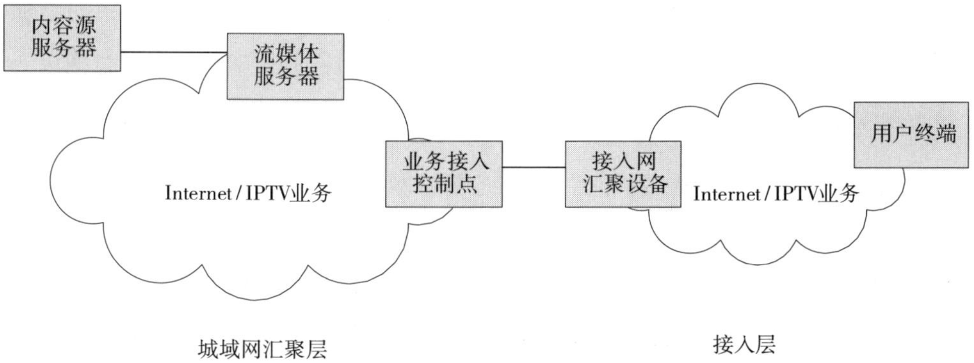

图 7-15　集成模式组网

集成模式适用于用户较少的 IPTV 业务开展初期,优点是可充分利用现有网络设备条件,不需要进行大的改造,投资成本较小,且能够快速开展 IPTV 业务。缺点是带宽不足,缺乏组播支持,缺乏 QoS 保证等。

(2)分离模式

在分离模式的组网情况下,将 IPTV 传送网络与 Internet 接入网络在物理上分开,IPTV 业务使用新建的 IPTV 传送网单独传送,两种业务在业务接入点或者汇聚交换机上融合。

将 Internet 业务网络与 IPTV 业务传送网络分开,有助于保证 IPTV 业务的服务质量,便于网络规划和建设,解决原有 Internet 网络承载 IPTV 业务存在的诸多问题,如带宽不足、缺乏组播支持、缺乏 QoS 保证、处理能力不足等。通过 MPLS/VPN 建立逻辑隔离的业务承载网络,使 IPTV 承载网与其他业务承载网隔离,保证了网络安全。分离模式组网如图 7-16 所示。

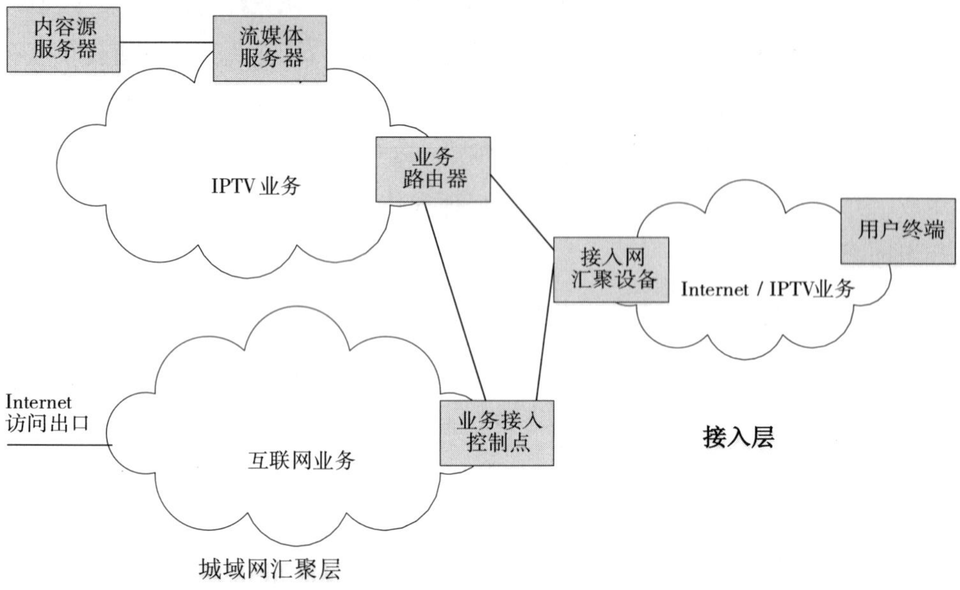

图 7-16　分离模式组网

分离模式适用于 IPTV 网络二期改造阶段,因为用户规模的增长、业务形式的增加使原承载网络无法满足实际需求,网络性能需要进一步完善,向多业务承载综合平台演进。

2.宽带接入网络

IPTV 宽带接入网络是从城域网到用户终端的网络,是 IPTV 业务与用户宽带上网业务融合的网络,为用户接入 IPTV 业务提供可靠的传输通道,主要由接入路由器、以太网交换机、DSLAM 和 Modem(电话线接入)、OLT 和 ONU(无源光纤接入)、CMTS 和 CM(HFC 网络接入)等设备组成,共同负责将 IPTV 的业务流从城域网传到用户终端设备,同时参与业务权限的控制、业务统计等功能。

对于直播业务，为了更高效地使用带宽资源，接入网应支持二层和三层组播技术。按照业务接入控制点的不同，IPTV 宽带接入网可分为单边缘业务接入模式和多边缘业务接入模式。

(1)单边缘业务接入模式

单边缘业务接入模式是指用户的宽带上网业务和 IPTV 业务共用相同的接入控制点——宽带接入服务器(Broadband Remote Access Server，BRAS)，PC 使用 PPPoE 方式接入 BRAS，STB 既可以采用 PPPoE 方式，也可以使用 DHCP/专线的方式接入 BRAS。使用 PPPoE 方式时，可以利用不同的域名或不同的 PVC/VLAN 来区分接入是来自机顶盒，还是来自 PC；采用 DHCP 方式时，可以利用机顶盒的 MAC 地址和 DHCP Option60 控制对机顶盒分配地址。单边缘业务接入模式中，DHCP Relay 和 QinQ 终结都在 BRAS 上进行。单边缘业务接入模式如图 7-17(a)所示。

(2)多边缘业务接入模式

多边缘业务接入模式是指宽带上网业务和 IPTV 业务分别由专用的业务接入控制点提供。宽带上网业务仍由原有的 BRAS 作为控制点。IPTV 业务则使用 IPTV 业务路由器(SR)作为控制点，STB 采用 DHCP/专线接入方式，SR 支持 DHCP Relay，并具备 QinQ 终结能力。多边缘业务接入模式如图 7-17(b)所示。

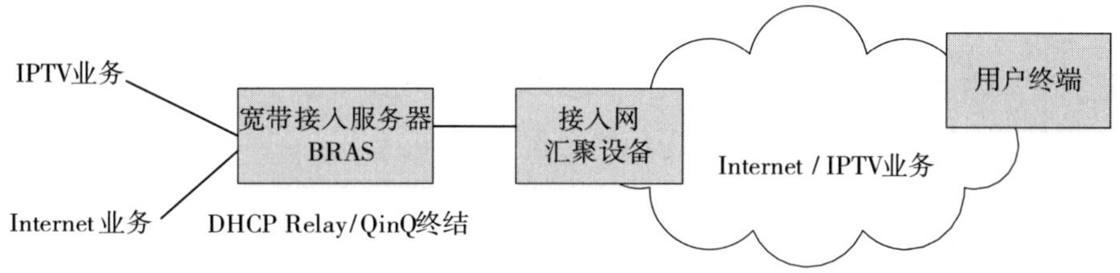

(a)

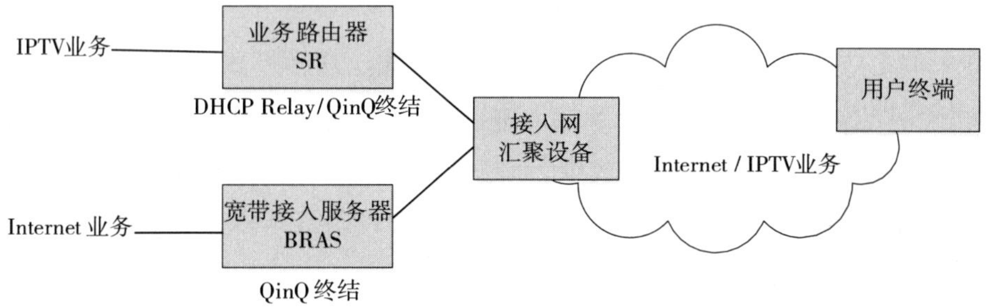

(b)

图 7-17　单边缘业务接入和多边缘业务接入模式

按照用户接入二层虚拟通道方式的不同，用户接入可分为单通道接入和多通道接入。单通道接入是指宽带上网业务和 IPTV 业务共用二层虚拟通道，采用单 PVC、单 C-

VLAN(Customer VLAN)进行接入;多通道接入是指宽带上网业务和 IPTV 业务承载于不同的二层虚拟通道,采用多 PVC、多 C-VLAN 进行接入。

IPTV 承载网方案应支持用户单/多通道接入、单/多边缘业务接入方式的组合应用,组合以后的组网模式有:用户单通道接入+单边缘业务接入、用户单通道接入+多边缘业务接入、用户多通道接入+单边缘业务接入、用户多通道接入+多边缘业务接入。

7.3.5 VLAN 规划和接入认证

1. VLAN 规划和业务隔离

开展 IPTV 业务,需要对用户身份进行认证,由于普通 PC 上网业务和 IPTV 业务有不同的业务服务质量要求、资费方式及运营模式,在用户认证过程中必须对用户申请认证的业务加以识别和区分,以便执行不同的策略,如 IP 地址规划、业务 QoS 保证等。

IPTV 机顶盒(STB)通过用户侧接入设备(因不同的接入方式,可能是调制解调器、光网络单元或以太网交换机等)进入 IP 网,并访问门户导航系统,获取电子节目菜单(EPG)。机顶盒实现 IGMP 客户端功能,通过 IGMP 协议实现频道选择和切换功能。

VLAN 规划有以下几种模式:

(1)PUPV(Per User Per VLAN)模式

PUPV 模式是指每个用户对应一个 VLAN 的模式。这种模式下,同一用户的所有业务采用同一 VLAN 进行标记,不同用户的 VLAN 不同。在 LAN 接入模式下,通常由楼道交换机进行 VLAN 标记;在 EPON 模式下,则由 ONU 标记 VLAN,通过 VLAN ID 即可唯一确定;在 ADSL 模式下,在 DSLAM 上为用户分配 VLAN。

采用 PUPV 模式在接入层上不能区分不同业务。在 BRAS 上可以根据接入认证方式(PPPoE 或 DHCP)进行区分。如果 STB 与 PC 采用相同的接入方式,则对于 PPPoE 可通过不同的 Domain 进行区分,对于 DHCP 可通过 Option60 进行区分。

(2)PSPV(Per Service Per VLAN)模式

PSPV 模式是指每种业务对应一个 VLAN 的模式。这种模式下,不同用户的相同业务采用相同的 VLAN 进行标记。LAN 接入中,通常由家庭网关设备标记 VLAN;EPON 模式中,由 ONU 标记 VLAN;ADSL 方式中,不同设备所连端口会被映射到不同的 PVC,在 DSLAM 上实现 PVC 到 VLAN 的映射,通过 VLAN ID 可确定具体业务类型。

(3)PUPSPV(Per User Per Service Per VLAN)模式

PUPSPV 模式是指一用户一业务对应唯一 VLAN 的模式。这种模式实际上是通过 QinQ 技术,用两层 VLAN 标签进行标记。其中内层 VLAN 标记不同用户,外层 VLAN 标记不同业务。内层 VLAN 由楼道交换机或 ONU 进行标记,外层 VLAN 由分节点的汇聚交换机或 OLT 设备进行标记。在 PUPSPV 模式下,通过两层标签可以确定唯一用户的物理位置和业务形式。

2.接入认证

IPTV 业务可以选择 PPPoE 和 IPoE(DHCP)两种认证方式。PPPoE 是基于以太网帧结构的点到点连接认证协议,采用客户端内置拨号软件方式获取互联网 IP 地址,使用简单数据信息"口令与密码"方式进行客户的身份识别,是 BRAS 与个人电脑的连接管理方法。PPPoE 与接入网无特定关联,是互联网业务中对个人电脑上网浏览有效的控制管理手段。IPoE 采用 DHCP 进行 IP 地址的集中管理与分配,并利用 DHCP Option60 和 Option82 携带的附加信息进行认证。

机顶盒的网络接入认证与 IP 地址分配方案很多,但基本上可以分为两大类:一类是 STB 和 PC 采用不同的认证方式;另一类是 STB 和 PC 采用相同的认证方式。

(1)STB 采用 DHCP,PC 采用 PPPoE

STB 发出的 DHCP 报文中可携带供应商和业务信息,BRAS 可根据 Option60 将用户的 DHCP 请求转发到不同的 DHCP 服务器,根据业务分配不同的 IP 地址;也可以由 DHCP 服务器根据 Option60 按用户 STB 分配不同的 IP 地址。另外可以通过 DHCP Option82 功能,在网络设备上(如 DSLAM 或 BRAS)给用户的 DHCP 报文打上 Option82 标记,指示用户的物理位置。这样在 DHCP 服务器上可根据 Option82 判断 DHCP 请求的合法性,保证地址分配的安全性。

PC 通过 PPPoE 上网,通过 BRAS 和 Radius 服务器认证和分配 IP 地址。通常 PC 分配公网地址,STB 分配私网地址。这样给 STB 和 PC 分配不同的地址空间,在城域网内视频网络和 Internet 两个网络就相对独立。

(2)STB 和 PC 都通过 PPPoE 接入认证

STB 和 PC 都通过 PPPoE 接入认证,需要用不同的域名来标识两类不同的业务,在 BRAS 上根据域名将两类业务隔离。如果采用不同的 BRAS 分别接入 PC 机和 STB 终端,现网的 BRAS 和新 BRAS 会根据 PC 和 STB 输入的 Service Name 的不同,判断是否响应 PPPoE 请求。通常 PC 分配公网地址,STB 分配私网地址。

7.3.6　IPTV 承载网组播方案

IPTV 直播业务适合采用 IP 组播技术在 IP 承载网上传送,直播节目内容首先从内容源推送到 IPTV 传送网内,由传送网内组播源通过视频传送网组播发送到汇聚层边缘业务接入控制点(BRAS/SR),再由业务接入控制点通过接入网提供给用户。

1. 组播路由协议选择

在 IPTV 承载网内,实际组网中应用最多的域内组播路由协议是协议无关组播(PIM)协议,它可选择密集模式(PIM-DM)和稀疏模式(PIM-SM)。PIM-DM 与 PIM-SM 的区别主要在组播树的建立过程上。PIM-DM 默认向网络中所有设备发送组播报文,即先形成一个全网状树型结构,然后根据组播申请对相应的端口关系进行“剪枝”,仅允许沿终端用户申请方向的链路加入组播转发路径。但由全网发送报文到“剪枝”完成的过程中,将浪费大量的网络带宽,甚至造成链路带宽拥塞。PIM-SM 与 PIM-DM 相反,在用户申请之前,只有组播源到流量聚合点(RP)的组播树建立,当用户申请之后,才会在组播源和最终用户之间的单播路由路径上建立组播转发路径。相比而言,在 IPTV 视频传送网内,PIM-SM 更有利于节省网络资源,维持网络稳定,同时具有良好的流业务控制能力,因此成为大型 IPTV 承载网中优先选择的组播协议。

骨干网和城域网的各个自治域内部运行 PIM-SM 协议,建立组播的转发路径。如果地市开展 IPTV 业务,必须要从省级骨干网的组播源获取业务流量,那么就存在跨域组播的问题。目前应用广泛的跨域组播方式是 MP-BGP+MSDP 方式:首先在省干节点和城域网出口的域边界路由器(ASBR)之间运行 MP-BGP 协议,相互传递组播的路由信息;然后城域网内的 RP 和省干的 RP 之间建立 MSDP 的对等关系,相互交换组播源的信息。在城域网内有收看组播的请求时,城域网的 RP 信息直接向组播源发起组播流量请求,获取组播内容。

2. 接入层组播

在接入层需要支持 IGMP、IGMP Snooping/Proxy 协议,负责向上层网络传递用户的组播请求信息。当用户需要观看一个频道时,用户侧的 STB 发起 IGMP 的加入报文,连接用户的 DSLAM 或 LAN 交换机,运行 IGMP Snooping 或 IGMP Proxy 协议,逐级把 IGMP 的报文传递到城域网骨干层边缘,边缘设备根据收到的 IGMP 报文向城域网内的 RP 发出 PIM 的加入报文,从 RP 接收组播流量经 IGMP 的通过路径下发到用户端。

在视频节目的传送上,有的运营商考虑到保证用户快速访问视频节目的需要,便将所有直播频道全部推送到 DSLAM 或二层设备;也有的运营商考虑到提高网络资源利用率的要求,只在有用户申请时才通过组播协议将视频流传送到用户,没有用户点播时则不传送视频流。

3. 组播复制点的选择

组播报文复制点的位置决定了组播业务的开展效率和扩展性能。组播流分发的原则是组播复制点应尽量靠近用户,以节省承载网的带宽资源。在 IPTV 业务承载网中,IPTV 的组播业务复制节点可以是 BRAS/SR,也可以是 DSLAM/OLT/L2,或者是中心机房的二层以太网交换机。

(1)BRAS/SR 复制组播业务

这种方式由 BRAS 完成对 STB 终端的认证和管理,并终结用户的 IGMP 报文,处理组播用户加入/离开频道的请求。视频源将所有频道推送到 BRAS,BRAS 基于 PPPoE 或 IPoE 方式复制组播报文。DSLAM/OLT/L2 不处理 IGMP 报文,不需要支持组播,无须改造。

由于视频流直接由 BRAS 完成面向用户的组播报文复制，这样实际上从 BRAS 到每个用户的视频传送是采用单播方式实现的。BRAS 在网络中所处位置较高，接入的用户数量多，组播复制点部署在 BRAS 对接入层带宽浪费巨大，效率低下，不能充分体现出组播技术的优势，因此不适合作为大规模开展的 IPTV 业务的组播流分发方式。但因为对 BRAS/SR 之下的设备没有组播要求，改造成本低，所以可以应用在业务开展初期用户较少的情况下。

(2) DSLAM/OLT/L2 复制组播业务

这种方式由 BRAS 完成 STB 终端的认证和管理，DSLAM/OLT/L2 作为控制点处理用户的 IGMP 报文，处理用户加入/离开频道的请求。组播业务流由 BRAS 推送到 DSLAM/OLT/L2，DSLAM/OLT/L2 完成组播报文到用户端口的复制。DSLAM/OLT/L2 需要支持 IGMP Snooping/Proxy，监控用户 IGMP 申请加入组播组报文并提取二层信息，形成组播转发表，同时完成下行的组播报文转发。

这种方式把复制点放在接入网最靠近用户的地方，减轻了 BRAS 对大量用户组播复制的压力，也减轻了接入网设备带宽的压力。即使未来用户规模扩张，也不需要调整组播复制点。但是对接入网二层设备的要求较高，适合具有一定规模的发展成熟的 IPTV 网络。

7.4　本章小结

IPTV 业务拉开了“三网融合”的序幕，新业务和新的支撑技术还在不断地发展和完善。IPTV 网络是一个复杂的综合系统，融合了电信、广电和互联网三方面的技术优势，其产业链和技术体系涉及多个方面。IPTV 广泛继承和拓展了已有的基础技术手段和标准体系。在具体的实现过程中，从不同的角度分析，其体系结构可以有不同的表述方式，技术实现的细节也没有非常完善统一的规范，因此可以根据需要，灵活地选择和部署。本章主要介绍了 IPTV 网络的规划与设计，包括 IPTV 的基本概念、IPTV 业务网和承载网的组成结构、应用的关键技术和规划设计方法。

思考题

1. IPTV 的主要业务形式有哪几种？各自的特点是什么？分别对网络有什么要求？
2. 简述 IPTV 系统架构的组成部分。
3. 简述 IPTV 网络规划的步骤。
4. 电视直播业务有几种承载方式？分别适用于什么情况？
5. 如何估算各级业务节点之间的带宽需求？
6. IPTV 网络应用的主要认证方式有哪些？
7. 如何选择 IPTV 承载网组播复制点？

参考文献

1. 雷卫清、张学庆等编著:《下一代广播电视网规划与设计》,人民邮电出版社 2011 年版。
2. 黄善国、张杰等编著:《光网络规划与优化》,人民邮电出版社 2012 年版。
3. 杨雅辉编著:《网络规划与设计教程》,高等教育出版社 2008 年版。
4. 赵启升主编:《网络规划与设计》,大连理工大学出版社 2011 年版。
5. 李银铃主编:《网络工程规划与设计》,人民邮电出版社 2012 年版。
6. 易建勋、姜腊林等编著:《计算机网络设计》,人民邮电出版社 2011 年版。
7. 王相林编著:《网络工程设计与应用》,清华大学出版社 2011 年版。
8. 段水福、张元睿等编著:《计算机网络规划与设计》,浙江大学出版社 2012 年版。
9. 杨威等编著:《网络工程设计与系统集成》,人民邮电出版社 2010 年版。
10. 陈向阳等编著:《网络工程规划与设计》,清华大学出版社 2007 年版。
11. 王庆等编著:《光纤接入网规划设计》,人民邮电出版社 2009 年版。
12. 雷维礼、马立香等编著:《接入网技术》,清华大学出版社 2006 年版。
13. 陈雪编著:《无源光网络技术》,北京邮电大学出版社 2006 年版。
14. 阎德升等编著:《EPON——新一代宽带接入技术与应用》,机械工业出版社 2007 年版。
15. 中国电信:《中国电信基于 PON 的光纤接入工程设计规范(暂行)》,2010。
16. 中国电信:《接入光缆与 ODN——网络规划方法》,2010。
17. 中国电信:《FTTx_及 PON——网络规划方法》,2006。
18. YD/T 1654-2007《IPTV 业务需求》,2007。
19. YD/T 1920-2009《IPTV 承载网络体系架构》,2009。
20. YD/T 1823-2008《IPTV 业务系统总体技术要求》,2008。
21. 许永明等编著:《IPTV——技术与应用实践》,电子工业出版社 2006 年版。
22. 雷卫清等编著:《下一代广播电视网(NGB)规划与设计》,人民邮电出版社 2011 年版。
23. 黄孝建等编著:《IPTV 关键技术详解》,北京邮电大学出版社 2009 年版。
24. 万晓榆等编著:《IPTV 技术与运营》,人民邮电出版社 2010 年版。
25. 韩宪柱主编:《数字电视实用技术——数字电视广播传输》,东方音像电子出版社 2004 年版。
26. 李栋编著:《数字多媒体广播》,电子工业出版社 2010 年版。

27. 魏长宽编著:《无线局域网建设维护实用手册》,山东人民出版社 2012 年版。

28. 段水福、厉晓华、段炼编著:《无线局域网(WLAN)设计与实现》,浙江大学出版社 2007 年版。

29. 陈向阳、肖迎元、陈晓明、余小鹏编著:《网络工程规划与设计》,清华大学出版社 2007 年版。

30. 杨知行主编:《地面数字电视传输技术与系统》,人民邮电出版社 2009 年版。

31. 杨丰瑞、刘辉、张勇编著:《通信网络规划》,人民邮电出版社 2011 年版。

32. Steve Rackley, *Wireless Networking Technology——From Principles to Successful Implementation*, Elsevier (Singapore) Pte Ltd, 2007.

33. 张彦、陈晓华编著:《构建宽带无线城域网的移动 WiMAX 技术》,电子工业出版社 2009 年版。

34. 张智江等编著:《宽带无线接入系统 WiMAX 及工程建设》,人民邮电出版社 2007 年版。

35. 刘波、安娜、黄旭林编著:《WiMAX 技术与应用详解》,人民邮电出版社 2007 年版。

36. 李鉴增, 焦方性编著:《有线电视综合信息网技术》, 人民邮电出版社 1999 年版。

37. 刘剑波、李鉴增、王晖、关亚林、牛亚青:《有线电视网络》,中国广播电视出版社 2003 年版。

38. Cable labs.com, CM-SP-MULPIv3. 0-I23-131120, 2013.

39. Cable labs.com, DPoE-SP-MULPIv2. 0-I04-131114, 2013.

40. BSR Configuration and Management Guide, *Motorola*, *Inc.* 2006.

图书在版编目(CIP)数据

广播电视网络规划与设计/金立标,帅千钧,苗方,张乃谦,卢均乐编著.-- 北京:中国传媒大学出版社,2016.7(2021.8 重印)
(网络工程专业“十二五”规划教材)

ISBN 978-7-5657-1153-4

Ⅰ.①广… Ⅱ.①金… Ⅲ.①广播电视网—网络规划 ②广播电视网—网络设计 Ⅳ.①TN949.292

中国版本图书馆 CIP 数据核字(2014)第 207651 号

广播电视网络规划与设计

GUANGBO DIANSHI WANGLUO GUIHUA YU SHEJI

编　　著	金立标　帅千钧　苗　方　张乃谦　卢均乐
主　　审	李鉴增
责任编辑	张　笛
装帧设计指导	吴学夫　杨　蕾　郭开鹤　吴　颖
设计总监	杨　蕾
装帧设计	杨瑜静
责任印制	阳金洲

出版发行	中国传媒大学出版社		
社　　址	北京市朝阳区定福庄东街 1 号	**邮　　编**	100024
电　　话	86-10-65450528　65450532	**传　　真**	65779405
网　　址	http://cucp.cuc.edu.cn		
经　　销	全国新华书店		

印　　刷	唐山玺诚印务有限公司
开　　本	787mm×1092mm　1/16
印　　张	15.25
字　　数	270 千字
版　　次	2016 年 7 月第 1 版
印　　次	2021 年 8 月第 2 次印刷

书　　号	ISBN 978-7-5657-1153-4/TN · 1153	**定　　价**	48.00 元

本社法律顾问:北京李伟斌律师事务所　郭建平

致力专业核心教材建设　提升学科与学校影响力

中国传媒大学出版社陆续推出

我校15个专业“十二五”规划教材约160种

播音与主持艺术专业（10种）
广播电视编导专业（电视编辑方向）（11种）
广播电视编导专业（文艺编导方向）（10种）
广播电视新闻专业（11种）
广播电视工程专业（9种）
广告学专业（12种）
摄影专业（11种）
录音艺术专业（12种）
动画专业（10种）
数字媒体艺术专业（12种）
游戏设计专业（10种）
网络与新媒体专业（12种）
网络工程专业（11种）
信息安全专业（10种）
文化产业管理专业（10种）

本书更多相关资源可从中国传媒大学出版社网站下载
网址：http://cucp.cuc.edu.cn
责任编辑：张笛　　　意见反馈及投稿邮箱：2086280010@qq.com
联系电话：010-65783654